Schnelleinstieg ins SAP® Controlling

Martin Munzel
Andreas Unkelbach

Bibliografische Information der Deutschen Bibliothek
Die Deutsche Bibliothek verzeichnet diese Publikation in der Deutschen Nationalbibliografie; detaillierte bibliografische Daten sind im Internet über http://dnb.ddb.de abrufbar.

Martin Munzel, Andreas Unkelbach
Schnelleinstieg ins SAP® Controlling

ISBN:	978-3-9601-2687-4
Lektorat:	Anja Achilles
Korrektorat:	Christine Weber
Coverdesign:	Philip Esch, Martin Munzel
Coverfoto:	fotolia #43953872 © babimu
Satz & Layout:	Johann-Christian Hanke

Alle Rechte vorbehalten.

1. Aufl. 2015, Gleichen

© Espresso Tutorials GmbH

URL: www.espresso-tutorials.de

Feedback:
Wir freuen uns über Fragen und Anmerkungen jeglicher Art. Bitte senden Sie diese an: *info@espresso-tutorials.com*.

Inhaltsverzeichnis

Vorwort

Von der Idee zum Buch

Die Idee dieses Buches besteht – wie schon der Titel verspricht – darin, Ihnen einen Schnelleinstig in das Controlling-Modul SAP CO zu ermöglichen. Einen besonderen Schwerpunkt setzen wir dabei auf Anwendungsnähe, indem wir Ihnen anhand eines durchlaufenden konkreten Beispiels einen möglichst praxisnahen Überblick über das Controlling mit SAP geben.

Die Anforderungen an das Controlling können von Branche zu Branche, aber auch von Unternehmen zu Unternehmen unterschiedlicher kaum sein. Diese Herausforderung ist gleichzeitig der besondere Reiz am Controlling, da sich damit nicht nur bestehende Unternehmensstrukturen abbilden lassen, sondern auch Gestaltungsspielraum gegeben ist, der viel Kreativität bei der Umsetzung individueller Controllingkonzepte zulässt. Vielleicht ist es dabei sogar von Vorteil, dass beide Autoren aus unterschiedlichen Bereichen (SAP-Beratung für unterschiedliche Branchen und Hochschulverwaltung/öffentlicher Dienst) kommen und sich manchen Themen aus ihrer spezifischen Sichtweise heraus nähern.

Wir denken, mit unserem Fallbeispiel eines Buchverlags wichtige Aspekte und grundsätzliche Themen anzusprechen, die auf andere Unternehmen oder Einrichtungen übertragen werden können. Es behandelt alle Teilmodule des Controllings in SAP, um Ihnen verdeutlichen zu können, für welche Zwecke diese jeweils einzusetzen sind. Da Controlling oftmals eine Lotsenfunktion innehat, hoffen wir, dass Sie sich der Reise unserer Controllerin Kirsten Lotse anschließen werden und sich dabei für Ihr eigenes Umfeld einige gute Anhaltspunkte finden lassen.

An wen richtet sich dieses Buch?

Dieses Buch bietet einen Überblick über die Anwendungsmöglichkeiten des SAP CO. Dabei ist der Schwerpunkt auf die Handhabung der einzelnen Teilmodule und nicht auf das Customizing gesetzt. Sofern Sie sich vorher noch nicht mit SAP beschäftigt haben, können wir Ihnen das Buch »Schnelleinstieg in SAP«, ebenfalls von Espresso Tutorials, empfehlen. Grundsätzlich sind aber keine tiefer gehenden Kenntnisse von SAP erforderlich, um sich mit diesem Buch einen ersten Überblick über den Einsatz von SAP CO zu verschaffen. Somit kann dieses Buch sowohl für Studierende als auch für Anwender eine kleine Hilfe für die ersten hundert Tage im neuen Aufgabengebiet sein. Aber auch Key-User dürften in diesem Überblick die eine oder andere Anregung dafür finden, wie alltägliche Anforderungen mit der SAP-Software umgesetzt werden können.

Aufbau des Buches

Das Buch ist in sechs Kapitel gegliedert, wobei sich die ersten drei Kapitel in der Hauptsache um das Thema »Gemeinkostencontrolling« drehen. Im **Kapitel 1** stellen wir die Kostenarten- und Kostenstellenrechnung dar. Ferner wird auf die Schnittstelle (Mitbuchtechnik) zwischen der Finanzbuchhaltung und dem Controlling eingegangen. Wie in den übrigen Kapiteln sollen hier nicht nur die praktische Umsetzung, sondern auch die dahinterliegenden konzeptionellen Überlegungen dargestellt werden, um Ihre Unternehmensstruktur entsprechend abzubilden. Danach wird im **Kapitel 2** das Thema »Innenauftragsrechnung« beschrieben. Beide Kapitel enden mit einem Überblick über die Möglichkeiten des Berichtswesens (Informationssystem) in der jeweiligen Komponenten des internen Rechnungswesen. Damit sind bereits die wesentlichen Stammdaten des Gemeinkostencontrollings vorgestellt, und wir können uns im **Kapitel 3** um die Bewegungsdaten kümmern. Hier findet sich das Tagesgeschäft im Controlling wieder, welches sowohl die innerbetriebliche Leistungsverrechnung als auch die kennzahlenbasierte Verrechnung anhand einer Verteilung oder Umlage darstellt. Zum Abschluss dieses Kapitels wird vorgestellt, wie diese Methoden für einen Betriebsabrechnungsbogen (BAB) zu nutzen sind. Die Beispiele hierfür sind so gewählt, dass Sie diese leicht auf eigene Kennzahlen oder Abrechnungsschritte übertragen können. Das **Kapitel 4** setzt sich mit dem »Produktkostencontrolling« auseinander. Dabei wird der Lebenslauf eines Produktes von der Kalkulation bis zur Fertigung beschrieben, ergänzt durch das Thema »Gemeinkostenzuschlagskalkulation«. Im **Kapitel 5** stellen wir die »Ergebnis- und Marktsegmentrechnung« vor und gehen grob auf die Auftragsabrechnung ein. Im Verlauf des Kapitels werden nicht nur Umsatz und Absatz, sondern ebenfalls die direkten und indirekten Kosten für ein Produkt im Rahmen einer »Deckungsbeitragsrechnung« zusammengeführt. Im abschließenden **Kapitel 6** erhalten Sie Einblick in die »Profitcenter-Rechnung«. Sie ermöglicht es, Unternehmen in ergebnisverantwortliche Teilbereiche aufzuteilen, für die jeweils getrennt eine GuV erstellt werden kann. Die Profitcenter-Rechnung selbst ist dabei ein internes Controllinginstrument, um einzelne Unternehmensbereiche genauer zu betrachten.

Wir hoffen, dass wir durch die Darstellung vom Allgemeinen (Gemeinkostencontrolling) hin zum Besonderen (Ergebnis-, Profitcenter-Rechnung) sowohl für Neulinge im Controlling als auch für etwas erfahrenere Anwender einen guten Überblick über die Möglichkeiten des SAP CO geben und wünschen Ihnen schon jetzt den einen oder anderen Erkenntnisgewinn.

Danksagung

Andreas Unkelbach: Als mich Martin Munzel das erste Mal auf die Idee zu diesem Buch ansprach, war mir noch vollkommen unklar, in welche Richtung sich das entwickeln würde. Gerade der Austausch mit ihm, aber noch mehr mit der Lektorin Anja Achilles, hat mich immer wieder begeistert. Für viele Hinweise und manche fruchtbare Diskussion bin ich immer noch dankbar und blicke voller Freude zurück auf die gemeinsame Arbeit. Ebenfalls erwähnen mag ich die Geduld und Unterstützung meiner Frau Claudia, die mir auch sonst im Leben hilft, manch gordischen Knoten aufzulösen. Ein besonderer Dank gilt darüber hinaus meinem Kollegen Jürgen Ross, der mir den Einstieg in SAP ermöglichte und noch immer ein wertvoller Ansprechpartner in Fragen bzgl. SAP und dem Rest der Hochschulwelt ist.

Martin Munzel: Auch ich danke Andreas Unkelbach für den stets konstruktiven Austausch bei der Entstehung des Buches, vor allem bei Themen, zu denen wir unterschiedliche Auffassungen vertraten. Anja Achilles hat wie immer einen super Job dabei gemacht, so manchen verqueren Gedanken wieder auf die Spur zu bringen. Oder, wie es mein Autorenkollege Claus Wild einmal so schön formulierte: »Sie hat mein Gequatsche perfekt getuned.«

Ich habe es mir zur Gewohnheit gemacht, im Vorwort meiner Bücher eine Anekdote aus dem Leben mit meinen Kindern zum Besten zu geben, und die soll auch hier nicht fehlen. Im letzten Urlaub mochte mein Sohn Vincent, inzwischen zehn Jahre alt, nicht einsehen, dass ich auch mal eine Ruhepause brauche. Als ich mich wortstark beschwerte, dass ich in letzter Zeit so viel gearbeitet hätte, dass ich mich nun entspannen müsse, erwiderte er: »Komm schon, Papa, du arbeitest doch überhaupt nicht! Du sitzt den ganzen Tag an deinem Computer und tippst Buchstaben ein!«

Vincent widme ich dieses Buch, und wenn er mal wieder nicht schlafen will, lese ich ihm zur Strafe daraus vor.

Im Text verwenden wir Kästen, um wichtige Informationen besonders hervorzuheben. Jeder Kasten ist zusätzlich mit einem Piktogramm versehen, das diesen genauer klassifiziert:

Hinweis

Hinweise bieten praktische Tipps zum Umgang mit dem jeweiligen Thema.

Beispiel

Beispiele dienen dazu, ein Thema besser zu illustrieren.

Warnung

Warnungen weisen auf mögliche Fehlerquellen oder Stolpersteine im Zusammenhang mit einem Thema hin.

Zum Abschluss des Vorwortes noch ein Hinweis zum Copyright: Sämtliche in diesem Buch abgedruckten Screenshots unterliegen dem Copyright der SAP SE. Alle Rechte an den Screenshots liegen bei der SAP SE. Der Einfachheit halber haben wir im Rest des Buches darauf verzichtet, darauf unter jedem Screenshot gesondert hinzuweisen.

1 SAP CO oder die Vorzüge eines Gemeinkostencontrollings

Wir bieten Ihnen zunächst einen kurzen Einstieg in SAP, um anschließend direkt auf Grundfragen des Gemeinkostencontrollings überzuleiten. Im weiteren Verlauf des Kapitels werden wir die Stammdaten der Komponenten »Kostenartenrechnung« und »Kostenstellenrechnung« darstellen und das Zusammenspiel zwischen Finanzbuchhaltung und Controlling anhand der *Mitbuchtechnik* vorstellen. Zum Abschluss lernen Sie die Möglichkeit der Kostenumbuchung innerhalb des Moduls CO kennen. Als veranschaulichendes Beispiel dient im Weiteren der fiktive Verlag »Neue Medien«, der neben Büchern auch Schulungsvideos und E-Books erstellt sowie eine größere Onlineplattform betreibt.

Felix Buchmacher sitzt im Büro seines neu gegründeten Verlags »Neue Medien« und sollte eigentlich glücklich sein. Vor einigen Monaten ist sein großer Traum in Erfüllung gegangen: Der Wechsel von einer Kanzlei zum eigenen Buchverlag ist geglückt, und die Geschäfte laufen bereits recht gut. Doch er muss sich aktuell mit der wichtigen Frage beschäftigen, wie sich diese positive Entwicklung des Unternehmens auch in Zukunft fortführen lässt. Zwar ist ihm durchaus das Zitat »Planung ersetzt den Zufall durch Irrtum« bekannt, aber ein wenig Voraussicht, der Blick auf das gesamte Verlagsgeschehen wie auch die Lage des Unternehmens im Einzelnen sind ihm ebenfalls sehr wichtig.

Zur Darstellung aller Geschäftsprozesse hat sich der Verlag für die Firmen-Software der SAP SE entschieden, die als ERP-System (Enterprise Resource Planning oder Unternehmens-Informationssystem) alle für den Unternehmenszweck vorhandenen Ressourcen (wie Kapital, Personal, Betriebsmittel …) darstellen soll. Sie ist modular aufgebaut, sodass aus verschiedenen Anwendungsbereichen nach Art eines Baukastensystems einzelne Bausteine (Module) ausgewählt werden können. Zu den einzelnen Abteilungen (Funktionen) eines Unternehmens wie Finanzbuchhaltung, Einkauf, Produktion oder Personalwesen gibt es entsprechende Module, die untereinander kombinierbar sind. Als Standardsoftware für diesen Bereich bietet SAP ERP den Vorteil, dass viele Unternehmensprozesse bereits im System in einer Grundversion abgebildet sind. Somit kann jedes Unternehmen auf betriebswirtschaftliche Strukturen zurückgreifen und diese wiederum durch *Customizing* an seine lokalen/spezifischen Bedürfnisse anpassen. Lassen Sie uns gemeinsam anschauen, wie diese Anforderungen von SAP grundsätzlich umgesetzt sind.

Sobald Sie sich am SAP-System anmelden, gelangen Sie direkt in das Anwendungsmenü. Sollte stattdessen das Benutzermenü erscheinen, können Sie über die Schaltfläche 🖼 bzw. über die Tasten ⌊STRG⌋ und ⌊F11⌋ dorthin wechseln. Innerhalb des Anwendungsmenüs erhalten Sie Zugriff auf die einzelnen Module und deren Komponenten, die sich in Teilkomponenten (Teilmodule) gliedern können. Als Beispiel sei hier das Modul Controlling (CO) mit seinen Komponenten zum Gemeinkostencontrolling (CO-OM) genannt. Die Komponente CO-OM ist in Teilkomponenten wie die Kostenartenrechnung (CO-OM-CEL) oder die Kostenstellenrechnung (CO-OM-CCA) differenziert. Im folgenden Text sind diese Zugriffe jeweils als Pfad im Anwendungsmenü angegeben.

Auch wenn dieses Buch einen Einstieg bieten soll, wird teilweise auf Einstellungen im Customizing eingegangen. Um dorthin zu gelangen, starten Sie die Transaktion SPRO und können dann über die Schaltfläche &SAP Referenz-IMG auf das Customizing zugreifen. Auch auf die einzelnen Pfade innerhalb des SAP CUSTOMIZING EINFÜHRUNGSLEITFADENS verweisen wir im Text.

Customizing und Transportaufträge

 Im Rahmen des Customizings werden i. d. R. Einstellungen festgelegt, die in Form eines Transportauftrags zwischen Entwicklungssystem (CUST), Qualitätssicherung/Testsystem (QTST) und Produktivsystem (PROD) übertragen werden. Dabei wird zwischen *Customizing-Aufträgen* und *Workbench-Aufträgen* unterschieden. Im Wesentlichen werden Customizing-Aufträge innerhalb der Transaktion SPRO angelegt und beinhalten mandantenabhängige Einstellungen. Hierbei stellt ein Mandant technisch, organisatorisch und auch kaufmännisch eine eigenständige Einheit im SAP-System dar, der eigene Stammsätze und Einstellungen hat. Einstellungen in Workbench-Aufträgen betreffen hingegen mandantenunabhängige systemweite Änderungen und können neu angelegte Tabellen, Transaktionen oder eigene Programme umfassen. Viele Anpassungsmöglichkeiten erfolgen in sogenannten *Customizing-Tabellen*, deren Ausprägung Sie innerhalb des Customizings füllen und auf diese Weise ebenfalls das SAP-System an Ihre Bedürfnisse anpassen. Diese Modifikationsoptionen sind in einem Produktivsystem beschränkt, sodass Sie sie im Entwicklungs- bzw. Customizingsystem vornehmen und über das Transportsystem übertragen. Die entsprechenden Einstellungen können Sie dann teilweise auch in der von SAP genutzten Datenbank einsehen. Auch wenn wir in diesem Buch das Thema »Customizing« nur streifen, sollte Ihnen dieser kleine Einblicke in ihrer täglichen Arbeit zumindest helfen, wichtige Begriffe aus der Welt der Kollegen von der »SAP-Basis« ein wenig zu verstehen.

Die Wahl für SAP hatte die Firma also bereits getroffen und zwischenzeitlich ein externes Rechnungswesen über das Modul FI (u. a. bestehend aus Kreditoren-, Debitorenrechnung oder auch Anlagenbuchhaltung) erfolgreich umgesetzt. Nun sitzt Felix allerdings über seiner Gewinn- und Verlustrechnung (GuV) und überlegt, wie die daraus ersichtlichen Kosten eigentlich zustande kommen konnten. Um die Erlöse macht er sich derzeit weniger Gedanken, da sich einige Bücher als Bestseller herausgestellt haben. Wir werden die Erlöse in der Ergebnisrechnung im Kapitel 5 intensiver betrachten. Die GuV gibt ihm zwar als Teil des Jahresabschlusses eine Gegenüberstellung aller Aufwendungen und Erträge seines Unternehmens und zeigt ihm grundsätzlich, dass das Unternehmen profitabel arbeitet. Wie es aber im Einzelnen dazu kam, wird daraus nicht ersichtlich. Auch müsste seines Erachtens ein Blick auf eine Ebene unterhalb des großen Ganzen möglich sein. Vor allem möchte er nicht erst am Ende des Jahres – beim Jahresabschluss – die Lage und Entwicklung des Unternehmens betrachten können.

Glücklicherweise hat ein guter Freund und Unternehmer mit SAP im Einsatz Felix auf die Möglichkeiten der SAP-Komponente Gemeinkostencontrolling (CO-OM) hingewiesen, das ihm über den Jahresabschluss hinaus die dringende Frage beantwortet, wofür die ganzen Kosten eigentlich angefallen bzw. wo diese verursacht worden sind und ob die erzielten Erlöse ausreichen, alle anfallenden Kosten zu tragen.

Je mehr Gedanken sich Felix Buchmacher macht, umso wichtiger erscheint ihm die Einführung einer funktionierenden Kostenarten- und Kostenstellenrechnung, damit zumindest die beiden Fragen nach der Art der Kosten und der Kostenentstehung geklärt sind.

Grundfragen des Gemeinkostencontrollings

 Innerhalb des Gemeinkostencontrollings (SAP Modul CO-OM) stellen wir uns im Wesentlichen drei Fragen:

1. »Welche Kosten sind angefallen?«
2. »Wo sind die Kosten angefallen?«
3. »Wofür sind die Kosten angefallen?«

Diese Fragestellungen werden durch Einzelkomponenten (Teilrechnungen) des Moduls CO beantwortet: die *Kostenartenrechnung* (Darstellung von Kosten und Erlöse), *Kostenstellenrechnung* (Ort der Kostenentstehung) und die *Kostenträgerrechnung* (Grund der Kostenentstehung, z. B. die hergestellten Produkte des Unternehmens).

Letztere Fragestellung werden wir im weiteren Verlauf des Buches durch die Innenauftragsrechnung, aber auch durch das Produktkostencontrolling (CO-PC), die Ergebnis- und Marktsegmentrechnung (CO-PA) bzw. die Profit-Center-Rechnung (EC-PCA) beantworten. In diesen Modulen wird auch das Thema »Erlöse« behandelt.

Felix ist sich relativ klar darüber, dass alle GuV-Konten als *Kostenarten* anzulegen sind und neben den Buchungskonten auch eine *Kostenstelle* kontiert werden sollte. Nach Rücksprache mit der Finanzbuchhaltung ist man sich schnell einig, dass künftig auf jedem Papierbeleg ein Kontierungsstempel genutzt werden soll, auf dem die Stichworte »Sachkonto«, »Betrag« und »Kostenstelle« (bzw. »Innenauftrag«) mit angegeben werden. Auf eine Zeichnung »sachlich und rechnerisch richtig«, wie bei seiner alten Arbeitsstelle üblich, wollen sie erst einmal verzichten.

Vokabeln des Rechnungswesens

 Nun haben wir schon einige neue Begriffe eingeführt. Um diese richtig einzuordnen, möchten wir diese kurz erläutern.

Sachkonto

Sachkonten sind Kernelemente der Finanzbuchhaltung, bei denen zwischen Bilanz- (als Bestandskonto) und GuV-Konto (als Erfolgskonto) unterschieden wird. Jede Buchung ist dabei einem Hauptbuchkonto zugeordnet, das direkt in die Bilanz oder in die GuV eingeht. Jedes Konto ist einem eigenen Kontenplan zugeordnet, welcher ein Verzeichnis aller Sachkonten enthält. Sachkonten dienen der Klassifizierung und Erfassung von Finanzbewegungen innerhalb der Finanzbuchhaltung und entsprechen damit den Buchungskonten der Finanzbuchhaltung.

Kostenart

Kostenarten sind das Gegenstück zum Sachkonto innerhalb des Controllings. Im Rahmen der Kostenartenrechnung werden alle für CO relevanten Buchungsvorgänge als Kosten- und Erlösarten erfasst. Teilweise leiten sich die Kostenarten (als primäre Kostenarten) von den Sachkonten der Finanzbuchhaltung als Ist-Kosten bzw. Erlöse ab. Kostenarten werden sowohl als Buchungskonten des externen als auch des internen Rechnungswesen genutzt und weisen die Art der Kostenentstehung aus. Mit ihnen beantworten Sie die Frage, welche Kosten in welcher Höhe im Unternehmen entstanden sind.

Kostenstelle

Kostenstellen weisen den Ort der Kostenentstehung aus und orientieren sich dabei oftmals an der Organisationsstruktur eines Unternehmens. Sie haben die Aufgabe, angefallene Kosten zu sammeln. Ferner stellen sie Verantwortungsbereiche innerhalb eines Unternehmens dar und ermöglichen, die entstandenen Kosten verursachungsgerecht auf einzelne Unternehmensbereiche zu verteilen.

Dennoch möchte Felix noch einmal mit seinem Buchhalter Erwin Fuchs klären, wie ihre Buchhaltung eigentlich genau aufgebaut ist. Dieser gibt ihm dazu umgehend eine kleine Einführung: Im Verlag »Neue Medien« wird der *Industriekontenrahmen* (IKR) eingesetzt, und innerhalb der Finanzbuchhaltung sind schon entsprechende Sachkonten angelegt. Der IKR ist in unterschiedliche *Kontenklassen* aufgeteilt, die anhand der ersten Ziffer des Buchungskontos ersichtlich sind. Diese Konten werden nach Finanzbuchhaltung (externes Rechnungswesen) sowie Kosten- und Leistungsrechnung (internes Rechnungswesen) getrennt geführt.

Zur Verdeutlichung wird ihm Tabelle 1.1 vorgelegt.

Vermögensrechnung/Bilanz

Aktiva	Klasse 0	immaterielle und Sachanlagen
	Klasse 1	Finanzanlagen
	Klasse 2	Umlaufvermögen und aktive Rechnungsabgrenzung
Passiva	Klasse 3	Eigenkapital, Rückstellungen
	Klasse 4	Verbindlichkeiten und passive Rechnungsabgrenzung

Erfolgskonten

Erträge	Klasse 5	Erträge
Aufwendungen	Klasse 6	betriebliche Aufwendungen
	Klasse 7	weitere Aufwendungen
Eröffnung und Abschluss	Klasse 8	Ergebnisrechnung, Eröffnungs- und Abschlusskonten
KLR	Klasse 9	Kosten- und Leistungsrechnung

Tabelle 1.1: Aufbau Industriekontenrahmen (IKR)

1.1 Kostenartenrechnung

Gemeinsam überlegen sie, welche der Verlagskonten für ein Controlling infrage kommen, und einigen sich darauf, mindestens die Ertrags- und Aufwandskonten (Klassen 5–7) als Kostenarten anzulegen.

Abgrenzung zu den Bilanzkonten

 Sicherlich wäre auch das Investitionscontrolling mit den Konten der Anlagenbuchhaltung (0 und 1) eine wichtige Unternehmensaufgabe, sofern Sie größere Investitionen langfristig planen. Aber für ein operatives Controlling sollte gerade am Anfang das Gemeinkostencontrolling im Mittelpunkt stehen. Die Darstellung von Aktiva und Passiva (der Bilanzkonten der Klassen 0–4) sind daher mehr im Modul der Finanzbuchhaltung einzuordnen.

1.1.1 Anlage von Kostenarten

Nachdem Felix gemeinsam mit Herrn Fuchs diese Entscheidung getroffen hat, begleiten wir ihn bei der Anlage der Kostenarten, um die Frage zu beantworten, welche Kosten im Laufe eines Jahres angefallen sind. Daher soll unsere primäre Aufgabe nun sein, passende Kostenarten zu den Sachkonten der Klassen 5 und 6 anzulegen. Als sekundäre Aufgabe werden wir uns im späteren Verlauf des Buches (siehe Abschnitt 3.1.2) um die Konten der Klasse 9 und damit der internen Kosten- und Leistungsrechnung widmen.

Grunddaten des Unternehmens (Buchungskreis, Kostenrechnungskreis) einrichten

Innerhalb der Finanzbuchhaltung stellt der *Buchungskreis* die zentrale Organisationseinheit des externen Rechnungswesens (Finanzbuchhaltung) dar, für die eine vollständige Buchhaltung abgebildet werden soll. Ein Buchungskreis sollte daher für jedes rechtlich selbstständige Unternehmen angelegt werden, wofür entsprechende Vorschriften zur Erstellung einer Bilanz sowie GuV erforderlich sind.

Innerhalb eines Konzerns können verschiedene Konzerngesellschaften in einzelnen Buchungskreisen abgebildet werden. Im Controlling ist der *Kostenrechnungskreis* die zentrale Einheit, für die eine Kostenrechnung durchgeführt wird. Ein Kostenrechnungskreis kann einen oder mehrere Buchungskreise umfassen. Für den Verlag »Neue Medien« reicht eine Verknüpfung zwischen Buchungskreis und Kostenrechnungskreis. Sobald das Unternehmen allerdings wächst und verschiedene Filialen einen eigenen Buchungskreis innehaben, können diese zu einem Kostenrechnungskreis zusammengefasst werden.

Für unseren Verlag haben wir als Bezeichnung des Buchungs- und Kostenrechnungskreises »BUCH« gewählt und nutzen den hinterlegten Kontenplan »IKR«.

Eine schnelle Möglichkeit der Einzelanlage von Kostenarten zu Sachkonten können Sie in der Stammdatenpflege des Controllings finden. Unter dem Pfad RECHNUNGSWESEN • CONTROLLING • KOSTEN-ARTENRECHNUNG • STAMMDATEN • KOSTENART • EINZELBEARBEITUNG • ANLEGEN PRIMÄR oder alternativ über die Transaktion KA01 gelangen Sie auf das Einstiegsbild zur Anlage (siehe Abbildung 1.1). Hier können Sie die Nummer des Sachkontos angeben und einen Zeitraum, von wann bis wann die KOSTENART gültig sein soll. Hierfür ist wichtig zu wissen, dass das Rechnungswesen innerhalb SAP als *Einkreis-*

system aufgebaut ist. Die *primären Kostenarten* sowie die Erlösarten entsprechen den Aufwandskonten der Gewinn- und Verlustrechnung (GuV) innerhalb der Finanzbuchhaltung.

Daher können die Primärkostenarten erst angelegt werden, wenn das entsprechende Sachkonto in der Finanzbuchhaltung bereits existiert. Die Nummer der Kostenart entspricht dann der des zugeordneten Sachkontos, da sie mit den Sachkonten in der Finanzbuchhaltung verknüpft ist. Neben den primären Kostenarten gibt es auch *sekundäre Kostenarten*, denen kein Sachkonto in der Finanzbuchhaltung zugeordnet ist und die ausschließlich in der Kostenrechnung (im internen Rechnungswesen) genutzt werden. Ein Anwendungsgebiet dieser Kostenarten findet sich in der internen Leistungsverrechnung (siehe Abschnitt 3.1). Im weiteren Verlauf legen wir die GuV-Konten (Erfolgskonten) auch im Controlling als primäre Kostenarten an.

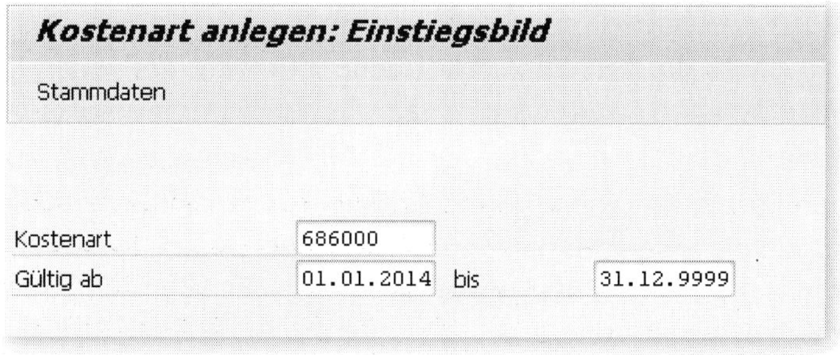

Abbildung 1.1: Kostenart anlegen – Einstiegsbild

Nach Bestätigung der Gültigkeit mit [Enter] werden im folgenden Fenster einige GRUNDDATEN direkt aus dem Sachkontostammsatz übernommen (siehe Abbildung 1.2). Dieses betrifft sowohl die BEZEICHNUNG (Kurztext) als auch die BESCHREIBUNG (Langtext).

Kostenart anlegen: Grundbild

Kostenart   686000   Bewirtungskosten
Kostenrechnungskreis   BUCH   Neue Medien
Gültig ab   01.01.2014   bis   31.12.9999

| Grunddaten | Kennzeichen | Vorschlagskontierung | Historie |

Bezeichnungen
Bezeichnung   Bewirtungskosten
Beschreibung   Gästebewirtung und Repräsentation

Grunddaten
Kostenartentyp
Eigenschaftsmix
Funktionsbereich

Abbildung 1.2: Kostenart anlegen – Grunddaten

Als weiteres Datenelement müssen Sie nun noch den KOSTENARTEN-TYP angeben. Dieser bestimmt, für welche betriebswirtschaftlichen Vorgänge eine Kostenart verwendet werden soll. Für Kosten der Finanzbuchhaltung (im Beispiel Kontenklasse 5) bietet sich hier der Kostenartentyp 1 »Primärkosten/kostenmindernde Erlöse« an, der für alle in der Finanzbuchhaltung (FI) oder der Materialwirtschaft (MM) gebuchten Kosten verwendet wird. Für Erlöskonten (im Beispiel Kontenklasse 6) bietet sich der Kostenartentyp 11 »Erlöse« an. Nachdem Sie den entsprechenden Kostenartentyp gewählt haben, können Sie die Kostenart über das Icon ▤ direkt speichern. Hierdurch ist die Kostenart angelegt.

Nachdem Felix gemeinsam mit Herrn Fuchs alle Kostenarten angelegt hat, schwirren ihm nun die einzelnen Nummern im Kopf herum und verwandeln die eigentlich vorhandene Ordnung in ein kleines Zahlenchaos. Beide sind der Meinung, dass seitens SAP doch auch eine Gruppierung der einzelnen Kostenarten möglich sein sollte. Innerhalb der Finanzbuchhaltung hat man wenigstens eine Bilanz bzw. GuV, die einer Gliederungslogik folgt. Entsprechendes sollte es doch auch im Controlling geben.

1.1.2 Gruppierung der Kostenarten

Sie haben es sich sicherlich schon gedacht und werden daher nicht überrascht sein, dass es zu den meisten Stammdaten entsprechende Gruppen gibt, in denen einzelne Stammdaten oder ganze Intervalle zusammengefasst werden können. Unter dem Pfad RECHNUNGSWE-SEN • CONTROLLING • KOSTENARTENRECHNUNG • STAMMDATEN • KOS-TENARTENGRUPPE oder mit der Transaktion KAH1 finden Sie die Möglichkeit, *Kostenartengruppen* zu Ihren Kostenarten anzulegen. Für eine erste Gliederung legen wir hier die Kostenartengruppe IKR an. Nach Angabe des Namens gelangen wir in einen Pflegedialog der Kostenartengruppe (siehe Abbildung 1.3).

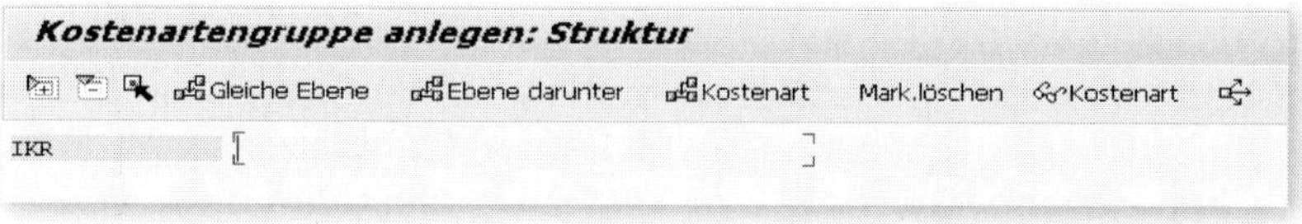

Abbildung 1.3: Kostenartengruppe anlegen (Transaktion KAH1)

Auf der linken Seite ist der Gruppenname (im Beispiel IKR) angegeben, und wir können im Kasten daneben eine Beschreibung (bspw. Industriekontenrahmen – IKR) zu dieser Gruppe eintragen. Über die Schaltflächen Gleiche Ebene Ebene darunter lassen sich weitere Gruppen entweder auf der gleichen Ebene wie die markierte oder eine Ebene darunter anlegen. Über die Schaltfläche Kostenart können wir der Gruppe sodann Kostenarten als Einzelwerte oder als Intervall zuordnen. Für den Gruppennamen stehen maximal zehn Zeichen zur Verfügung. Sofern Bedarf besteht, kann der Name durch ein SUFFIX von vier Zeichen mit vorangestelltem ».« erweitert werden. Denkbar wäre also z. B. eine Gruppe »SACHKOSTEN.PRNT«.

Ein Beispiel einer Gruppierung von Kostenarten ist in Abbildung 1.4 dargestellt.

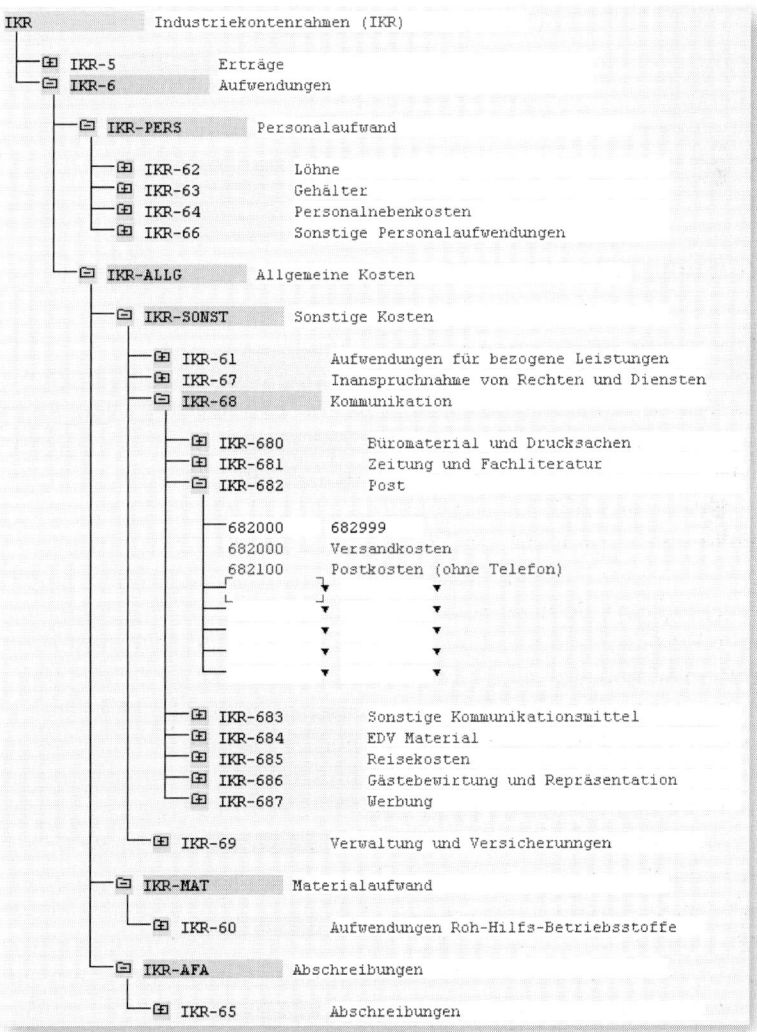

Abbildung 1.4: Kostenartengruppe IKR

Durch die Pflege von *Intervallen* (bspw. in der Gruppe IKR-682 das Nummernintervall 682000 bis 682999) werden zukünftig anzulegende Kostenarten direkt dieser Gruppe zugeordnet, sofern sie im gleichen Nummernintervall liegen. Innerhalb der Stammdatengruppepflege erfolgt eine Kontrolle auf Eindeutigkeit (jede Kostenart kann nur einer Kostenartengruppe innerhalb der Gesamtgruppe zugeordnet werden).

Felix hat inzwischen ein etwas genaueres Bild von der Kostenstruktur innerhalb seines Unternehmens. Es stellt sich ihm nur noch die Frage, wie nun die einzelnen Kosten auf eine Kostenstelle gelangen.

1.2   Kostenstellenrechnung

Nachdem die Kostenarten angelegt sind, gibt es schon mal einen Überblick über die angefallenen Kosten. Damit wäre zumindest die Frage »Welche Kosten sind entstanden?« beantwortet. Nun kann jedoch anhand der Kostenart noch nicht festgestellt werden, wo diese Kosten verursacht wurden. Diese Frage soll die Kostenstellenrechnung beantworten, die die einzelnen Kosten ihrem Entstehungsort und damit auch Verantwortungsbereich zuordnet. Die Kostenstelle ist der Ort der Kostenentstehung und der Leistungserbringung. Durch sie ist es möglich, nicht nur eine Aussage über z. B. die Höhe entstandener Personalkosten zu machen, sondern auch, die Verteilung der Personalkosten auf die unterschiedlichen Bereiche zu ermitteln. Die durch die Kombination von Kostenarten- und Kostenstellenrechnung mögliche Kostenkontrolle ist ein Handwerkszeug des operativen Controllings sowie ein wichtiger Bestandteil der kurzfristigen (bis 1 Jahr) und mittelfristigen (unter 3 oder 5 Jahren) Unternehmensplanung. Um die Kostenstellenrechnung zu nutzen, muss innerhalb des Customizings für CO in der Transaktion SPRO über den Pfad CONTROLLING • KOSTENSTELLENRECHNUNG • KOSTENSTELLENRECHNUNG IM KOSTENRECHNUNGSKREIS AKTIVIEREN für den KOSTENRECHNUNGSKREIS (hier BUCH) eine KOSTENSTELLENSTANDARDHIERARCHIE (hier ebenfalls BUCH) angelegt werden (siehe Abbildung 1.5). Alternativ können Sie sich diese Einstellungen auch direkt über die Transaktion OKKP anzeigen lassen.

Abbildung 1.5: Grunddaten Kostenrechnungskreis – Standardhierarchie für Kostenstellen

Innerhalb der *Standardhierarchie* (die ebenfalls eine Stammdaten-gruppe darstellt) sind automatisch alle Kostenstellen eines Kosten-rechnungskreises zusammengefasst. Jede anzulegende Kostenstelle ist mit einer Gruppe der Standardhierarchie zu verbinden, sodass über diese sämtliche Kostenstellen erfasst sind und sichergestellt werden kann, dass in dieser Gruppe sämtliche Buchungen innerhalb CO erfasst werden. Hierdurch erfüllt die Standardhierarchie die An-forderungen der Eindeutigkeit und Vollständigkeit, da zum einen alle Kostenstellen in ihr erfasst sind und zum anderen jede Kostenstelle nur einmal in der Hierarchie zugeordnet werden kann.

1.2.1 Anlegen einer Kostenstellenstruktur

Um nun das Zusammenspiel zwischen Finanzbuchhaltung und Con-trolling zu testen, entschließen sich Felix und Herr Fuchs, Kostenstel-len anzulegen und diese zur Buchung zu verwenden. Beiden er-scheint es aber sinnvoll, sich vorab Gedanken darüber zu machen, wie ihre Kostenstellenstruktur aussehen soll. Dabei sind sowohl or-ganisatorische und funktionale als auch gemischte Aspekte innerhalb des Verlages zu berücksichtigen. So entscheiden sie sich, die Kostenstellenstruktur analog zu den einzelnen Abteilungen innerhalb des Buchverlags aufzubauen, sodass sowohl die Verwaltung (mit Geschäftsführung, Finanzbuchhaltung und Personalabteilung) als auch der Vertrieb die einzelnen Produktionszweige, aber auch deren Gebäude und die Druckerei innerhalb der Kostenstellenrechnung ihr Pendant finden.

Aufbau einer Kostenstellenhierarchie

 Bei der Konzeption einer Kostenstellenhierarchie können die einzelnen Kostenstellen nach unterschiedlichen Aspekten gegliedert werden. Diese können sich je nach Branche und Organisationsstruktur des Unternehmens unterscheiden. So käme eine Orientierung nach räumlichen Aspekten bei sehr regional orientierten Unternehmen infrage. Denkbar wäre dies bspw. auch bei mehreren Standorten, die intern verglichen werden sollen. Eine weitere Möglichkeit ist die Gliederung nach Verantwortungs- und Funktionsbereichen. Meistens entspricht diese der organisatorischen Struktur des Unternehmens und hat gleichzeitig den Vorteil, dass eindeutige Kostenverantwortliche mit benannt werden können.

Die eigentliche Schwierigkeit bei der Gliederung von Kostenstellen ist, die Balance zwischen einer zu hohen Detailliertheit und einer handhabbaren pragmatischen Ordnung zu halten, um gleichzeitig alle Informationen sowie eine ausreichende Transparenz der Kostenentstehung zu erlangen.

Felix und Herr Fuchs entscheiden sich für eine funktionale Gliederung, die gleichzeitig die Kostenverantwortung berücksichtigt. Hier entscheiden Sie sich für die Einführung eines *sprechenden Kostenstellenschlüssels*. Anhand der Kostenstellennummer soll unmittelbar erkennbar sein, in welchem Bereich diese Kosten anfallen. Alternativ könnten auch alphanummerische Schlüssel verwendet werden, bei denen der Bereich anhand eines Buchstabens festgelegt wird. Eine nummerische Schlüsselung hat jedoch den Vorteil, dass diese leichter erweitert werden kann, wenn bspw. neue Abteilungen gegründet werden. Nach einigem Hin und Her haben sie einen siebenstelligen Nummerncode (siehe Tabelle 1.2) festgelegt.

Kostenstellen (siebenstellig)			
N	Hierarchie		
	NN	Bereich	
		NN	Abteilung
			NN	Gliederung nach Bedarf

Tabelle 1.2: Sprechender Kostenstellenschlüssel

Nun stellt sich für beide noch die Frage, wie die einzelnen Bereiche ihres Unternehmens in diese Struktur eingefügt werden sollen. Nachdem sie das Firmen-Organigramm ausführlich betrachtet haben, einigen sie sich auf die in Tabelle 1.3 festgehaltene Kostenstellenstruktur.

Mit dieser Struktur könnten später bei Bedarf unterhalb der Printredaktion auch einzelne Themenredaktionen (SAP, Office, Internet) aufgenommen oder bestehende Abteilungen noch weiter untergliedert werden. Damit kann künftig auch die Frage »Wo sind die Kosten entstanden?« beantwortet werden.

1	Verwaltung			
2	Einkauf/Materialwirtschaft			
3	Gebäude			
4	Redaktion			
5	Produktion			
6	Vertrieb			
1	01	Geschäftsleitung		
1	02	Personalabteilung		
1	03	Finanzbuchhaltung		
1	04	Controlling		
1	05	IT-Service		
2	01	Einkauf		
2	02	Lager		
3	01	Bauunterhaltung		
3	02	Bewirtschaftung		
3	03	Reinigung		
3	04	Kantine		
4	01	Onlineredaktion		
4	02	Printredaktion		
4	03	Lektorat		
5	01	DTP		
5	02	Druckerei		
5	03	Video		
5	04	Tonstudio		
6	01	Verkauf		
6	02	Werbung		
6	03	Versand		
6	04	Fuhrpark		
6	05	Kundenservice		
–	– –	00	Allgemein	
–	– –	01–99	Abteilungen	
4	01	01	Internetseite/Blog	
4	01	02	Onlineforum	
–	– –	– –	01–99	Gliederung nach Bedarf
1	01	00	00	Unternehmensleitung
1	01	01	01	Büro Buchmacher

Tabelle 1.3: Kostenstellenplan Verlag Neue Medien

Nachdem die Struktur des Unternehmens nun entschieden ist, sollte diese Kostenstellenhierarchie auch innerhalb des SAP-Systems umgesetzt werden. Dazu rufen Sie unter dem Pfad RECHNUNGSWESEN • CONTROLLING • KOSTENSTELLENRECHNUNG • STAMMDATEN • STANDARD-HIERARCHIE • ÄNDERN oder alternativ über die Transaktion OKEON die zentrale Pflege der Standardhierarchie auf. Die leere Standardhierarchie wird wie in Abbildung 1.6 dargestellt.

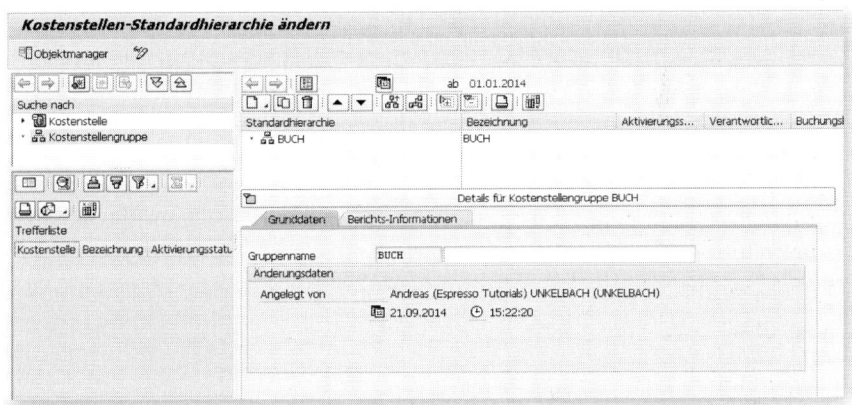

Abbildung 1.6: OKEON Einstieg Kostenstellen-Standardhierarchie

Der oberste Knoten Buch wurde im Customizing schon vorbelegt. Hier können Sie unter GRUNDDATEN neben den Gruppennamen auch direkt eine Bezeichnung – in unseren Fall »Verlag Neue Medien« – eintragen. Danach können die Gruppe BUCH markiert und über die Schaltfläche [□.] die einzelnen Gruppen ihrer Kostenstellenhierarchie angelegt werden. Sie haben hier die Auswahl zwischen UNTER-GEORDNETE GRUPPE oder GRUPPE AUF GLEICHER STUFE. Die Gruppen sind entsprechend der Verlagsstruktur anzulegen. Dies entspricht der Nummernlogik bis zur Ebene der Bereiche (vgl. Tabelle 1.2). Für die Verwaltung wäre dieses also »1« und »101« für die Geschäftsleitung usw. Die einzelnen Abteilungen eines Bereichs werden im folgenden Abschnitt als Kostenstellen angelegt.

Kostenrechnungskreis (KRK) im Benutzerstamm hinterlegen

 Sollte Ihre Firma mit unterschiedlichen Kostenrechnungskreisen arbeiten, ist es sinnvoll, den von Ihnen genutzten KRK fest in Ihrem SAP-Benutzer zu hinterlegen. Hierzu müssen Sie über SYSTEM • BENUTZERVORGABEN • EIGENE DATEN durch Setzen der Parameter-ID CAC im Reiter PARAMETER und – in unserem Beispiel – des Parameterwerts BUCH fest als Vorschlagswert für Ihren SAP-Benutzer hinterlegen. Hierdurch arbeiten Sie künftig stets innerhalb Ihres Kostenrechnungskreises.

Andernfalls müssten Sie diesen in den einzelnen Pflegetransaktionen über ZUSÄTZE • KOSTENRECHNUNGSKREIS SETZEN oder EINSTELLUNGEN • KOSTENRECHNUNGSKREIS SETZEN jedes Mal manuell setzen.

1.2.2 Kostenstellen in Standardhierarchie anlegen

Nachdem alle Kostenstellengruppen angelegt wurden, können die Gruppe 101 (Geschäftsleitung) und über $\boxed{\text{D}}$, wie in Abbildung 1.7 dargestellt, die Funktion KOSTENSTELLE EINFÜGEN ausgewählt werden.

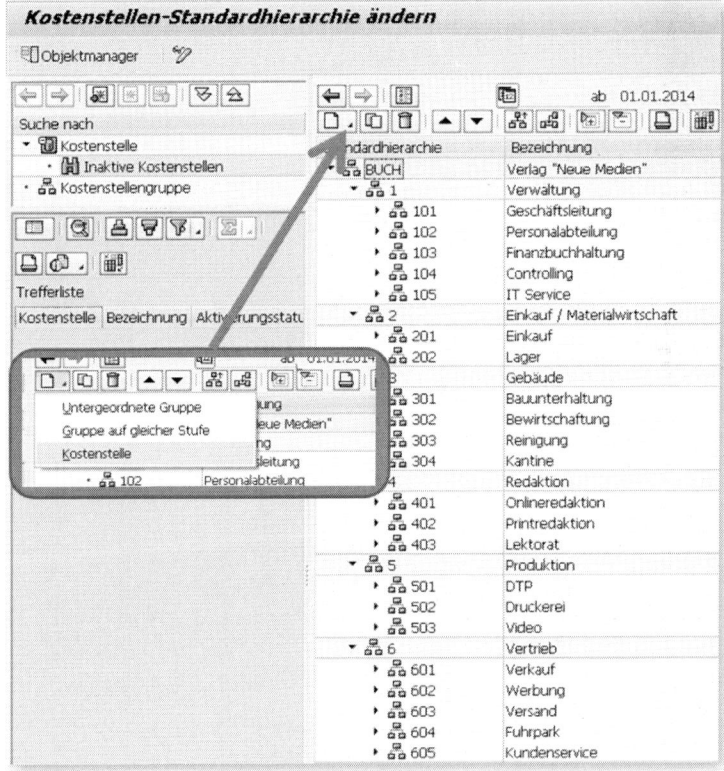

Abbildung 1.7: Kostenstelle in Standardhierarchie einfügen

Nun öffnet sich ein neues Fenster, in dem Sie Ihre erste Kostenstelle anlegen können. Anhand der Nummernlogik (siehe Tabelle 1.3) ist hier die oberste Kostenstelle 1010000, das wäre die Unternehmensleitung, als erste Kostenstelle anzulegen. Wie Abbildung 1.8 zeigt, erscheint nach Auswahl der Option Kostenstelle eine neue Maske, in der Sie die einzelnen Daten der Kostenstelle eintragen können. An der vorgesehenen Position ist diese als $TMP000001 unter der Gruppe Geschäftsleitung eingeordnet, und Sie können im unteren Abschnitt die Stammdaten der Kostenstelle ergänzen.

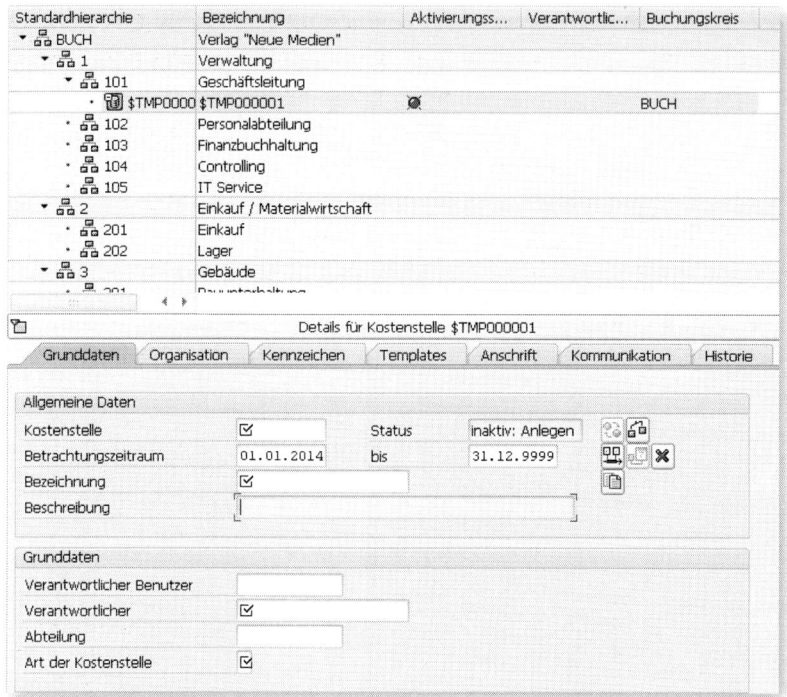

Abbildung 1.8: Kostenstelle in OKEON anlegen

Die Stammdaten einer Kostenstelle verteilen sich auf die einzelnen Reiter

▶ GRUNDDATEN,

▶ ORGANISATION,

▶ KENNZEICHEN,

▶ TEMPLATES,

▶ ANSCHRIFT,

▶ KOMMUNIKATION sowie

▶ HISTORIE.

Auf diesen Reitern sind Pflichtfelder mittels ☑ gekennzeichnet. Jede Kostenstelle kann für einen bestimmten Zeitraum gültig

sein. In der Grundeinstellung wird automatisch der Zeitraum bis 31.12.9999 vorgeschlagen. Die Grunddaten der Kostenstelle sind wie in Abbildung 1.9 einzutragen.

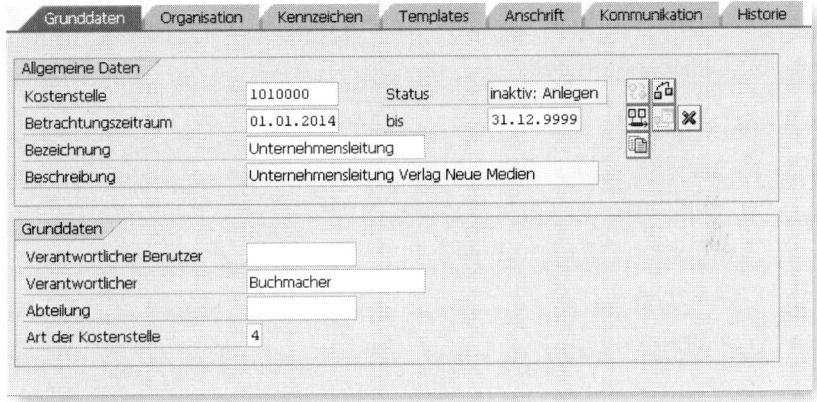

Abbildung 1.9: Grunddaten Kostenstelle

Die drei Felder BEZEICHNUNG, BESCHREIBUNG und VERANTWORTLICHER sind Textfelder, sodass Sie hier in der Wahl des Eintrags relativ frei sind. So können als Verantwortlicher entweder ein Personenname (im Beispiel Buchmacher), Funktionen (Gesellschafter) oder auch das allseits beliebte »N. N.« eingetragen werden. Letzteres sollte aus naheliegenden Gründen vermieden werden, wenn eine tatsächliche Verantwortung für einen Kostenbereich gegeben sein soll.

Daneben müssen Sie noch die ART DER KOSTENSTELLE definieren.

Kostenstellenarten in SAP

Das Feld ART DER KOSTENSTELLE wird ebenfalls im Customizing-Einführungsleitfaden (Transaktion SPRO) unter CONTROLLING • KOSTENSTELLENRECHNUNG • STAMMDATEN • KOSTENSTELLEN • KOSTENSTELLENARTEN DEFINIEREN angelegt. Darin sind bestimmte Steuerungsparameter einer Kostenstelle schon als Vorschlag hinterlegt. Eine weitere Verwendung finden diese auch bei der Leistungsartenverrechnung, die wir in Abschnitt 3.1 beschreiben.

Im obigen Beispiel haben wir die Kostenstellenart 4 »Verwaltung« gewählt. Im SAP-System stehen grundsätzlich folgende Kostenstellenarten zur Auswahl:

► 1 – Fertigung,

► 2 – Hilfskostenstelle,

► 3 – Vertrieb,

► 4 – Verwaltung,

► 5 – Leitung,

► 6 – Forschung und Entwicklung,

► 7 – Service,

► 8 – Beratung,

► 9 – Verr.tech.Kst.

Denkbar wäre aber auch eine klassische Unterscheidung nach

► V – Vorkostenstellen (Hilfskostenstellen),

► E – Endkostenstellen,

► H – Hauptkostenstellen,

► N – Nebenkostenstellen.

Die einfachste Strukturierung könnte wohl eine Gliederung nach folgenden Arten sein:

► E – Endkostenstellen,

► R – Verrechnungskostenstellen,

► V – Vorkostenstellen.

Kostenstellenarten in der BW-Lehre

 Im SAP-System werden die Kostenstellenarten nach ihren einzelnen Tätigkeitsbereichen unterschieden. Die angesprochene klassische Unterscheidung nach der Betriebswirtschaftslehre gliedert die Kostenstellen entsprechend ihrer Position innerhalb eines Fertigungsprozesses hin zu den Produkten eines Betriebes. Unter *Endkostenstellen* sind Kostenstellen zuzuordnen, die ihre Kosten nicht auf andere Kostenstellen, sondern direkt in das Betriebsergebnis verrechnen. Die *Hauptkostenstellen* geben dagegen ihre Leistungen direkt an das Produkt des Unternehmens ab und sind damit direkt für das fertige Erzeugnis des Unternehmens verantwortlich. Je nach Unternehmensstruktur können diese auch als Endkostenstellen verstanden werden, sofern sie direkt die primären Produkte des Unternehmens erzeugen. Im Verlag »Neue Medien« könnte hier bspw. die Druckerei so betrachtet werden. Eine *Vorkostenstelle* (auch als Hilfskostenstelle bezeichnet) ist nicht für die direkte Erzeugung des Produktes verantwortlich, sondern liefert hierzu Vorleistungen. Normalerweise sind diese im Fertigungsprozess vor den Hauptkostenstellen angesiedelt. Ein Beispiel hierfür könnte die Redaktion sein.

Unter einer *Nebenkostenstelle* sind solche Kostenstellen zu verstehen, die Nebenprodukte erzeugen. Ein Nebenprodukt des Verlags »Neue Medien« ist bspw. die E-Book-Sparte, auch wenn diese zunehmend an Bedeutung gewinnt. Grundsätzlich kann unter einer *Verrechnungskostenstelle* ebenfalls eine Hilfskostenstelle verstanden werden. Der Unterschied ist hier nur, dass diese Kostenstelle nur temporär Gemeinkosten erfasst und diese dann an Endkostenstellen weiterleitet. So wäre z. B. im Rahmen einer Personalkostenverrechnung denkbar, dass auf den Verrechnungskostenstellen die Personalkosten im Ist gebucht und von dort im Durchschnitt auf die einzelnen Kostenstellen verrechnet werden, sofern dieses aus Datenschutz- oder Sozialisierungsgründen (bspw. bei unterschiedlichen Vergütungen nach Altersstufen) erforderlich sein sollte.

Nachdem Sie alle Angaben übernommen haben, können Sie diese mit 🖫 sichern. Wie in Abbildung 1.10 durch das Dreieck im Feld TYP angezeigt wird, erhalten Sie eine Warnmeldung. Diese können Sie aber erst einmal ignorieren, bis wir uns um das Thema »Profit-Center« in Kapitel 6 kümmern. Daher bestätigen Sie die Meldung mit ✅ .

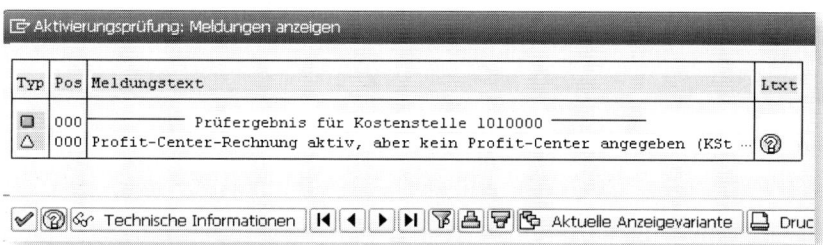

Abbildung 1.10: Warnmeldung – kein Profit-Center angegeben

Nun ist Ihre Kostenstelle angelegt und gespeichert. Das können Sie daran erkennen, dass sich der STATUS der KOSTENSTELLE von »Inaktiv: Anlegen« auf aktiv geändert hat (siehe Abbildung 1.11).

Abbildung 1.11: Status Kostenstelle

In der Ansicht der Kostenstellen-Standardhierarchie erhalten Sie nun einen genaueren Überblick über die einzelnen Objekte der Kostenstellenrechnung (siehe Abbildung 1.12) inklusive der neu angelegten Kostenstelle für die Unternehmensleitung. In der Spalte AKTIVIE-RUNGSKENNZEICHEN ist diese auch als aktiv gekennzeichnet.

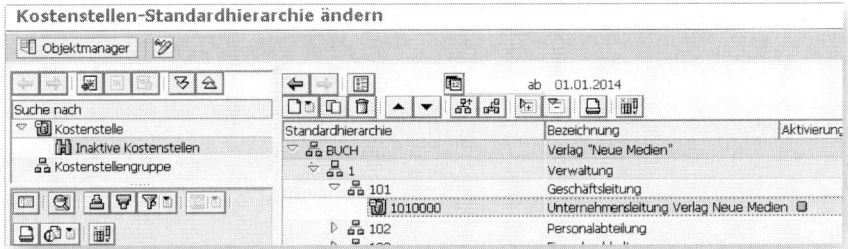

Abbildung 1.12: Kostenstelle in Hierarchie aktiv

Innerhalb der Pflege der Kostenstellen-Standardhierarchie wird zwischen KOSTENSTELLENGRUPPEN 品 und den eigentlichen KOSTEN-STELLEN · 圙 unterschieden. Diese sind in Abbildung 1.12 mit dem entsprechenden Symbol grafisch gekennzeichnet. So stellt 1010000 eine Kostenstelle, aber 101 eine Kostenstellengruppe dar. Die Standardhierarchie besteht dabei aus unterschiedlichen Gruppen und umfasst alle Kostenstellen des Unternehmens.

1.2.3   Direktanlage einer Kostenstelle

Neben der Pflege in der Kostenstellen-Standardhierarchie können Kostenstellen aber auch innerhalb des SAP-Menüs unter RECH-NUNGSWESEN • CONTROLLING • KOSTENSTELLENRECHNUNG • STAMMDA-TEN • KOSTENSTELLE • EINZELBEARBEITUNG • ANLEGEN bzw. über die Transaktion KS01 direkt angelegt werden. Über die Funktion ÄNDERN (Transaktion KS02) lassen sich bereits bestehende Kostenstellen ändern. Im Einstiegsbild der Transaktion legen Sie wiederum die Gültigkeit der Kostenstelle fest (GÜLTIG AB und BIS) und gelangen dann, wie in Abbildung 1.13 dargestellt, in die Kostenstellenpflege. Im Unterschied zur vorherigen Darstellung müssen Sie nun im Feld HIE-RARCHIEBEREICH die Standardhierarchie hinterlegen.

Abbildung 1.13: Kostenstelle anlegen (Transaktion KS01)

Das war innerhalb der Pflege der Standardhierarchie nicht notwendig, da dieses Feld automatisch mit dem jeweiligen Knoten, unter dem Sie die Kostenstelle in der Transaktion OKEON eingefügt hatten, gefüllt war. Über die Wertauswahlhilfe ⌞F4⌟ erhalten Sie einen Überblick über die einzelnen (von Ihnen in der Standardhierarchiepflege schon angelegten) vorhandenen Kostenstellengruppen und können hier für die Kostenstelle 1010101 die Gruppe 101 – Geschäftsleitung wählen. Auch in dieser Pflege können Sie neben den Grunddaten der Kostenstelle noch weitere Daten eingeben. Insbesondere die Kontaktdaten können später sehr hilfreich sein, falls Sie Kontakt zum Kostenstellenverantwortlichen aufnehmen wollen.

Register ANSCHRIFT und KOMMUNIKATION

 Im Verlauf dieses Buches pflegen wir im Wesentlichen die Daten im Register GRUNDDATEN. Die beiden Reiter STEUERUNG und TEMPLATES beeinflussen noch tiefer gehende Funktionen der Kostenstellenrechnung, auf die wir im Rahmen eines Einstiegs im Controlling nicht weiter eingehen. Bei den beiden Registern ANSCHRIFT und KOMMUNIKATION gehen unsere (die der Autoren) Ansichten über die Notwendigkeit etwas auseinander. Während innerhalb eines Industrieunternehmens die genannten Register selten gefüllt werden (und teilweise überlegt wird, diese komplett auszublenden), sind sie im Hochschulbereich oft von zentraler Bedeutung, da hier sowohl Institutsanschriften, Telefonnummern als auch weitergehende Informationen wie Zuordnungen zur Lehreinheit hinterlegt werden können. So trifft bei diesem Thema wohl das Sprichwort »Was dem einen sin Uhl, ist dem andern sin Nachtigall« zu.

Einen Überblick zu bereits vorhandenen Kostenstellen erhalten Sie im SAP-Menü über RECHNUNGSWESEN • CONTROLLING • KOSTENSTELLENRECHNUNG • INFOSYSTEM • BERICHTE ZUR KOSTENSTELLENRECHNUNG • STAMMDATENVERZEICHNIS • KOSTENSTELLEN: STAMMDATENBERICHT (Transaktion KS13). Die zwischen Felix Buchmacher und Erwin Fuchs abgestimmten Kostenstellen sind in Abbildung 1.14 aufgeführt.

Kostenstellen anzeigen: Grundbild

Kostenrechnungskreis BUCH
Datum   01.01.1900 bis 31.12.9999
Kostenstelle   alle Kostenstellen

Kostenstelle	Bezeichnung	StdHierarchie	KArt	Währg
1010000	Unternehmensleitung	101	4	EUR
1010101	Büro Buchmacher	101	5	EUR
1020000	Personalabteilung	102	4	EUR
1030000	Finanzbuchhaltung	103	4	EUR
1040000	Controlling	104	4	EUR
1050000	IT Service	105	7	EUR
2010000	Einkauf	201	7	EUR
2020000	Lager	202	7	EUR
3010000	Bauunterhaltung	301	7	EUR
3020000	Bewirtschaftung	302	7	EUR
3030000	Reinigung	303	7	EUR
3040000	Kantine	304	7	EUR
4010000	Onlineredaktion	401	2	EUR
4020000	Printredaktion	402	2	EUR
4030001	Lektorat	403	1	EUR
5010000	DTP	501	1	EUR
5020000	Druckerei	502	1	EUR
5030000	Videostudio	503	1	EUR
6010000	Verkauf	601	3	EUR
6020000	Werbung	602	3	EUR
6030000	Versand	603	3	EUR
6040000	Fuhrpark	604	3	EUR
6050000	Kundenservice	605	3	EUR

Abbildung 1.14: Kostenstellenliste (Transaktion KS13)

1.2.4 Kostenstellengruppen pflegen

Sofern Sie innerhalb einer Abteilung weitere Untergruppen einfügen wollen (etwa unterschiedliche Fachredaktionen), können Sie dies entweder durch weitere Kostenstellen (bspw. durch Aufteilung der Printredaktion in 4020100 SAP, 4020200 Office, 4020300 Internet) erreichen oder zusätzliche Untergruppen anlegen, und zwar neben der Bearbeitung in der Standardhierarchie (Transaktion OKEON) auch direkt über die Gruppenpflege der entsprechenden Kostenstellengruppe. Hierzu können Sie über den Menüpfad RECHNUNGSWESEN • CONTROLLING • KOSTENSTELLENRECHNUNG • STAMMDATEN • KOSTENSTELLENGRUPPE • ÄNDERN (Transaktion KSH2) einzelne Knoten der Standardhierarchie bearbeiten und dort weitere Knoten einfügen (siehe Abbildung 1.15).

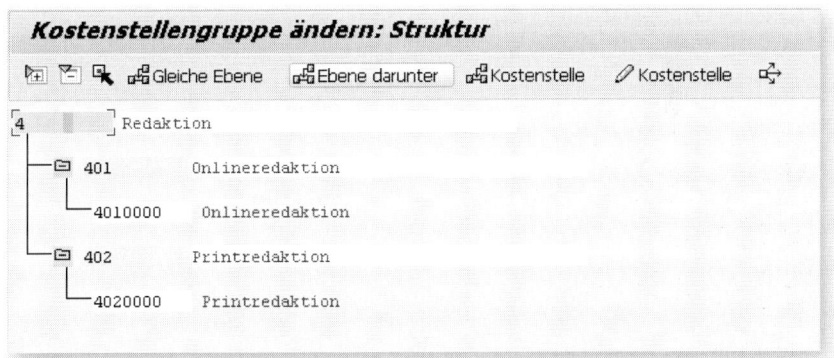

Abbildung 1.15: Kostenstellengruppe ändern (Transaktion KSH2)

Entsprechend der Stammdaten-Hierarchiepflege können Sie über die Schaltflächen 🔲Gleiche Ebene 🔲Ebene darunter weitere Gruppen auf gleicher Ebene oder eine Ebene darunter bzw. über die Schaltfläche 🔲Kostenstelle weitere Kostenstellen anlegen. Neben der Pflege von Gruppen innerhalb der Standardhierarchie können Sie über den SAP-Menüpfad RECHNUNGSWESEN • CONTROLLING • KOSTENSTELLENRECHNUNG • STAMMDATEN • KOSTENSTELLENGRUPPE • ANLEGEN (Transaktion KSH1) auch Gruppen außerhalb anlegen.

Hier ermöglicht die Schaltfläche 🔲Kostenstelle das Eintragen von Kostenstellen als Intervalle in einer Gruppe. Diese Funktion ist vergleichbar mit den von Ihnen am Anfang des Kapitels gepflegten Kostenartengruppen. Eine mögliche Alternativgruppe wäre z. B. die in Abbildung 1.16 dargestellte NEWMEDIA.

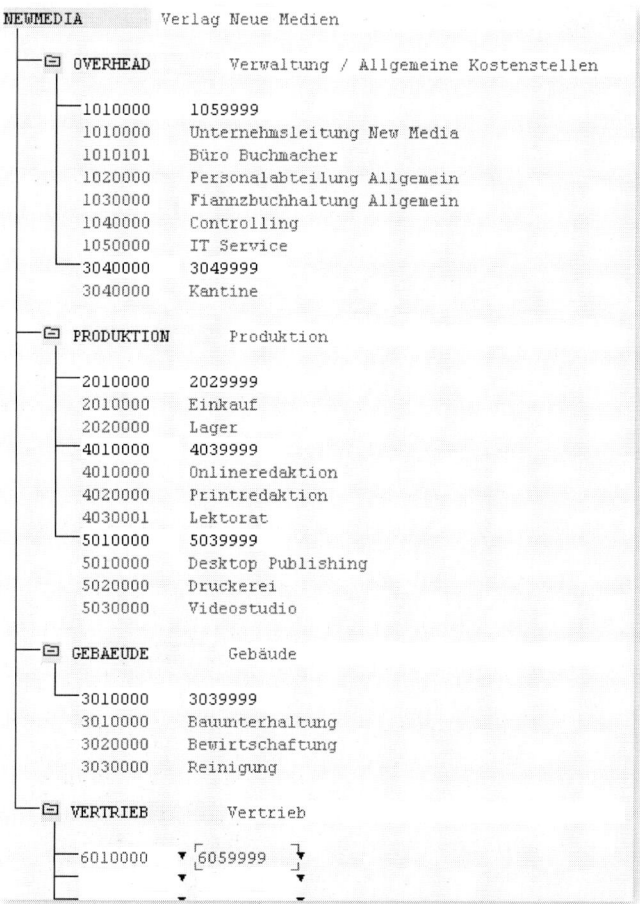

Abbildung 1.16: Kostenstellengruppe NEWMEDIA (Transaktion KSH1)

In dieser Kostenstellengruppe sind unterschiedliche Abteilungen bzw. Kostenstellenintervalle zu neuen Bereichen zusammengestellt. Sie stellt eine alternative Verdichtung zur Standardhierarchie dar und ermöglicht u. a. eine Auswertung aller Kostenstellen, die mit der direkten Produktion in Verbindung stehen.

1.3 Schnittstelle zwischen Finanzbuchhaltung und Controlling

Nun haben Felix und Herr Fuchs einzelne Kostenarten, Kostenstellen und verschiedene Stammdatengruppen erfolgreich angelegt. Jetzt stellt sich die abschließende Frage, wie die Kostenstellen seitens der Finanzbuchhaltung genutzt werden können.

Probeweise nimmt Erwin Fuchs eine Rechnung und bucht diese in FI ein. Dabei handelt es sich um die Erfassung einer Weiterbildungsveranstaltung auf die Kostenstelle der Geschäftsleitung. Wie in Abbildung 1.17 zu sehen, können Sie hier Kostenstellen als Kontierungsobjekte bei der Belegerfassung angeben.

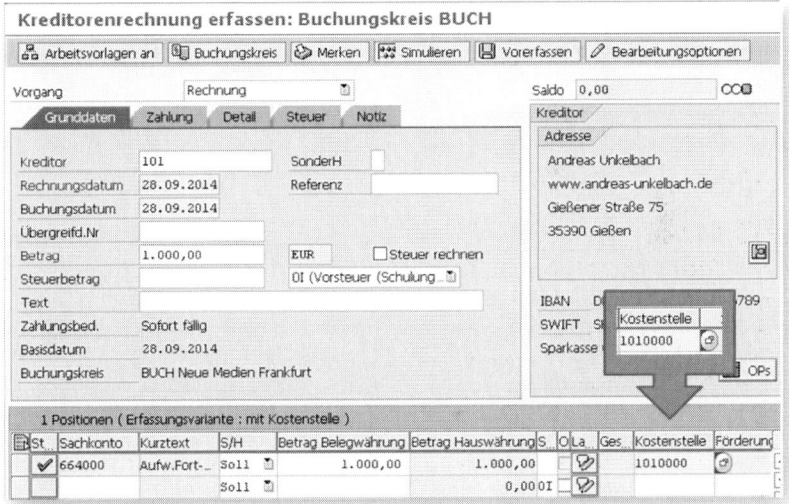

Abbildung 1.17: Kreditorenrechnung mit Kostenstelle kontieren

Plötzlich befürchtet der Buchhalter, dass sich durch die neue Rechnung möglicherweise das Ergebnis der GuV verändern könnte, da ja neue Belege gebucht werden und ggf. ein Beleg dann doppelt erfasst werden würde.

Einführung in Finanzbuchhaltung

Dieses Buch soll nicht weiter auf die Belegerfassung in der Finanzbuchhaltung eingehen. Bei Interesse möchten wir auf das ebenfalls im Espresso Tutorials Verlag erschienene Buch »Schnelleinstieg ins SAP-Finanzwesen (FI)« von Peter Niemeier verweisen.

Aus Sicht der Finanzbuchhaltung hat sich allerdings bis auf die Angabe einer Kostenstelle kaum eine Veränderung gegenüber den bisher erfassten Rechnungen ergeben. Trotzdem wirft Erwin Fuchs einen Blick in die relevanten Belege der Finanzbuchhaltung. Wie bisher werden in der *Nebenbuchhaltung* (Kreditorenbuchhaltung) die Verbindlichkeiten gegenüber dem Kreditorenkonto im Erfolgskonto der GuV dargestellt (siehe Abbildung 1.18).

Abbildung 1.18: Belegansicht (FB03) Kreditorenbuchhaltung

Innerhalb der Hauptbuchhaltung wird der Beleg am Bestandskonto 440000 (für die Bilanz) und Erfolgskonto 664000 (für die GuV) ausgewiesen (siehe Abbildung 1.19).

Abbildung 1.19: Belegansicht (FB03) Hauptbuch

Nachdem Herr Fuchs sich die Belegansichten der Kreditorenrechnung und des Hauptbuchs angeschaut hat, stellt er beruhigt fest,
dass beide wie bisher dargestellt werden und er problemlos weiterhin
Bilanz und GuV erstellen kann. Aus der Belegansicht (Transaktion
FB03) kann über den Menüpfad UMFELD • BELEGUMFELD • RECH-
NUNGSWESENBELEGE auf den *Kostenrechnungsbeleg* gewechselt werden (siehe Abbildung 1.20).

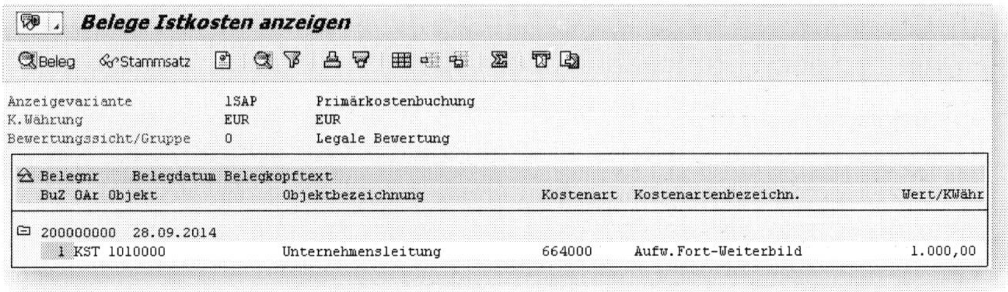

Abbildung 1.20: Belegansicht (KB5) Kostenrechnungsbeleg

Sobald eine Buchung auf ein CO-Objekt (im oberen Beispiel eine Kostenstelle) erfolgt, wird tatsächlich ein weiterer Beleg in SAP erzeugt. Die Belege der Finanzbuchhaltung werden hier als Buchhaltungsbelege (siehe Abbildungen 1.18 und 1.19) und im Controlling als Kostenrechnungsbelege (Abbildung 1.20) dargestellt. In unserem Beispiel hat der Kostenrechnungsbeleg nur eine Position, in der die Aufwandskostenart »Fort-Weiterbild« und die entsprechende Kostenstelle »Unternehmensleitung« aufgeführt sind.

Mitbuchtechnik/Überleitung FI nach CO

 Während man in der Finanzbuchhaltung zwischen Haupt- (mit Bestands/Erfolgskonten) und Nebenbuchhaltung unterscheidet, werden durch die sogenannte *Mitbuchtechnik* Buchungen in der Nebenbuchhaltung zeitgleich im Hauptbuch mitgeführt (auf sogenannte *Abstimmkonten*). Durch das Mitbuchprinzip weisen Haupt- und Nebenbücher den gleichen Stand auf, sodass jederzeit eine Bilanz und/oder eine GuV-Rechnung erstellt werden kann. Durch Verknüpfung der primären Kostenarten mit den Sachkonten der Finanzbuchhaltung werden alle dort angefallenen Kosten nicht direkt in CO erfasst, sondern auf primäre Kostenarten fortgeschrieben (»mitgebucht«), sofern ein kostenrelevantes Aufwands- oder Ertragskonto betroffen ist. Hier wird ergänzend zum Beleg der Finanzbuchhaltung ein zweiter Beleg (siehe Abbildung 1.20) erstellt. Dieses ist auch der Grund, warum der CO-Beleg keine Gegenposition hat, sondern »nur« auf der Kostenstelle ausgewiesen ist.

So langsam erkennt Felix durchaus Vorteile im Controlling. Durch die Mitgabe einer Kostenstelle ist eindeutig ersichtlich, dass die Geschäftsleitung die Kosten dieses Vortrags verursacht und sie zu verantworten hat. Aber je mehr er über das Thema »verursachungsgerechte Verteilung von Kosten« nachdenkt, umso überzeugter ist er, dass doch eigentlich die Abteilung »Controlling« die Kosten zumindest zum Teil mittragen müsste. Zum einen war das Thema der Veranstaltung »CO«, und zum anderen nahm auch diese Abteilung an der Schulung teil. Nach kurzer Rücksprache mit Kirsten Lotse (der neu eingestellten Controllerin) ist man sich einig, dass 500 € dieser Veranstaltung von der Kostenstelle 1040000 »Controlling« zu übernehmen sind. Erwin Fuchs ist nicht wirklich erfreut über dieses Vorhaben und befürchtet, alle Buchungen stornieren und dann mit mehreren Positionen und Kostenstellen erneut buchen zu müssen. Insbesondere wenn so etwas öfter vorkommen sollte, raubt ihm allein der Gedanke an die Diskussion mit den Wirtschaftsprüfern den Schlaf. Glücklicherweise weist Kirsten Lotse darauf hin, dass Umbuchungen auch direkt im Controlling möglich sind, ohne dass der eigentliche Beleg der Finanzbuchhaltung angepasst werden muss.

1.4 Manuelle Kostenumbuchung in CO

Eine CO-Umbuchung können Sie innerhalb des SAP-Menüs unter RECHNUNGSWESEN • CONTROLLING • KOSTENSTELLENRECHNUNG • IST-BUCHUNGEN • MANUELLE UMBUCHUNG KOSTEN • ERFASSEN (Transaktion KB11N) veranlassen. Wie in Abbildung 1.21 zu sehen, kann hier von der Kostenstelle 1010000 (KOSTST ALT) auf die Kostenstelle 1040000 (KOSTST NEU) ein entsprechender Betrag umgebucht werden.

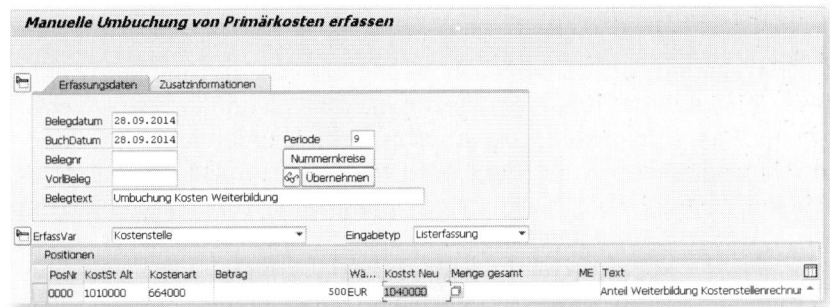

Abbildung 1.21: Manuelle Umbuchung von Primärkosten (KB11N)

Die KOSTENART ist bei beiden Kostenstellen identisch. Insgesamt können im Rahmen der *Listerfassung* (welche als EINGABETYP direkt ausgewählt ist) auch mehrere Positionen erfasst werden. Auf diese Weise ist es z. B. möglich, mit nur einem Beleg die Kosten auf mehrere Kostenstellen umzubuchen. Somit könnte ein Teil der Kosten auch auf die Kostenstelle der Finanzbuchhaltung gebucht werden.

Kleiner Praxistipp

 Nach Erfassung einer Position kann mittels der Taste `Enter` eine Prüfung der einzelnen Daten erfolgen (gleichzeitig wird die Belegposition durchnummeriert). Hierdurch ist bei mehreren Positionen direkt ersichtlich, ob eine Kostenart/Kostenstelle vorhanden und bebuchbar ist. Während der Belegtext im Belegkopf identisch ist, können auf der Belegposition unterschiedliche Texte mitgegeben werden. Sofern eine Rechnung auf mehrere Kostenstellen aufgeteilt werden soll, ist hier z. B. ein erläuternder Hinweis möglich. Auch auf diese Weise könnte die Umbuchung der Kosten »Weiterbildung« mit Anteil Controlling, Anteil Finanzbuchhaltung etc. auf unterschiedliche Kostenstellen verteilt und über den Text darauf hingewiesen werden.

Zur Beruhigung der Finanzbuchhaltung sei hier nochmals erwähnt, dass der Saldo der Kostenart stets gleich bleibt, sodass keine Veränderung des Erfolgskonto verursacht wird. Wurden alle Positionen korrekt angegeben, kann der Beleg über die Schaltfläche 🖫 direkt gebucht werden. Sofern alle Daten richtig sind, ist nun ein CO-Beleg erzeugt. Die CO-Belege lassen sich im SAP-Menü unter RECHNUNGSWESEN • CONTROLLING • KOSTENSTELLENRECHNUNG • INFOSYSTEM • BERICHTE ZUR KOSTENSTELLENRECHNUNG • EINZELPOSTEN • KOSTENSTELLEN EINZELPOSTEN IST (Transaktion KSB1) anzeigen. Wie in Abbildung 1.22 zu sehen, können hier die Positionen KOSTENSTELLE (oder Kostenstellengruppe), KOSTENART (oder Kostenartengruppe) sowie das BUCHUNGSDATUM eingeschränkt werden.

Kostenstellen Einzelposten Istkosten anzeigen: Einstieg

⊕ ⓖ ⬛ ⬛ ⌿ Weitere SelKrit…

Kostenstelle	🔍	bis 🔍	⇨
oder			
Kostenstellengruppe	1	🗋	
Kostenart	664000	bis 🔍	⇨
oder			
Kostenartengruppe			

Buchungsdaten

Buchungsdatum	01.09.2014	bis	30.09.2014

Einstellungen

Anzeigevariante	1SAP	Primärkostenbuchung
Weitere Einstellungen…		

Abbildung 1.22: Kostenstellen Einzelposten Istkosten (KSB1)

Im Beispiel haben wir die Kostenstellengruppe 1 (»Verwaltung«) gewählt. Alternativ wäre es aber auch möglich, über die Schaltfläche ⇨ mehrere Kostenstellen (im Beispiel 1010000 und 1040000) zu verwenden. Als Anzeigevariante wird im Beispiel 1SAP »Primärkostenbuchung« angegeben, die im Standard innerhalb des SAP-Systems schon vorhanden ist. Es können daneben auch eigene Varianten angelegt werden. Diese Anzeigevariante birgt die Möglichkeit, die einzelnen Felder der Belege darzustellen. Wenn wir nun die Auswertung starten, erhalten wir alle Belege, die auf den jeweiligen Kostenstellen gebucht sind. Diese sind in Abbildung 1.23 dargestellt.

Kostenstellen Einzelposten Istkosten anzeigen

🔍 Beleg | ✎ Stammsatz | 🗋 | 🔍 | ▽ | 🖨 | ▽ | ⊞ | ◰ | ◳ | ▦ | % | ▽ | ◲ | ◁ | ▤ | ◱ | ◌

Anzeigevariante	3SAP	Sekundärkosten: Wertverrechnung	▽ aktiv
Kostenstelle	1010000…	Unternehmensleitung…	
Berichtswährung	EUR	Euro	

Belegnr	Kostenstelle	Objektbezeichnung	Kostenart	KostenartenBez	± Wert/BWähr	G	Gegenkonto
200000000	1010000	Unternehmensleitung	664000	Aufw.Fort-Weiterbild	1.000,00	K	101
200000001		Unternehmensleitung		Aufw.Fort-Weiterbild	500,00-		
	1010000	⌂ **Unternehmensleitung**			■ **500,00**		
200000001	1040000	Controlling	664000	Aufw.Fort-Weiterbild	500,00		
	1040000	⌂ **Controlling**			■ **500,00**		
⌂					■ ■ **1.000,0**…		

Abbildung 1.23: KSB1 – Belegdarstellung Umbuchung

Der Beleg 200000000 stammt dabei aus der Finanzbuchhaltung (Gegenkonto K = Kreditorenbuchhaltung), wohingegen der Beleg 200000001 ein reiner CO-Beleg ist. Im Beispiel sind die Belege nach den einzelnen Kostenstellen gruppiert. Der Saldo der Kostenstellen weist jeweils 500 € aus. Die Ursprungsrechnung in Höhe von 1.000 € wurde durch die Umbuchung zu gleichen Teilen auf die einzelnen Kostenstellen umgebucht. Betrachten wir die Belege einzeln (nach Belegnummer), so sehen wir direkt, dass sich der Saldo durch die CO-Umbuchung nicht verändert hat (siehe Abbildung 1.24).

Anzeigevariante	1SAP	Primärkostenbuchung
Kostenstelle	1010000...	Unternehmensleitung...
Berichtswährung	EUR	Euro

Belegnr	Kostenstelle	Objektbezeichnung	Kostenart	Kostenartenbezeichn.	Σ Wert/BWähr	G	Gegenkonto
200000000	1010000	Unternehmensleitung	664000	Aufw.Fort-Weiterbild	1.000,00	K	101
200000...					▪ 1.000,00		
200000001	1010000	Unternehmensleitung	664000	Aufw.Fort-Weiterbild	500,00-		
	1040000	Controlling	664000	Aufw.Fort-Weiterbild	500,00		
200000...					▪ 0,00		
					▪▪ 1.000,00		

Abbildung 1.24: Darstellung nach Belegnummer

Hiermit endet unsere kurze Darstellung der Zusammenhänge zwischen Finanzbuchhaltung, Kostenartenrechnung und Kostenstellenrechnung. Gemeinsam mit Kirsten Lotse wollen wir uns im folgenden Abschnitt noch einer weiteren wichtigen Aufgabe innerhalb des Controllings widmen: den Möglichkeiten des Berichtswesens bzw. des Informationssystems in SAP.

1.5 Informationssystem der Kostenstellenrechnung

Neben der Darstellung der Einzelposten (Transaktion KSB1, siehe Abschnitt 1.4) gibt es in jeder Komponente auch ein Informationssystem. Gesammelt finden Sie die einzelnen Berichte innerhalb des SAP-

Menüs unter INFOSYSTEME (z. B. unter INFOSYSTEME • RECHNUNGSWE-SEN • CONTROLLING). Daneben ist das Infosystem (als Teil des Be-richtswesens) aber auch in jeder Komponente innerhalb der einzel-nen SAP-Module zu finden. So finden Sie einen Ordner mit der Be-zeichnung INFOSYSTEM innerhalb der Einzelkomponenten des Con-trollings – u. a. unterhalb von RECHNUNGSWESEN • CONTROLLING in KOSTENARTENRECHNUNG, KOSTENSTELLENRECHNUNG oder auch INNEN-AUFTRÄGE. Neben den Einzelpostenberichten möchten wir Ihnen hier einen Summenbericht im Bereich der Kostenstellenrechnung vorstel-len. Da sich die Handhabung von Berichten grundsätzlich sehr äh-nelt, soll sie anhand dieses Berichtes gezeigt werden.

Technischer Hintergrund

 Im Wesentlichen handelt es sich bei den Berichten im Controlling um Report Painter- oder Recherche-Berichte. Auf deren Erstellung soll nicht weiter ein-gegangen werden, aber durch die Art der Handha-bung können Sie später vorhandene bzw. selbst entwickelte Berichte besser verstehen. Eine Übersicht über die diversen Auswertungsmöglichkeiten jenseits von Standardberich-ten ist z. B. auf der Seite *http://fico-forum.de/auswertung.php* zu fin-den.

Nachdem Kostenstellen und Kostenarten angelegt und teilweise auch schon Buchungen im CO erfolgt sind, möchte Kirsten Lotse einen aktuellen Bericht über die aufgelaufenen Kosten und den Ort ihrer Entstehung angezeigt bekommen. Hierzu startet sie im SAP-Menü unter RECHNUNGSWESEN • CONTROLLING • KOSTENSTELLENRECHNUNG • INFOSYSTEM • BERICHTE ZUR KOSTENSTELLENRECHNUNG • PLAN/IST-VERGLEICHE • KOSTENSTELLEN: IST/PLAN/ABWEICHUNG (Transaktion S_ALR_87013611) einen entsprechenden Summenbericht (siehe Abbildung 1.25).

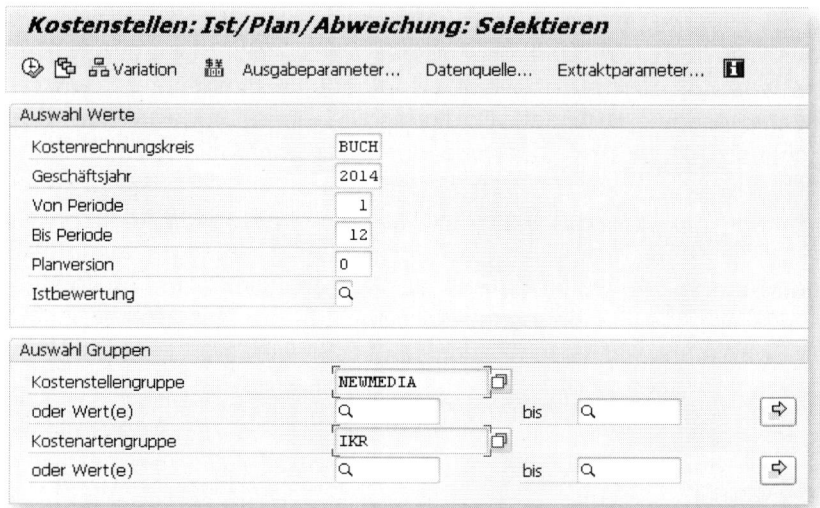

Abbildung 1.25: Transaktion S_ALR_87013611 (Selektion)

Dessen Ziel ist eine Auswertung der KOSTENSTELLENGRUPPE NEWME-
DIA und der KOSTENARTENGRUPPE IKR, die wir in den vorherigen
Kapiteln angelegt haben. Hierdurch werden alle primären Kostenarten (entsprechend der GuV-Konten und gemäß Kontenplan IKR, siehe Abschnitt 1.1.2) und die entsprechend aufgeteilten Kostenstellen
(über die KOSTENSTELLENGRUPPE NEWMEDIA, siehe Abschnitt 1.2.4)
ausgewertet. Als Zeitraum haben Sie dabei das GESCHÄFTSJAHR 2014
innerhalb der Perioden 1 bis 12 und der PLANVERSION 0 ausgewertet.
Letztere wird später bei der Erfassung von Plankosten im Abschnitt
3.1.5 erläutert. Der fertige Bericht ist in Abbildung 1.26 ersichtlich.

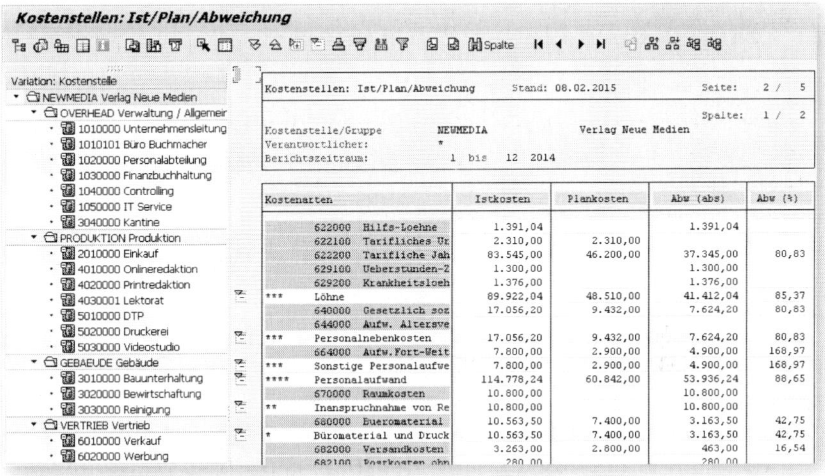

Abbildung 1.26: Kostenstellenbericht NEWMEDIA

Bei der Auswertung sind im rechten Teil (Kostenstellen: Ist/Plan/Abweichung) die einzelnen Kostenarten (Konten innerhalb der Kostenartengruppe IKR) ausgegeben. Dabei werden auf Ebene der einzelnen Kostenartengruppen (z. B. Löhne) Zwischensummen gebildet. Die einzelnen Hierarchien der Kontengruppe können auch zugeklappt werden, sodass nur die Gruppe und nicht die einzelnen Kostenarten angezeigt werden. In den Spalten ISTKOSTEN und PLANKOSTEN werden die Summen je Kostenart dargestellt. Sobald Sie per Doppelklick hierauf klicken, bekommen Sie die Möglichkeit, auf einen Einzelpostenbericht zum jeweiligen Saldo zu springen, um dadurch die einzelnen Buchungen hinter diesen Werten dargestellt zu bekommen. Über die Schaltfläche ▦ oder über EINSTELLUNGEN • OPTIONEN (Tasten $\boxed{\text{Strg}}$ + $\boxed{\text{⇧}}$ + $\boxed{\text{F12}}$) kann über den Punkt OFFICE INTEGRATION unter ART DER DARSTELLUNG eine Übersicht in Excel aufgerufen werden. Hierdurch werden die Daten innerhalb von SAP als Exceltabelle integriert.

Besonderheiten bei Office: Integration/Excelansicht

 Sofern Sie die Excel-Ansicht zum Export der Daten und zu deren Weiterbearbeitung verwenden wollen, finden Sie im Artikel »Office Integration – Excelansicht in SAP und Daten kopieren nach Excel« auf andreas-unkelbach.de (*http://bit.ly/excelinsap*) einige Besonderheiten erläutert.

Neben der reinen Datendarstellung ist in der linken Spalte im Abschnitt VARIATION: KOSTENSTELLE eine Auswahl einzelner Kostenstellen innerhalb der Gruppe NEWMEDIA möglich. So können hier neben der gesamten Gruppe auch einzelne Kostenstellen ausgewertet werden (siehe Abbildung 1.27).

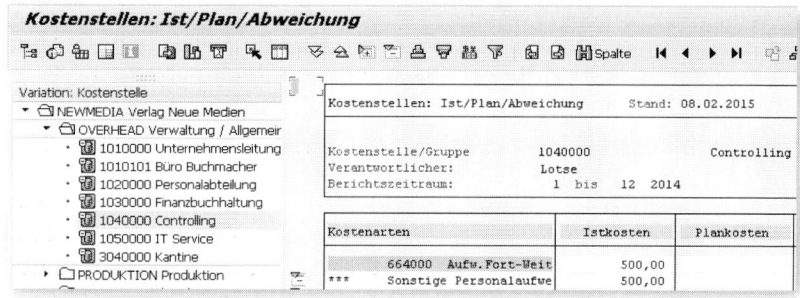

Abbildung 1.27: Variation Kostenstelle Controlling

Für unser Beispiel ist hier die Kostenstelle von Kirsten Lotse (1040000 Controlling) dargestellt, die nun weitere Informationen wie bspw. die Verantwortliche im Kopf des Berichtes und sowie die von Ihnen veranlasste Umbuchungen der Kosten für die Weiterbildung ausweist.

Darstellung von Erlösen im Controlling

 Bei Auswertungen ist darauf zu achten, dass Erlöse im Controlling mit negativen Vorzeichen dargestellt werden. Im Berichtswesen kann somit über eine Auswertung aller Kostenarten ein Saldo von Kosten und Erlösen gebildet werden. Erlöse selbst werden auf Erlösarten (primäre Kostenarten des Kostenartentyps 11 »Erlöse«) abgebildet, könnten aber grundsätzlich auch auf Kostenstellen gebucht werden. Hierbei ist jedoch darauf zu achten, dass der Wertausweis nur statistisch (als Information) erfolgt. Sofern es sich bei der Buchung um Gutschrift handelt, die auch auf der Kostenstelle berücksichtigt werden soll, wäre hier die Kostenart 01 für kostenmindernde Erlöse zu wählen. Eine entsprechende Gutschrift wird dann als negative Kosten behandelt. Innerhalb dieses Buches werden wir uns dem Thema »Erlöse« jedoch im Kapitel 5 widmen und uns im Folgenden mit den tatsächlichen Kosten beschäftigen.

Damit können Sie nun sowohl die Frage beantworten, welche Kosten im Verlag entstanden sind, als auch, wer diese Kosten verursacht hat. Nun ist nur noch zu klären, wofür die ganzen Kosten angefallen sind. Darauf soll das folgende Kapitel zur Innenauftragsrechnung eine mögliche Antwort geben.

2 Von der Kostenstelle zum Auftrag

Wir geben Ihnen im folgenden Kapitel eine kurze Einführung in die Innenauftragsrechnung, die uns eine noch genauere Betrachtung der einzelnen Kosten ermöglicht. Zum Schluss des Kapitels möchten wir einen kurzen Blick auf das Thema »Berichtswesen in der Innenauftragsrechnung« werfen.

Kirsten Lotse kontrolliert regelmäßig die einzelnen Buchungen auf den Kostenstellen. Soweit sie sehen kann, wird inzwischen tatsächlich darauf geachtet, bei jeder Buchung eine passende Kostenstelle mit anzugeben, sodass die einzelnen Buchungen verursachungsgerecht zugewiesen werden. Immerhin sind damit die einzelnen Abteilungen klar voneinander abgetrennt. In ihren Augen fehlt es jedoch noch an einer Kostentransparenz für die einzelnen Buchprojekte. Der spontane Gedanke, für jedes Buchprojekt eine eigene Kostenstelle anzulegen, erscheint ihr allerdings nicht sehr zielführend, da nach einiger Zeit das Buch geschrieben und gedruckt ist, in den Läden steht und das Projekt damit idealerweise abgeschlossen ist. Irgendwann würden dann so viele (überflüssige) Kostenstellen angelegt sein, dass hier keine wirkliche Übersicht mehr vorhanden wäre. Entsprechend sinnvoll wäre es in ihren Augen, ein Kontierungsobjekt zu verwenden, das für eine zeitlich beschränkte Laufzeit gültig ist, unabhängig von den Kostenstellen auswertbar wäre und dennoch Transparenz böte.

2.1 Systematik der Innenauftragsrechnung

Nach einiger Recherche hat sie die *Innenauftragsrechnung* als mögliche Lösung für ihre Anforderungen identifiziert.

Die Natur der Innenaufträge

 Innenaufträge sind innerhalb des SAP-Systems dazu gedacht, eine genauere Überwachung von Kosten und ggf. auch Erlöse von einzelnen Kostenträgern zu ermöglichen, indem sie eine feinere Gliederung als die Kostenstellenrechnung bieten. Hierbei kann ein Fokus auf die Frage gerichtet sein, »wofür« die einzelnen Kosten entstanden sind. Während sich die Kostenstellen oftmals an der organisatorischen Struktur des Unternehmens orientieren und damit dauerhaft erhalten bleiben, können Innenaufträge auch temporärer Natur und nicht unbedingt nach der Organisation des Unternehmens gegliedert sein.

Kirsten Lotse entschließt sich dazu, für die einzelnen Buchprojekte eigene Innenaufträge anzulegen. Hierdurch können alle direkt mit einem Buch im Zusammenhang stehenden Kosten, z. B. teilweise extern vergebene Arbeiten wie Korrektorat oder Satz und Layout, zusammengefasst werden. Sie wählt im SAP-Menü RECHNUNGSWESEN • CONTROLLING • INNENAUFTRÄGE • STAMMDATEN • SPEZIELLE FUNKTIONEN • ANLEGEN (Transaktion K001), um einen Innenauftrag anzulegen. Alternativ hätte sie auch die modernere Variante unter STAMMDATEN • ORDER MANAGER (Transaktion K004) wählen können, die die Funktionen »Anlegen«, »Ändern« und »Ansehen« in einer Funktion (inklusive Suche) vereint. Nachdem Sie die Anlegen-Funktion aufgerufen hat, erfolgt eine Rückfrage nach der *Auftragsart*.

Auftragsarten

 Über die Auftragsart werden einzelne Aufträge nach ihrer späteren Verwendung unterschieden. Dazu werden in der Auftragsart verschiedene Parameter festgelegt, die die Durchführung des Auftrags beeinflussen. Wichtige Funktionen sind zudem die Festlegung des Nummernkreises und des Auftragslayouts (Darstellung des einzelnen Auftrags). Denkbar wäre eine Unterscheidung der Auftragsarten nach der jeweiligen Zweckbestimmung der Innenaufträge.

Gemeinkostenaufträge

Gemeinkostenaufträge sind geeignet, zeitlich begrenzte Maßnahmen (bspw. einen Messestand auf der Buchmesse) oder dauerhaft zu überwachende Teile der Gemeinkosten (Fahrzeuge der Kostenstelle »Fuhrpark«) im Auge zu behalten.

Investitionsaufträge

Über Investitionsaufträge könnten einzelne aktivierungsfähige Investitionskosten für selbst erstellte Anlagengüter überwacht werden, die sich später ins Anlagenvermögen abrechnen lassen. Denkbar wären hier auch entsprechende Gebäudeaufträge.

Abgrenzungsaufträge

Auf Abgrenzungsaufträgen können periodenbezogene Abgrenzungen zwischen in der Finanzbuchhaltung gebuchten Aufwendungen und in der Kostenrechnung belasteten kalkulatorischen Kosten überwacht werden. Ein einfaches Beispiel wäre die Verteilung von Urlaubs- und Weihnachtsgeld auf die einzelnen Perioden in der Kostenstellenrechnung, während seitens der Finanzbuchhaltung die tatsächlichen Kosten dann im entsprechenden Monat auf den Abgrenzungsauftrag gebucht werden.

Aufträge mit Erlösen

Erlösaufträge dienen der Überwachung von Kosten und Erlösen, die für Leistungen anfallen. Sofern nicht das SAP-Modul SD für die Abwicklung des Vertriebs eingesetzt wird, ersetzen Erlösaufträge die Kundenaufträge. Im eigentlichen Sinne kann bei Aufträgen, die sowohl Kosten als auch Erlöse gestatten, von »Kostenträgern« geredet werden.

Für ihren Verlag hat die Controllerin eine entsprechende Auftragsart festgelegt, die auf einen bestimmten Nummernkreis und ein entsprechendes Auftragslayout verweist. Da wir in diesem Buch einen Schwerpunkt auf die Einführung in CO geben wollen, werden wir nicht auf die Details des Customizings eingehen, sondern nur die vorhandenen Einstellungen für dieses Beispiel darstellen und wesentliche Punkte erläutern. Für »SAP-Controlling-Customizing« können wir das gleichnamige Buch von Martin und Renata Munzel empfehlen, das bei SAP PRESS erschienen ist.

2.2 Auftragsart anlegen

Da das Kerngeschäft des Verlags Bücher sind, hat sich Kirsten Lotse dazu entschlossen, die einzelnen Buchprojekte unter der Auftragsart BUCH anzulegen. Hierzu hat sie im Customizing (Transaktion SPRO) unter CONTROLLING • INNENAUFTRÄGE • AUFTRAGSSTAMMDATEN • AUFTRAGSARTEN DEFINIEREN (Transaktion KOT2_OPA) eine Auftragsart mit der Bezeichnung Buch über die Schaltfläche Neue Einträge mit dem Auftragstyp 01 - Innerbetrieblicher Auftrag (Controlling) angelegt (siehe Abbildung 2.1).

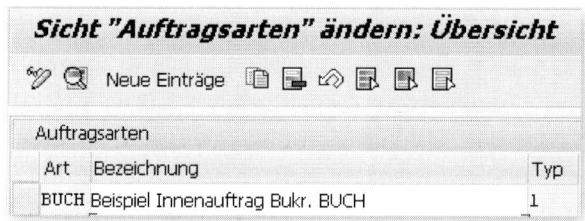

Abbildung 2.1: Auftragsart definieren (Transaktion KOT2_OPA

Wie in Abbildung 2.2 zu sehen, werden in der Auftragsart verschiedene Einstellungen vorgenommen:

Die einzelnen Auftragsarten (in unserem Fall also BUCH) sind *Auftragstypen* zugeordnet, die die technischen Eigenschaften eines Auftrags festlegen. Auftragstypen können in SAP für verschiedene Zwecke verwendet werden. So hängen der Aufbau und die Funktionalitäten eines Auftrags sowie die Pflegetransaktionen, mit denen ein Auftrag bearbeitet werden kann, vom Auftragstyp ab. Hierbei wurde der AUFTRAGSTYP Innerbetrieblicher Auftrag (01) ausgewählt. Neben diesem gibt es auch verschiedene Arten von Fertigungs- und Service- oder auch Instandhaltungsaufträgen. Unter NUMMERNKREIS-INTERVALL wird der Auftragsart ein eigener Nummernkreis zugewiesen. Bei den Nummernkreisen besteht die Möglichkeit, die Nummer direkt von SAP zuweisen zu lassen oder selbst eine Auftragsnummer festzulegen.

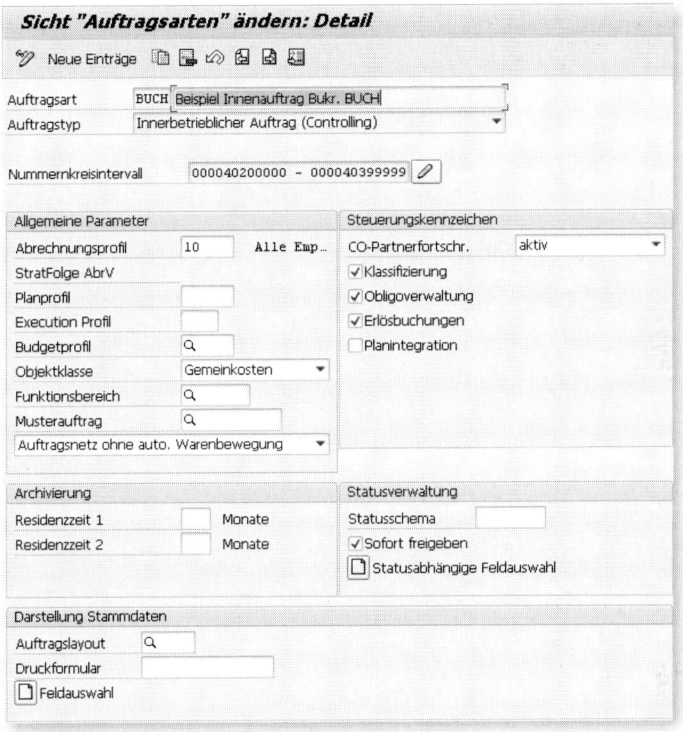

Abbildung 2.2: Einstellungen Auftragsart BUCH

Damit die einzelnen Buchprojekte flexibel angelegt werden können, hat sich Kirsten Lotse dazu entschlossen, die Nummern eines Auftrags bei der Stammdatenanlage selbst festlegen zu können. Hierzu hat sie im Customizing (Transaktion SPRO) unter CONTROLLING • INNENAUFTRÄGE • AUFTRAGSSTAMMDATEN • NUMMERNKREIS FÜR AUFTRÄGE PFLEGEN (Transaktion KONK) einen entsprechenden Nummernkreis angelegt. Es ist übrigens sinnvoll, für diese Transaktion einen neuen Modus zu öffnen. Nach Aufrufen der Transaktion wird jedoch nicht auf die Pflege der Intervalle, sondern auf die Schaltfläche GRUPPEN gewechselt. In der Gruppenpflege kann über NEU eine weitere Gruppe, wie in Abbildung 2.3 dargestellt, angelegt und für diese ein entsprechendes Intervall hinterlegt werden. Für unser Beispiel ist ein Intervall von 000040200000 bis 000040399999 mit der Markierung »externe Nummernvergabe« (EXT) angelegt.

Abbildung 2.3: KONK Intervallpflege Auftrag

Sofern die Nummernvergabe intern erfolgt, wird seitens SAP automatisch eine Nummer erteilt. Hierbei werden die Nummern aufsteigend sowie innerhalb eines Intervalls zwischen VON NUMMER und BIS-NUMMER vergeben. Die letzte vergebene Nummer wird im Nummernstand protokolliert. Für die externe Nummernvergabe muss bei der Stammdatenanlage eine Nummer angegeben werden, die innerhalb dieses Intervalls liegt. Hierbei wird geprüft, ob diese schon vergeben wurde. Nach erfolgreicher Sicherung ist dieser Nummernkreis dann für das Feld NUMMERNKREISINTERVALL zu verfügbar, und auch bei den Intervallen in der Transaktion KONK, wie in Abbildung 2.4 einsehbar.

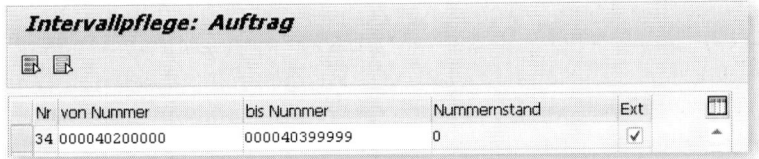

Intervallpflege: Auftrag

Nr	von Nummer	bis Nummer	Nummernstand	Ext	
34	000040200000	000040399999	0	✓	▲

Abbildung 2.4: Nummernkreisintervall Transaktion KONK

Ferner sind die Innenaufträge der Auftragsart BUCH der OBJEKTKLAS-SE Gemeinkosten zugeordnet. Im Bereich STEUERKENNZEICHEN können verschiedene Kennzeichen mit folgenden Auswirkungen gewählt werden:

▶ Durch Markierung des Kennzeichens OBLIGOVERWALTUNG wird die Möglichkeit geschaffen, Obligos auf diese Auftragsart zu buchen. Obligos stellen Verbindlichkeiten dar, die noch nicht buchhalterisch erfasst sind, wie z. B. Bestellungen.

▶ Über die KLASSIFIZIERUNG können die im Standard vorhandenen Stammdatenfelder durch selbst angelegte Felder erweitert werden.

▶ Die Markierung von ERLÖSBUCHUNGEN erlaubt die Buchung von Erlösen auf einen Auftrag. Hierdurch können neben den Kosten eines Buches auch die erzielten Erlöse auf den entsprechenden Innenauftrag gebucht werden.

Ansonsten besteht die Möglichkeit, das Layout der Stammdaten über ein Auftragslayout zu pflegen. Auf die damit verbundenen Alternativen gehen wir in Abschnitt 2.4 ausführlicher ein. Sollen jedoch alle Stammdatenfelder für die Auftragsart zur Verfügung stehen, ist es sinnvoll, das Feld AUFTRAGSLAYOUT einfach leer zu lassen. Unter der Schaltfläche 🗇 Feldauswahl könnten Sie einzelne Stammdatenfelder für eine Auftragsart als Mussfelder definieren oder aber ausblenden, sodass eine Pflege nicht erforderlich ist.

2.3 Innenauftrag anlegen

Nachdem Kirsten Lotse die Auftragsart BUCH angelegt hat, erklärt sie der Abteilung Redaktion, welches Konzept sie mit den Innenaufträgen verfolgt. Für jeden Buchtitel soll ein eigener Innenauftrag angelegt werden, auf den sämtliche Kosten, die im Zusammenhang mit der Erstellung des Buchs stehen, gesammelt werden. Seitens der Redaktion gab es daraufhin den Einwand, dass die Bücher ja auch nach Publikationsform (Print und E-Book) unterschieden werden könnten. Allerdings würde das nicht der Tatsache gerecht werden, dass ein Großteil der Kosten, wie z. B. Lektorat und Korrektorat, für beide Formen anfallen. Sofern zum gedruckten Buch später ein E-Book veröffentlicht werden soll, könne hier die gleiche Innenauftragsnummer verwendet werden. Gerade bei den aktuellen Büchern des Verlags, »Excel für Zahlenschubser« und »Schnelleinstieg in SAP Controlling«, würde sich eine spätere oder parallele Veröffentlichung als E-Book durch die sehr IT-affine Zielgruppe sicherlich anbieten. Entsprechend einigten sie sich darauf, dass die Auftragsnummern durchgehend nummeriert werden. Durch die externe Nummernvergabe können bereits im Vorfeld innerhalb der Redaktion Nummern vergeben werden, sodass schon die internen Unterlagen vorbereitet werden, bevor der Innenauftrag tatsächlich in SAP angelegt wird. Eine entsprechende Verfahrensweise bis hin zur Anlage des CO-Objektes (in diesem Fall des Innenauftrags) wurde ebenfalls zwischen der Abteilung Controlling und der Redaktion vereinbart.

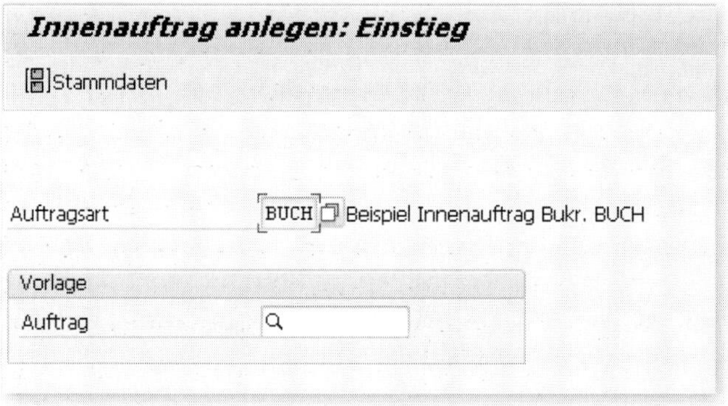

Abbildung 2.5: Innenauftrag Auftragsart BUCH anlegen

Nachdem Sie nun die Auftragsart angelegt haben (vgl. Abschnitt 2.2), können Sie, wie eingangs des Kapitels beschrieben, über das SAP-Menü unter RECHNUNGSWESEN • CONTROLLING • INNENAUFTRÄGE • STAMMDATEN • SPEZIELLE FUNKTIONEN • ANLEGEN (Transaktion K001) einen Innenauftrag anlegen. Tragen Sie hier, wie in Abbildung 2.5, als Auftragsart BUCH ein.

Nummernvergabe bei Innenaufträgen

 Zum Thema »sprechende Schlüssel bei Innenaufträgen« (wie bei den Kostenstellen) zeigt sich erneut, wie wichtig es ist, sich vorher den Anwendungsbereich genau anzuschauen. Da Auftragsnummern nachträglich nicht geändert werden können, kann eine sprechende Nummer sehr schnell zu Problemen führen (etwa, wenn der vorgesehene Nummernraum erschöpft ist). Andere Daten, so z. B. die Klassifikation oder Beschreibungen, können hingegen auch später durchaus abgewandelt werden.

Zur Verdeutlichung soll folgendes Beispiel dienen: Im Hochschulbereich werden auf Innenaufträgen oftmals sogenannte Drittmittelprojekte dargestellt. Bei Verwendung einer Auftragsart kann anhand der Innenauftragsnummer unterschieden werden, in welchem Bereich dieses Drittmittelprojekt anzusiedeln ist (bspw. öffentliche oder private Geldgeber). Je nachdem, welche Informationen in einer Auftragsnummer abgebildet werden sollen, führen diese möglicherweise auf lange Sicht zu Problemen. So können bestimmte Kennzeichnungen anhand der Auftragsnummer aufgelöst werden (z. B. durch Fusion von Fachgebieten, die vorher ebenfalls in der Auftragsnummer abgebildet waren) oder wenn ein weiteres Kennzeichen (hier sei als Beispiel die Umsatzsteuerpflicht genannt) mit in der Auftragsnummer hinterlegt werden soll. Aufgrund der damit verbundenen Probleme haben sich die Autoren dieses Buches entschieden, auf sprechende Nummern im Zusammenhang mit Aufträgen zu verzichten.

Durch die externe Nummernvergabe können Sie nun im Feld AUFTRAG eine entsprechende Auftragsnummer und einen KURZTEXT (in der Länge von 40 Zeichen) innerhalb des in der Auftragsart hinterlegten Nummernintervalls angeben (siehe Abbildung 2.6).

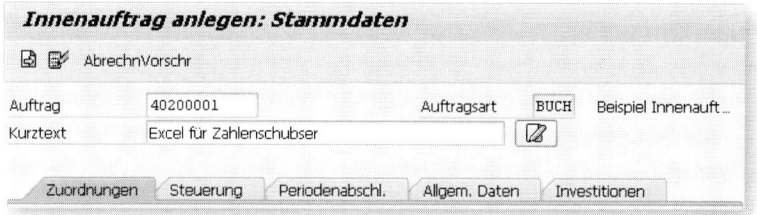

Abbildung 2.6: KO01 Register

Hier möchte Kirsten Lotse das Buch »Excel für Zahlenschubser« mit der Auftragsnummer 40200001 anlegen. Sofern Ihnen die 40 Zeichen des Feldes KURZTEXT nicht ausreichend erscheinen, können Sie über die Schaltfläche [🖉] (LANGTEXT ANLEGEN) wesentlich mehr Informationen eintragen. Allerdings wird bei späteren Berichten i. d. R. nur der Kurztext zum Innenauftrag angezeigt. Nachdem Sie Auftragsnummer und Kurztext angegeben haben, füllen Sie die einzelnen Register der Auftragsstammdaten. Da wir kein eigenes Layout für die Auftragsart festgelegt haben, werden uns alle Felder jedes Registers angezeigt. Für Kirsten Lotse sind dieses vielleicht nicht unbedingt notwendige Datenfelder, aber für uns hat es den Vorteil, dass wir die einzelnen Register vollständig betrachten können.

Registerkarte ZUORDNUNGEN

Innerhalb dieser Registerkarte wird die organisatorische Zuordnung des Innenauftrages (z. B. der Buchungskreis) hinterlegt. Zugleich wird der Innenauftrag auch einer Kostenstelle zugeordnet. Wie in Abbildung 2.7 zu sehen, werden die einzelnen Innenaufträge (bzw. Bücher) der verantwortlichen Kostenstelle Printredaktion zugeordnet. Es können also auch bei Innenaufträgen Verantwortungsbereiche abgebildet werden.

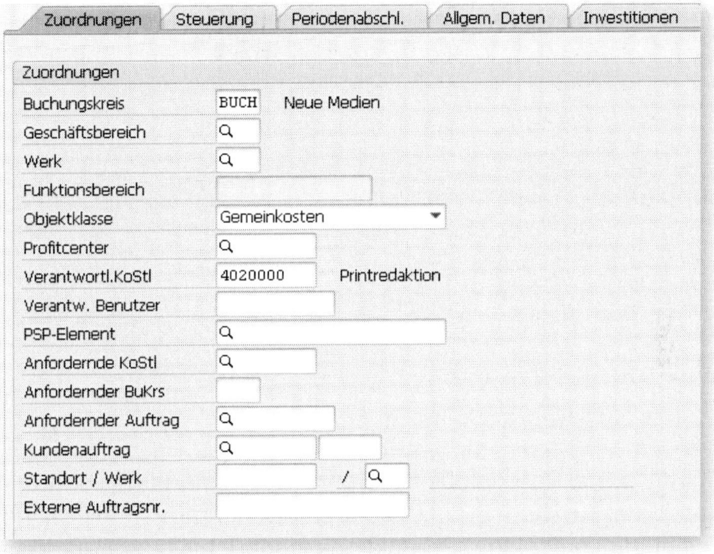

Abbildung 2.7 : KO01 Registerkarte Zuordnungen

Darüber hinaus kann über die verantwortliche Kostenstelle (Feld VERANTWORTL.KOSTL) auch die Berechtigung innerhalb von SAP gesteuert werden. So ist die Kostenstelle als Berechtigungsfeldwert innerhalb des CO-OM-Verantwortungsbereichs im allgemeinen Berechtigungsobjekt für Innenaufträge (K_ORDER) verwendbar. Hierdurch ist es z. B. möglich, einem Benutzer die Berechtigung für alle Innenaufträge zu geben, die einer bestimmte verantwortliche Kostenstelle zugehören. Daneben wird hier auch die Zuordnung von Innenaufträgen zu einem Profit-Center hinterlegt. Das Thema »Profit-Center-Rechnung« wird im gleichnamigen Kapitel 6 behandelt.

Registerkarte STEUERUNG

Hier werden der STATUS und die STEUERUNG des Innenauftrags gepflegt. Durch die in der Statusverwaltung der Auftragsart BUCH festgelegte Option »Sofort freigeben« hat der neue Auftrag auch direkt den SYSTEMSTATUS FREI. Ferner sind, wie in Abbildung 2.8 zu sehen, die Kennzeichen für Erlösbuchungen und Obligofortschreibung gesetzt (und grau hinterlegt).

Abbildung 2.8: KO01 Registerkarte Steuerung

Der Systemstatus stellt den aktuellen Bearbeitungsstand dar und beschreibt damit den Lebenszyklus eines Innenauftrages. Allerdings
sind hier nicht die einzelnen Produktionsschritte bis zur Fertigung
hinterlegt, sondern unterschiedliche betriebswirtschaftliche Vorgänge
zugelassen oder verboten. Über die beiden Schaltflächen ▼▲ kann
zwischen den einzelnen Status gewechselt werden. Innerhalb des
SAP-Standards werden einzelne Status wie in Abbildung 2.9 unterschieden.

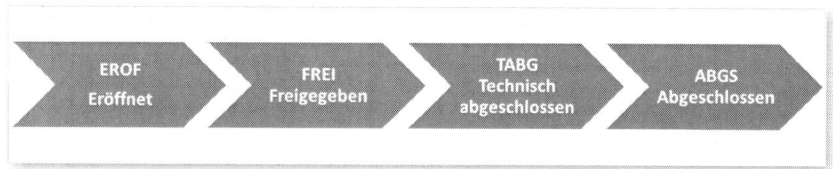

Abbildung 2.9: Einzelne Status eines Innenauftrags

Hierbei sind je nach Status die folgenden Funktionen gestattet bzw.
unterbunden:

EROF – Eröffnet

    Der Auftrag ist eröffnet, und es können sowohl Stammdaten ge-
pflegt als auch Planungen erfasst werden.

FREI – Freigegeben

Zusätzlich sind nun auch Ist- und Obligobuchungen und damit fast alle betriebswirtschaftlichen Vorgänge erlaubt.

TABG – Technisch abgeschlossen

Hier ist der Auftrag weitestgehend abgeschlossen, sodass keine Kosten mehr gebucht oder Planänderungen durchgeführt werden dürfen, allerdings ist das Buchen von Erlösen noch möglich.

ABGS – Abgeschlossen

Nun ist der Auftrag endgültig abgeschlossen; weder Buchungen noch sonstige Änderungen können jetzt noch vorgenommen werden.

Gesperrte Aufträge

 Neben der Möglichkeit, über den Auftragsstatus die einzelnen erlaubten Vorgänge für einen Auftrag zu steuern, können Sie innerhalb der Stammdatenpflege über das Menü BEARBEITEN • SPERRE • SETZEN den gesamten Innenauftrag sperren. Die Sperre für einen Auftrag bedingt, dass keine weiteren betriebswirtschaftlichen Vorgänge mehr möglich sind. Sie kann in jedem Status eines Auftrags gesetzt werden. Ein weiteres Arbeiten ist dann nur bei Rücknahme der Sperre über BEARBEITEN • SPERRE • ZURÜCKNEHMEN möglich.

Unter dem Reiter STEUERUNG kann der Auftrag als STATISTISCHER AUFTRAG gekennzeichnet werden. Dieses Kennzeichen legt fest, dass der Auftrag nur statistischen Zwecken dient und keine echten Kosten darauf gebucht werden. Während die Buchungen also auf einen solchen Auftrag nur statistisch ausgewiesen werden, sind sie auf der unter ECHT BEBUCHTE KOST angegebenen Kostenstelle tatsächlich gebucht. Diese Auftragsart dient der differenzierten Betrachtung von Kosten einer Kostenstelle mit der Möglichkeit, für Teilgebiete eine entsprechende Auswertung erstellen zu können.

Statistischer Auftrag

 Sie legen für jedes Fahrzeug innerhalb ihres Fuhrparks einen statistischen Innenauftrag (bspw. mit der Kurzbezeichnung des Kfz-Kennzeichens) an. Die anfallenden Kosten der einzelnen Fahrzeuge (Kraftstoff, Reparaturen, Versicherung etc.) buchen Sie dann sowohl auf die Kostenstelle »Fuhrpark« als auch mit einer Nebenkontierung auf den jeweiligen statistischen Innenauftrag. Hierbei erscheinen die gebuchten Beträge sowohl kostenwirksam auf der Kostenstelle als auch statistisch auf dem Innenauftrag. Durch die Angabe der ECHT BEBUCHTE KOST in den Stammdaten des Innenauftrags werden alle Buchungen mittels dieses statistischen Auftrags auf die Kostenstelle als »echte« Kosten gebucht, als ob diese direkt auf die Kostenstelle gebucht würden. Im Rahmen einer Auswertung sehen Sie auf der Kostenstelle, welche Kosten insgesamt für alle ihre Fahrzeuge angefallen sind, wobei sie auf den einzelnen Innenaufträgen die Höhe der Kosten pro Fahrzeug auswerten können.

Registerkarte PERIODENABSCHL.

Innerhalb der Registerkarte für den Periodenabschluss können Sie, wie in Abbildung 2.10 zu sehen, die Daten zum PERIODENABSCHLUSS und zur ABRECHNUNG AN EINEN EMPFÄNGER festlegen.

Im Bereich PERIODENABSCHLUß können Sie die Parameter für die Kalkulation (ABGRENZUNGSSCHLÜSSEL), die Zuschlagsrechnung (KALKULATIONSSCHEMA und ZUSCHLAGSSCHLÜSSEL) sowie die Parameter für die Verzinsung (VERZINSUNGSSCHEMA) pflegen. Die Felder können Sie auch zu einem späteren Zeitpunkt füllen. Dieses kann etwa dann sinnvoll sein, wenn Sie irgendwann einmal die Zuschlagskalkulation für bestimmte Innenaufträge einführen wollen. Sofern Sie den Innenauftrag zu 100 % an genau eine Kostenstelle oder an genau ein Sachkonto unter genau einer Abrechnungskostenart abrechnen lassen wollen, ist dies innerhalb der ABRECHNUNG AN EINEN EMPFÄNGER möglich. Hier können Sie für die Auftragsabrechnung einen Empfänger über die ABRECHNUNGSKOSTENART und die empfangende KOSTENSTELLE beziehungsweise das empfangende SACHKONTO hinterlegen. Die ABRECHNUNGSKOSTENART legt dabei fest, unter welcher Kostenart ein Auftrag entlastet wird.

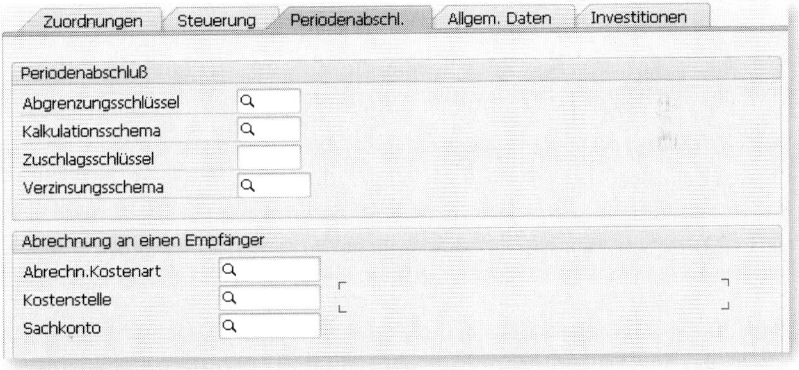

Abbildung 2.10: KO01 Registerkarte Periodenabschl.

Um an mehr als einen Empfänger abzurechnen, können Sie zu jedem Innenauftrag über die Schaltfläche AbrechnVorschr eine Abrechnungsvorschrift wie in Abbildung 2.11 erfassen.

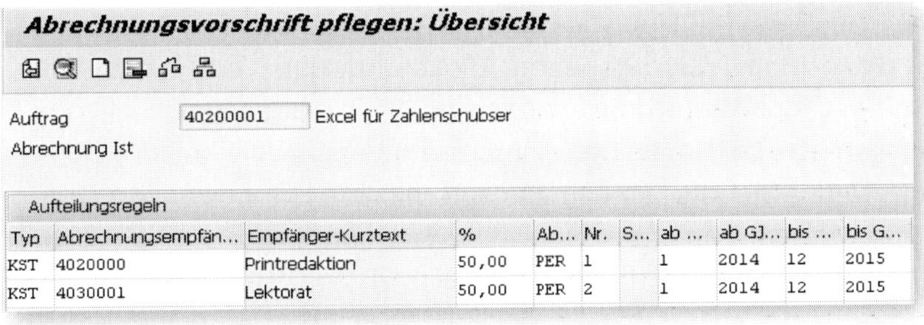

Abbildung 2.11: KO01 Abrechnungsprofil

Über das Abrechnungsprofil kann eine Aufteilung der Buchungen auf Kostenstellen KST oder Innenaufträge AUF erfolgen. Im oberen Beispiel wird eine Abrechnung zu gleichen Teilen auf die Kostenstellen der Printredaktion und des Lektorat verteilt. Voraussetzung hierfür ist jedoch, dass eine Abrechnungsvorschrift im Customizing gepflegt ist.

Abrechnungsvorschrift zum Innenauftrag

 Innerhalb einer Abrechnungsvorschrift können über ein Abrechnungsprofil anhand eines Ursprungs- und Verrechnungsschemas bestimmte Kostenarten auf konkrete Abrechnungsempfänger zu einem festen Prozentsatz abgerechnet werden. Hierdurch könnten z. B. Kosten auf bestimmte Kostenstellen und alle Erlöse auf bestimmte Erlösaufträge hinterlegt werden. Die Einstellungen zur Auftragsabrechnung finden Sie im Customizing (Transaktion SPRO) unter CONTROLLING • INNENAUFTRÄGE • ISTBUCHUNGEN • ABRECHNUNG. Im oberen Beispiel (Abbildung 2.11) haben wir als Abrechnungsart mit PER die periodische Abrechnung gewählt. Im Gegensatz dazu könnten mit GES (Gesamtabrechnung) nicht nur eine, sondern alle vorherigen Perioden abgerechnet werden. Sofern Sie eine Auftragsabrechnung in einer Planversion durchführen wollen, können Sie diese entweder im Customizing (Transaktion SPRO) für die Planung unter CONTROLLING • INNENAUFTRÄGE • PLANUNG • ABRECHNUNG PFLEGEN anlegen, oder es wird automatisch aus einer gültigen Istregel eine Planabrechnungsvorschrift für diese Planversion generiert. Dieses hat den Vorteil, dass Sie auch bei mehreren Planversionen ggf. nur die Istversion pflegen müssen. Diese Kopie der Abrechnungsregel funktioniert jedoch nur, wenn Sie als Abrechnungsart nicht GES gewählt haben, sonst wird die Fehlermeldung KD265 »Periode xxx: Keine Aufteilungsregel mit Empfängerkostenstelle vorhanden« ausgegeben. Ferner ist natürlich auch die Gültigkeit der Abrechnungsvorschrift relevant.

Das Thema »Abrechnung von Innenaufträgen« wird im späteren Verlauf dieses Buches (siehe Abschnitt 5.4) erläutert.

Registerkarte ALLGEM. DATEN

Innerhalb dieser Registerkarte lassen sich ALLGEMEINE DATEN hinterlegen (siehe Abbildung 2.12).

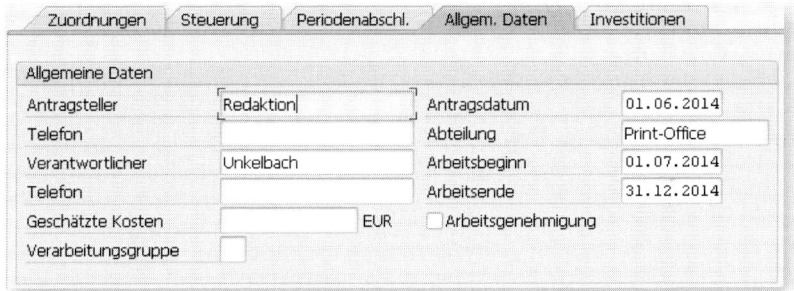

Abbildung 2.12: KO01 Registerkarte Allgem. Daten

Neben ANTRAGSSTELLER und VERANTWORTLICHER können Sie hier auch Daten wie die Projektlaufzeit (ARBEITSBEGINN und ARBEITSENDE) sowie die GESCHÄTZTEN KOSTEN des Projektes eintragen. Diese Daten haben reinen Informationscharakter und werden innerhalb des COs nicht zur Steuerung verwendet. Da diese Daten auch für Stammdatenlisten verwendet werden können, besteht neben dem reinen Informationszweck auch die Möglichkeit, die Aufträge anhand der Laufzeit in Listen zu sortieren.

Registerkarte INVESTITIONEN

Der Vollständigkeit halber schauen wir uns noch diese Registerkarte an, in der Sie verschiedene Parameter für Investitionsaufträge anlegen können. Aus den dort gesammelten Kosten werden später die Anschaffungs- bzw. Herstellungskosten (AHK) einer anzulegenden Anlage ermittelt. Hier finden Sie einige relevante Punkte aus dem Umfeld eines Anlagenbaus oder einer Anlagenerweiterung (siehe Abbildung 2.13).

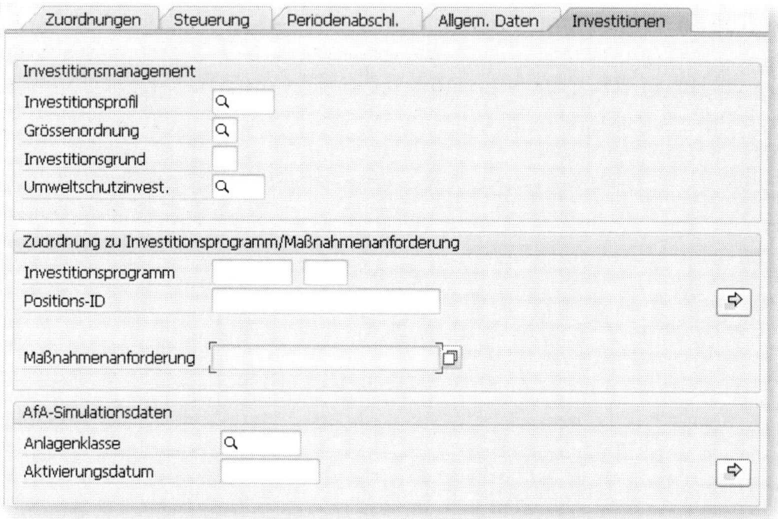

Abbildung 2.13: KO01 Registerkarte Investitionen

Da wir innerhalb der Auftragsart BUCH nur die Buchprojekte darstellen wollen, kann diese Registerkarte ebenfalls leer bleiben und der Auftrag über die Schaltfläche 🖫 gespeichert werden.

Neben einer funktionierenden Kostenstellenrechnung hat der Verlag nun auch eine Möglichkeit, die Kosten für einzelne Bücher auf Innenaufträge zu erfassen. Damit wird wesentlich genauer erkannt, wofür die einzelnen primären Kosten (bspw. externe Dienstleistungen) entstehen. Außerdem kann später bestimmt werden, ob es sich bei einer Publikation um die berühmte »cash cow« oder doch eher um einen »poor dog« handelt.

2.4 Auftragslayout pflegen

Beim Durchgehen der einzelnen Register hat Kirsten Lotse bemerkt, dass einige Felder abgefragt werden, die sie für die Buchprojekte gar nicht relevant findet. Im Customizing (Transaktion SPRO) kann sie unter CONTROLLING • INNENAUFTRÄGE • AUFTRAGSSTAMMDATEN • BILD-SCHIRMGESTALTUNG • AUFTRAGSLAYOUT DEFINIEREN das Layout der

Stammdatenpflege verändern, indem bestimmte Register angelegt, umbenannt oder einzelne Daten gruppiert werden. Dieses kann z. B. hilfreich sein, wenn bestimmte Funktionen nicht mehr genutzt werden sollen. Insbesondere die Registerkarte INVESTITIONEN soll im Verlag nicht verwendet werden.

Für unseren Verlag hat sie das in Abbildung 2.14 dargestellte LAYOUT gewählt, welches über den Menübaum auf der linken Seite angelegt werden kann.

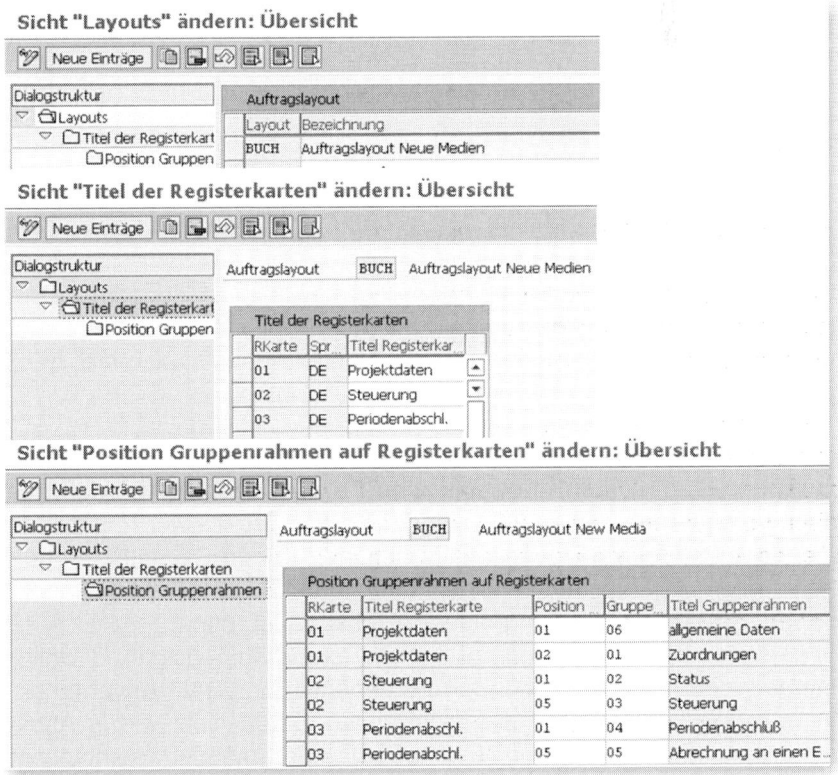

Abbildung 2.14: Customizing Einstellungen Auftragslayout

Hierdurch werden im Auftragsstamm nur noch drei Register (PROJEKTDATEN, STEUERUNG und PERIODENABSCHLUSS) angegeben und auch nur eine bestimmte Auswahl an Datengruppierungen zur Verfügung gestellt. Noch stärker kondensierte Einstellungsmöglichkeiten sind durch die Feldauswahl innerhalb der Pflege der Auftragsart gegeben. Hier können bestimmte Felder ausgeblendet, lediglich angezeigt oder als »Kann-« bzw. »Mußeingabe« definiert werden (siehe Abbildung 2.13).

Feldauswahl ändern

Auftragsart	BUCH Beispiel Innenauftrag Bukr. BUCH

Modifizierbare Felder

	Ausblenden	Anzeigen	Eingabe	Mußeingabe	Hell
Abgrenzungsschlüssel	○	○	●	○	☐
Abrechnungs-Kostenart	○	○	●	○	☐
Abteilung	○	○	○	●	☐

Abbildung 2.15: Beispiel Feldauswahl Auftragsart

So ist z. B. die ABTEILUNG als Mußeingabe definiert, sodass bei der Anlage eines Auftrags dieses Feld auf jeden Fall zu pflegen ist. Andere Felder (bspw. die anfordernde Kostenstelle) lassen sich hier ganz ausblenden, sofern Sie diese Funktion nicht nutzen.

Durch die Anpassung des Auftragslayouts erleichtern Sie die Erfassung der Stammdaten, da nur solche Felder angezeigt werden, die auch im Unternehmen zu füllen sind; es bedarf aber einer Anpassung des Layouts, sofern Sie weitere Funktionen in den Stammdaten nutzen wollen und hier notwendige Felder oder Register ausgeblendet haben. Bei der Verwendung eigener Registertitel (bspw. Projektdaten) sollten Sie zudem darauf achten, unternehmensinterne Dokumentationen mit entsprechenden Screenshots aus SAP zu versehen. In unserem Beispiel sind die allgemeinen Daten nicht wie in Abbildung 2.12 in einem eigenen Register aufgeführt, sondern gemeinsam mit den Zuordnungen (siehe Abbildung 2.7) in der neu angelegten Registerkarte PROJEKTDATEN zusammengefasst.

2.5 Innenauftragsgruppe anlegen

Innerhalb der Innenauftragsrechnung gibt es keine Stammdatenhierarchie wie in der Kostenstellenrechnung (vgl. Abschnitt 1.2), jedoch können auch Innenaufträge zu Gruppen zusammengefasst werden. Hierzu können Sie im SAP-Menü unter RECHNUNGSWESEN • CONTROLLING • INNENAUFTRÄGE • STAMMDATEN • AUFTRAGSGRUPPE • ANLEGEN (Transaktion KOH1) eine entsprechende Auftragsgruppe anlegen. Innerhalb der Pflege der Innenauftragsgruppe können über die Buttons ⊞Gleiche Ebene ⊞Ebene darunter Untergruppen angelegt und über den Button ⊞Auftrag auch einzelne Aufträge oder Intervalle einfügt werden. Je nach Stammdatenlogik sollten Sie sich hier überlegen, ob Sie die Gruppe automatisch (über Intervalle) oder, nachdem Sie einen neuen Innenauftrag angelegt haben (per Einzelwert) pflegen wollen. Dieses Vorgehen ist vergleichbar mit der Pflege der Kostenstellengruppe (siehe Abschnitt 1.2.4). Innerhalb des Verlages werden jedoch eher einzelne Buchprojekte (bzw. Innenaufträge) ausgewertet, sodass hier keine Auswertung über ganze Bereiche in der Innenauftragsrechnung erfolgt.

Sinnvolle Anwendung von Innenauftragsgruppen

 Im Beispiel des Buchverlags ist es sicherlich sinnvoll, einzelne Bücher in der Innenauftragsrechnung zu betrachten. Je nach Branche können aber für bestimmte Berichtspflichten auch Innenauftragsgruppen eine hilfreiche Gliederung von Kostenträgern darstellen. Da sich im Hochschulbereich die Berichtsanforderungen relativ häufig ändern, stellen hier die Innenauftragsgruppen eine leicht pflegbare Möglichkeit dar, bestimmte Innenaufträge noch differenzierter zu gliedern. Ein Beispiel könnten hier Mittel zur Verbesserung von Studienbedingungen sein, die später nach einzelnen Bereichen (Infrastruktur, Lehre, Qualitätsmanagement ...) zusammengefasst werden müssen. Um hier nicht einzelne Projektnummern gesondert zu erfassen, können für jedes Kriterium Gruppen angelegt und diesen einzelne Innenaufträge zugeordnet werden.

2.6 Informationssystem in der Innenauftragsrechnung

Wie schon im Abschnitt 1.5 erwähnt, ist auch innerhalb der Innenauftragsrechnung eine Sammlung an Berichten innerhalb des Ordners INFOSYSTEM hinterlegt. So finden Sie z. B. einen Summenbericht im SAP-Menü unter RECHNUNGSWESEN • CONTROLLING • INNENAUFTRÄGE • INFOSYSTEM • BERICHTE ZU INNENAUFTRÄGEN • PLAN/IST-VERGLEICHE • AUFTRAG: IST/PLAN/ABWEICHUNG (Transaktion S_ALR_87012993), mit dem sich Innenauftrags- und Kostenartengruppen auswerten lassen. Unter RECHNUNGSWESEN • CONTROLLING • INNENAUFTRÄGE • INFOSYSTEM • BERICHTE ZU INNENAUFTRÄGEN • EINZELPOSTEN finden Sie dagegen einige Berichte, die Ihnen eine Auswertung von Einzelposten ermöglichen, wie etwa AUFTRÄGE EINZELPOSTEN IST (Transaktion KOB1). Dass sich Kostenstellen- und Innenauftragsrechnung recht nahestehen, sehen Sie auch daran, dass Sie unter RECHNUNGSWESEN • CONTROLLING • KOSTENSTELLENRECHNUNG • INFOSYSTEM • BERICHTE ZUR KOSTENSTELLENRECHNUNG • WEITERE BERICHTE • BEREICH: AUFTRÄGE (Transaktion S_ALR_87013643) eine Möglichkeit finden, um in einem Bericht über Kostenartengruppen sowohl Kostenstellen als auch Innenaufträge gemeinsam auszuwerten. In diesem Bericht werden Ist und Plan der Kostenstellen und Innenaufträge sowie die Summe beider als Plan dargestellt. Auf diese Weise könnte z. B. die Kostenstellengruppe PRODUKTION gemeinsam mit den einzelnen Buchprojekten ausgewertet werden, was auch alle direkt mit der Erzeugung des Buches zusammenhängenden Kosten betrifft. Hierfür werden wir aber in den folgenden Kapiteln bessere Methoden kennenlernen.

3 Verrechnung von Kosten zwischen CO-Objekten

In diesem Kapitel erfahren Sie, wie Sie Kosten einzelner CO-Objekte (bspw. Kostenstellen) untereinander entlasten und belasten. Hierzu stellen wir die Instrumente der Leistungsartenrechnung, der Kostenverteilung sowie der Kostenumlage vor. Im Rahmen der innerbetrieblichen Leistungsverrechnung betrachten wir außerdem die Möglichkeit der Erfassung von Planwerten anhand der Kostenartenplanung.

Aufgrund der neu angelegten Kostenstellen und Innenaufträge verfügt Kirsten Lotse inzwischen über zwei Möglichkeiten für eine Zuordnung der Kostenentstehung und kann direkt auf diese CO-Objekte buchen. In den folgenden Abschnitten möchten wir Ihnen jedoch die Verrechnung von Kosten zwischen diesen beiden Objekten darstellen. Bei der internen Kostenrechnung (im Gegensatz zum externen Rechnungswesen) ist es nämlich nicht mit der reinen Erfassung von Kosten getan, da sich eine Vielzahl von Leistungsbeziehungen zwischen einzelnen CO-Objekten zeigen kann und diese entsprechend abgebildet werden müssen. Eine Umbuchung wie in Abschnitt 1.4 wäre hier allerdings ein sehr umständlicher Weg. Daher nutzen wir an dieser Stelle eine innerbetriebliche Leistungsverrechnung in Form der Leistungsartenrechnung (siehe Abschnitt 3.1) bzw. der kennzahlenbasierten Verrechnung (siehe Abschnitt 3.2).

3.1 Innerbetriebliche Leistungsverrechnung

Nachdem alle Kosten direkt auf die Kostenstellen der Abteilung oder auf den entsprechenden Innenaufträgen gebucht sind, hat Kirsten Lotse Zeit, sich intensiver mit der internen Kostenrechnung zu beschäftigen. Die beiden Fragen nach dem *Ort* und dem *Grund der Kostenentstehung* sind durch die Kostenstellen- und Innenauftragsrechnungen beantwortet. Beim Betrachten der gebuchten Kosten auf den Kostenstellen der Redaktion (Print und Online) identifiziert sie jedoch einige Ausgaben, die eigentlich auch im direkten Zusammenhang mit der Erstellung der Bücher stehen. Insbesondere die Ausgaben für Büromaterial erscheinen ihr neben den sonstigen durch das Lektorat verursachten direkten Kosten (u. a. Personalkosten, Abschreibung für Büromöbel und Mobiliar, Telefonkosten etc.) ein guter Ansatz, hier eine bessere Kostentransparenz einzuführen. Es dürfte nachvollziehbar sein, dass eine Zuordnung der Kosten direkt in FI auf die einzelnen Innenaufträgen kaum durchzusetzen ist, da dieses sehr kleinteilig werden würde (z. B. Aufteilung der Telefonkosten des Lektorats je Telefonat auf das jeweilige Buchprojekt). Daneben erscheint ihr auch eine manuelle Kostenumbuchung (siehe Abschnitt 1.4) kein geeigneter Weg, selbst wenn eine entsprechende Berechnung in Excel sicherlich kein Problem wäre. Daher kommt eigentlich nur eine *innerbetriebliche Leistungsverrechnung* (ILV) infrage.

Definition: Innerbetriebliche Leistungsverrechnung

Die ILV ist eine Form der sekundären Kostenverrechnung, die dazu dient, einen Kostenfluss anhand bestimmter Bezugsgrößen darzustellen. Basis für die ILV ist die Verteilung von kostenbewerteter Leistung anhand einer Produktmenge, die entsprechend gemessen wird. Die Leistung ist hierbei durch ihre jeweilige Bezugsgröße (*Leistungsart*) identifiziert und wird über eine entsprechende Menge auf die anfordernden Kostenstellen bzw. Innenaufträge verteilt. Hierdurch werden den Verantwortlichen von Kostenstellen (oder Innenaufträgen) die Kosten der in Anspruch genommenen innerbetrieblichen Leistung eines Leistungserbringers anteilig ausgewiesen. Neben der ILV gehören auch das Zuschlagsverfahren und die Kostenumlage zu den Verrechnungsverfahren.

Dieser recht theoretische Ansatz sollte sich anhand eines einfachen Beispiels recht gut erklären lassen. Nehmen wir dazu die bereits angesprochenen Kosten auf der Kostenstelle des Lektorats und betrachten uns dazu folgende Skizze (siehe Abbildung 3.1):

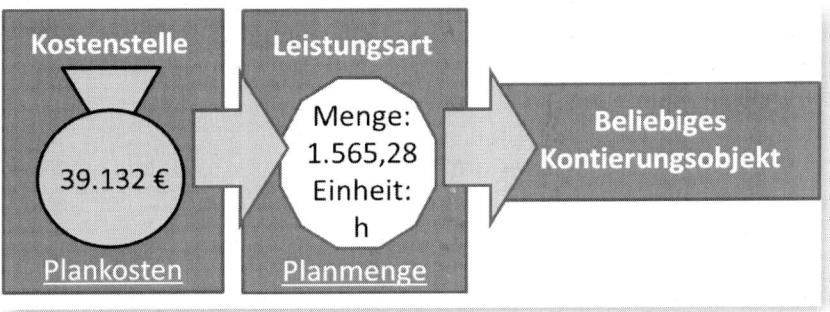

Abbildung 3.1: Skizze – Grundlagen Leistungsartenrechnung

In diesem Beispiel sehen wir insgesamt 39.132 € an erwarteten Kosten (*Plankosten*), die auf einer Kostenstelle liegen. Dieser Wert entspricht allen im Laufe eines Jahres für die Kostenstelle anfallenden Kosten sowohl für Personal als auch für Sachkosten wie Büromaterial oder Weiterbildung – in unserem Beispiel entspricht das den insgesamt anfallenden Kosten für das Lektorat. Wie sich diese einzeln zusammensetzen, wird im Abschnitt 3.1.5 näher erläutert. Wenn eine Kostenstelle eine Leistung, in unserem Fall eben das Lektorieren, für ein anderes Kontierungsobjekt erbringt, erfolgt die Verrechnung unter Eingabe einer Leistungsart, einer Menge und einer Einheit. In der Skizze sind diese als *Planmenge* abgebildet.

Planmenge aus Wochenarbeitszeit

Hierbei handelt es sich um 1.565,28 Stunden die einer Wochenarbeitszeit von 30 Stunden auf das gesamte Jahr betrachtet entsprechen. Dieser Wert ergibt sich aus der Wochenarbeitszeit (30 Stunden) * Faktor 4,348 (für die monatliche Arbeitszeit) * 12 für das gesamte Jahr. Eine genauere Erläuterung für diese Berechnung ist unter

http://www.andreas-unkelbach.de/blog/?go=show&id=173 aufgeführt.

Nun stellt sich aber die Frage, wie die einzelnen Kontierungsobjekte belastet werden. Um die Leistung zu bewerten, müssen die gebuchten Leistungsmengen mit dem Leistungsartentarif multipliziert werden. Im Verlag hat man sich für eine Ermittlung des Tarifes auf Basis von Plankosten entschieden, weshalb hier ein *Plantarif* genutzt wird. Alternativ könnte auch direkt ein Isttarif festgelegt werden, auf den wir hier nicht näher eingehen. In unserem Beispiel ergibt sich der Plantarif aus dem Quotienten der gesamten Plankosten pro Jahr und der geplanten Leistungsmenge. Zum besseren Verständnis werfen wir einen Blick auf Abbildung 3.2.

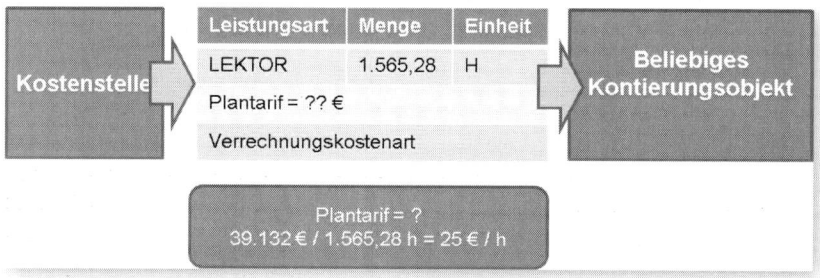

Abbildung 3.2: Skizze – Ermittlung Plantarif

Wie Sie sehen, beträgt der Plantarif 25 € je Stunde. Die spätere Buchung erfolgt unter der Verrechnungskostenart, die im Leistungsartenstamm hinterlegt ist. Als Leistungsart haben wir für unser Beispiel LEKTOR für die Lektoratsleistung ausgewählt. Für eine interne Verrechnung der Lektoratsleistungen soll tatsächlich eine Verrechnung nach Stunden erfolgen. Hierbei sollen die Kosten der Kostenstelle des Lektorats auf die entsprechenden Innenaufträge für die einzelnen Bücher verrechnet werden. Dabei würde jede volle Stunde mit den Plantarif von 25 € verrechnet werden. Die Plantarife können innerhalb der Leistungsartenrechnung entweder manuell eingegeben oder automatisch vom System ermittelt werden. In den folgenden Abschnitten wollen wir die einzelnen Komponenten der Leistungsartenrechnung anlegen bzw. erläutern.

3.1.1 Senderkostenstellen bestimmen

Wie in Abbildung 3.2 zu sehen, ist der Sender einer direkten Leistungsverrechnung eine Kombination von Kostenstellen und Leistungsart, während die Empfänger beliebige Kontierungsobjekte (z. B. Kostenstelle, Innenauftrag, Projekt, etc.) sein können. Um die Gesamtkosten des Lektorats von den übrigen Kosten der Redaktion zu trennen, hat Kirsten Lotse die Kostenstelle 4030001 angelegt, deren Kostenstellenverantwortliche die Lektorin Editha Klar ist. Gemeinsam mit ihr trifft sie die Vereinbarung, dass künftig alle Kosten, die im Zusammenhang mit Aufgaben des Lektorats anfallen, auf diese Kostenstelle gebucht werden. Daneben kommen sie überein, dass Editha Klar künftig für alle Bücher einzeln aufschreibt, wie viele Stunden sie für diese jeweils zum Lektorieren benötigt hat. Später sollen die Kosten dann auf die einzelnen Bücher verteilt werden. Die Bücher sind hierbei von Kirsten Lotse als Innenaufträge angelegt worden (vgl. Abschnitt 2.3) und damit als Empfänger der Leistungsartenrechnung vorgesehen. Zukünftig werden alle direkt durch das Lektorat verursachten Kosten auf der Kostenstelle 4030001 ausgewiesen, sodass wir uns nun um eine Verrechnung dieser Kostenstelle auf die einzelnen Innenaufträge kümmern können.

3.1.2 Verrechnungskostenart anlegen

Doch wie sollen die Kosten der Kostenstelle auf die einzelnen Innenaufträge gebucht werden? Bisher wurden alle primären Kosten auf der Kostenstelle gebucht. Für eine Verrechnung wäre somit die Anlage einer *sekundären Kostenart* erforderlich. Hierfür ist die Kontenklasse »9 – Kosten- und Leistungsrechnung« im eingesetzten Kontenplan vorgesehen (vgl. Tabelle 1.1).

Definition: Sekundäre Kostenarten

 Sekundäre Kostenarten bilden Kosten ab, die nicht direkt aus der Finanzbuchhaltung (externes Rechnungswesen) übernommen und als primäre Kostenarten angelegt sind, sondern innerhalb des Controllings im Rahmen der internen Kostenrechnung genutzt werden. Sie werden dabei ausschließlich innerhalb CO gebucht und haben keinen Einfluss auf die GuV-Konten (Aufwand, Ertrag) im FI. Normalerweise dienen sekundäre Kosten der innerbetrieblichen Weiterverrechnung von Kosten und fassen einzelne primäre Kostenarten zusammen, um diese dann auf andere Objekte abzurechnen. So ist es in unserem Beispiel für das einzelne Buch nicht relevant, ob die Lektoratskosten durch Personal-, Reise- oder andere einzelne Kosten entstanden sind, sondern lediglich, dass hier Kosten für das Lektorat in Höhe von 25 € je Stunde angefallen sind. Daher sollen alle geplanten Kosten der Kostenstelle Lektorat zu einer sekundären Kostenart zusammengefasst werden, die dann im Rahmen der Leistungsverrechnung auf die einzelnen Innenaufträge zur Darstellung der Lektoratskosten genutzt wird.

Sie können sekundäre Kostenarten über das SAP-Menü unter RECHNUNGSWESEN • CONTROLLING • KOSTENARTENRECHNUNG • STAMMDATEN • KOSTENART • EINZELBEARBEITUNG • ANLEGEN SEKUNDÄR (Transaktion KA06) anlegen. Die Pflege unterscheidet sich nicht wesentlich von der Pflege der primären Kostenarten (siehe Abschnitt 1.1.1). Allerdings stehen im Feld KOSTENARTENTYP andere Kostenartentypen zur Verfügung. Kirsten Lotse hat sich dazu entschlossen, eine eigene Verrechnungskostenart für die Kosten des Lektorats anzulegen. Für die Nummernvergabe orientiert sie sich an der Kontenklasse „9" sowie der Nummer der Kostenstelle des Lektorats. Daher legt sie, wie in Abbildung 3.3 zu sehen, die Kostenart 940300 – Lektoratskosten an.

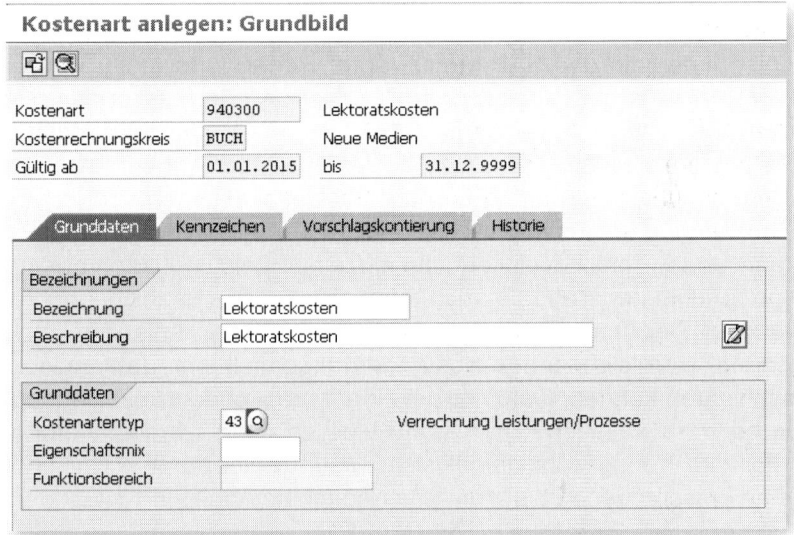

Abbildung 3.3: KA06 – sekundäre Kostenart anlegen

Hierbei weist Sie der Kostenart den KOSTENARTENTYP 43 – Verrechnung Leistungen/Prozesse zu. Diese Kostenart wird bei der innerbetrieblichen Leistungsverrechnung verwendet.

Kostenartentyp nicht änderbar

Beachten Sie, dass Sie den Kostenartentyp, nachdem die Kostenart einmal erfolgreich angelegt ist, nicht mehr ändern können.

3.1.3 Leistungsarten anlegen

Nun haben wir eine sekundäre Kostenart angelegt, über die später eine Leistungsverrechnung erfolgen soll. Neben der Verrechnungskostenart ist jedoch auch eine Leistungsart anzulegen, über die dann die entsprechenden Mengen erfasst werden sollen. Hierzu legt Kirsten Lotse innerhalb des SAP-Menüs unter RECHNUNGSWESEN • CONTROLLING • KOSTENSTELLENRECHNUNG • STAMMDATEN • LEISTUNGSART • EINZELBEARBEITUNG • ANLEGEN (Transaktion KL01) eine Leistungsart für die Lektoratsleistung an. Diese hat einen entsprechenden Bezug zur Verrechnungskostenart. Für den Schlüssel (Namen) der Leistungsart können insgesamt sechs Zeichen verwendet werden. Hierbei kann es sowohl sinnvoll sein, die einzelnen Leistungsarten durchgehend zu nummerieren, als auch, eine sprechende Bezeichnung zu verwenden. Der Vorteil einer Nummerierung wäre, dass die Leistungsarten (vergleichbar zu Kostenarten) schnell per Zahlenblock erfasst werden können. Dafür ist bei einer sprechenden Bezeichnung schon bei der Erfassung klar, was für eine Leistung erbracht werden soll. Für den Verlag entscheidet sich Kirsten Lotse für LEKTOR und legt eine entsprechende LEISTUNGSART an (siehe Abbildung 3.4).

Auch bei den Leistungsarten wird ein Gültigkeitszeitraum mit angegeben. Danach können Sie die Grunddaten der Leistungsart pflegen. Innerhalb des Bereichs BEZEICHNUNGEN legen Sie eine ausführlichere Bezeichnung und Beschreibung zum Schlüssel (in unseren Fall LEKTOR) der Leistungsart an. Beachten Sie, dass die Bezeichnung später auch im Bericht z. B. über die KOSTENSTELLEN: IST/PLAN/ABWEICHUNG Transaktion S_ALR_87013611) mit ausgegeben wird. Für die Bezeichnung der Leistungsarten hat Kirsten Lotse Lektoratskosten gewählt, da unter dieser Bezeichnung später die verrechneten Kosten auf den einzelnen Innenaufträgen ausgewiesen werden sollen.

Leistungsart	LEKTOR	Lektoriatskosten	
Kostenrechnungskreis	BUCH	Neue Medien	
Gültig ab	01.01.2015	bis	31.12.9999

Grunddaten | Kennzeichen | Ausbringung | Historie

Bezeichungen

Bezeichnung	Lektoratskosten
Beschreibung	Leistungen des Lektorats

Grunddaten

Leistungseinheit	H	Stunde
Kostenstellenarten	*	

Vorschlagswerte für Verrechnung

Leistungsartentyp	1	manuelle Erfassung, manuelle Verrechnung
VerrechKostenart	940300	Lektoratskosten
Tarifkennzeichen	1	automatisch auf Basis der Planleistung ermittelt
☐ Istmenge gesetzt	☐ Durchschnittstarif	
☐ Planmenge gesetz	☐ Fixkosten vorverteilt	

Abweichende Werte für Istverrechnung

LeistungsartTyp Ist		wie im Plan
Tarifkennzeichen Ist		

Abbildung 3.4: KL01 Leistungsart anlegen

Im Bereich der Grunddaten legen Sie die LEISTUNGSEINHEIT als Mengen- oder Zeiteinheit fest. Als *Leistungseinheit* wählt sie für die Erfassung der internen Lektoratsleistung Abrechnung nach H (Kaufmännische Darstellung der Maßeinheiten) für Stunde (Maßeinheitentext).

Leistungseinheiten als Bezugsgröße der ILV

 Im Rahmen der ILV werden die Leistungen der Kostenstelle zu den der Leistung gegenüberstehenden Bezugsgrößen (im SAP-Sprachgebrauch »Leistungsarten«) ins Verhältnis gesetzt. Bezugsgrößen sind dabei i. d. R. Maßeinheiten, die sich zur Leistung proportional verhalten. Diese Maßeinheiten können Verbrauchseinheiten, Mengen oder auch Zeiteinheiten sein. Bei der Wahl einer passenden Leistungsart sollte diese im direkten Zusammenhang mit den entstehenden Kosten stehen.

Als einfaches Beispiel könnten die gefahrenen Kilometer dem durchschnittlichen Verbrauch an Treibstoff gegenübergestellt werden. Für die Leistungsverrechnung sollten Sie sich vorab Gedanken darum machen, welche Bezugsgröße verursachungsgerecht definiert und mit einen vertretbaren Aufwand erfasst werden kann. Für eine Verrechnung nach Maschinenstunden sind bspw. die Nutzungszeiten für jeden Auftrag einzeln an der Maschine festzuhalten. Entsprechend sollten Sie sich vorab sicher sein, in welcher Einheit die erbrachte Leistung gezählt werden soll. So wären Zeiteinheiten (Stunden, Minuten etc.) ebenso möglich wie eine Verbrauchsgröße wie m² oder kWh. Intern sollten Sie eine entsprechende Vorgabe zur Erfassung (z. B. in Form eines Stundenzettels) machen, da Sie andernfalls eine vergleichbare Zählung wie in John Grishams Roman »Die Firma« riskieren, wo selbst dann eine Viertelstunde Arbeitszeit aufgeschrieben wird, wenn nur an den Klienten gedacht wird.

Da sie den Mitarbeitern in der Lektoratsabteilung vertraut, legt Kirsten Lotse für die interne Verrechnung der Lektoratsleistung die Arbeitszeit nach Stunden fest.

Neben der Leistungseinheit weisen Sie unter den Grunddaten der Leistungsart im Feld KOSTENSTELLENARTEN die zugelassenen Kostenstellenarten aus, um festzulegen, für welche Kostenstellen eine Leistungsart als Sender der innerbetrieblichen Leistung zugelassen ist (zur Festlegung der Kostenstellenart vgl. Abschnitt 1.2.2). So können Sie festlegen, dass eine bestimmte Leistungsart nur für bestimmte Kostenstellenarten verwendet werden kann (im Beispiel der Lektoratskostenstellen könnte dies die Kostenstellenart »1« für die Fertigung sein). Durch * werden alle Kostenstellenarten zugelassen.

Im Bereich VORSCHLAGSWERTE FÜR VERRECHNUNG wird die Aussteuerung der Leistungsart festgelegt.

Über den *Leistungsartentyp* legen Sie die Erfassung und Verrechnung der Leistung fest. Da die Leistung nach Stunden tatsächlich erfassbar und den einzelnen Büchern direkt zuordenbar ist, wird hier als LEISTUNGSARTENTYP der Wert 1 für manuelle Erfassung, manuelle Verrechnung gewählt. Hierdurch ist es möglich, sowohl die Leistungserfassung als auch die spätere Verrechnung manuell anzustoßen. Auf Basis einer Stundenaufschreibung erfolgt dann entsprechend eine direkte Erfassung auf die einzelnen Innenaufträge. Im Rahmen der Leistungsartenverrechnung geschieht die Verrechnung auf Basis der manuell erfassten Mengen, die mit einem Tarif multipliziert und unter der im Feld VERRECHKOSTENART angegebene Verrechnungskostenart (sekundäre Kostenart vom Typ 43) 940300 verrechnet werden. Anhand des TARIFKENNZEICHENS wird entschieden, wie der der Leistungsart zugrunde liegende Tarif je Kostenstelle ermittelt wird. Kirsten Lotse entscheidet sich für die automatische Ermittlung der Leistungstarife anhand der Leistungsmengen (Tarifkennzeichen 001). Das Tarifkennzeichen 001 sorgt dafür, dass die Kostenstelle vollständig im Plan entlastet wird. Folgende Berechnung gilt als Basis:

    Summe der Plankosten der Kostenstelle /
                geplante Leistung

Alternativen zur Tarifermittlung

Beim Tarifkennzeichen 002 wird der Tarif dadurch bestimmt, dass für eine Kostenstelle eine bestimmte Kapazität erfasst und der Tarif aus dem Quotienten aus Plankosten und Kapazität ermittelt wird. Dies kann systembedingt jedoch dazu führen, dass die Kostenstelle nicht vollständig entlastet wird. Die dritte Möglichkeit ist, die Tarife über das Tarifkennzeichen 003 ebenfalls manuell zu erfassen, wodurch entsprechende Tarife einzeln festgelegt werden.

Sollten Sie sich für eine Tarifermittlung anhand des Tarifkennzeichens 002 (auf Basis der Kapazität) oder 003 (manueller Tarif) entscheiden, so können Sie die Kapazität bzw. den Tarif im SAP-Menü unter RECHNUNGSWESEN • CONTROLLING • KOSTENSTELLEN-RECHNUNG • PLANUNG • LEISTUNGSERBRINGUNG / TARIFE • ÄNDERN (Transaktion KP26) erfassen.

Kirsten Lotse wird über eine Plan-Tarifermittlung, in der die einzelnen Planwerte gleichmäßig über das Jahr verteilt werden (siehe Abschnitt 3.1.6), die Tarife zur Leistungsart festlegen. Hierdurch sind keine weiteren Optionen innerhalb der Leistungsart zu hinterlegen, sodass sie die Leistungsart direkt über die Schaltfläche 🖫 hinzufügen kann.

3.1.4 Buchung auf Senderkostenstelle

Bevor die einzelnen Kosten von der Kostenstelle »Lektorat« umgebucht werden können, müssen erst einmal Kosten vorhanden sein. Innerhalb des Controllings wird zwischen Plan- und tatsächlichen Ist-Kosten unterschieden. Um den Unterschied etwas klarer zu machen, wollen wir uns erst einmal die Istkosten in SAP ansehen. Im Abschnitt 1.3 haben Sie schon die Schnittstelle zwischen der Finanzbuchhaltung und des Controllings kennengelernt.

Zur Erinnerung: Schnittstelle FI/CO

 Erfasste Buchungen in FI werden, sofern ein CO-Kontierungsobjekt wie eine Kostenstelle mitgegeben wird, auf primäre Kostenarten fortgeschrieben.

Für das Lektorat sind im Januar Kosten angefallen, die nun auf die Kostenstelle gebucht werden sollen. Hierzu werden seitens der Finanzbuchhaltung über die Transaktion FB50 folgende Buchungen mit dem Steuerkennzeichen V0 getätigt, um die Kosten des aktuellen Monats auf die Kostenstelle zu kontieren (siehe Abbildung 3.5):

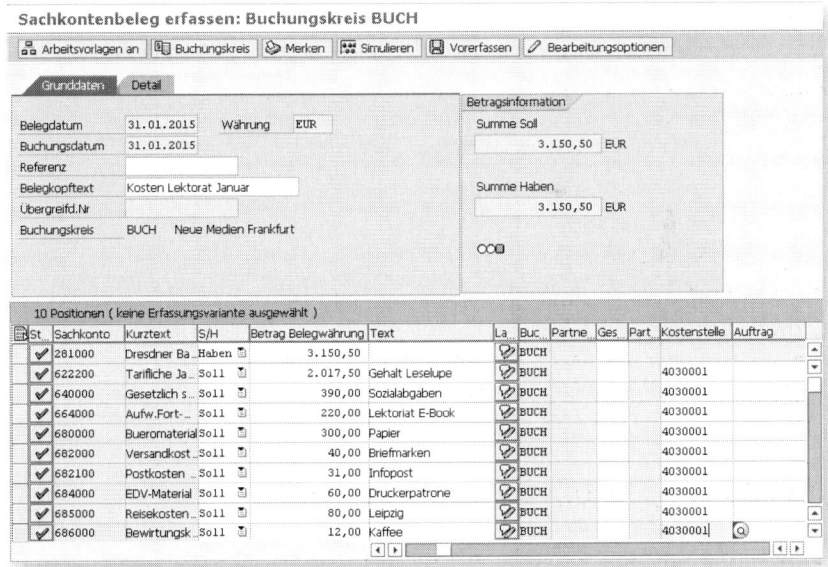

Abbildung 3.5: Buchung Kosten Lektorat (Transaktion FB50)

Hierfür wird das Konto 281000 - Dresdner Bank innerhalb des Kontenplans IKR verwendet. Sofern dieses nicht vorhanden ist, sollten Sie es in der Transaktion FS00 anlegen oder ein anderes Bankkonto als Sachkonto verwenden. **Zur Erinnerung:** Die Aufwandskonten 6* sind ebenfalls als Kostenart angelegt, und durch die Angabe der Kostenstelle werden diese auch im CO auf der primären Kosten-art fortgeschrieben (siehe Abschnitt 1.1). Sicherheitshalber überprüft Kirsten Lotse die Buchung von Erwin Fuchs noch einmal. Und richtig: Die Buchung erfolgte mit Belegdatum und Buchungsdatum zum 31.01.2015 und damit in Periode 1. Es sind nun alle Positionen er-fasst, und der Beleg kann über die Schaltfläche 🖫 direkt gebucht werden. Nachdem seitens der Finanzbuchhaltung die Kosten für den Monat Januar erfasst worden sind, wertet Kirsten Lotse innerhalb des SAP-Menüs unter RECHNUNGSWESEN • CONTROLLING • KOSTENSTEL-LENRECHNUNG • INFOSYSTEM • BERICHTE ZUR KOSTENSTELLENRECHNUNG • PLAN/IST-VERGLEICHE • KOSTENSTELLEN: IST/PLAN/ABWEICHUNG (Transaktion S_ALR_87013611) die Kostenstelle 4030001 aus (siehe Abbildung 3.6).

Kostenstellen: Ist/Plan/Abweichung	Stand: 12.05.2015		Seite:	2 /	2

Kostenstelle/Gruppe   4030001   Lektorat
Verantwortlicher: Klar, Editha
Berichtszeitraum: 1 bis   1   2015
Spalte: 1 /   2

Kostenarten		Istkosten	Plankosten	Abw (abs)	Abw (%)
622200	Tarifliche Jahresle	2.017,50		2.017,50	
640000	Gesetzlich sozialer	390,00		390,00	
664000	Aufw.Fort-Weiterbil	220,00		220,00	
680000	Bueromaterial	300,00		300,00	
682000	Versandkosten	40,00		40,00	
682100	Postkosten ohne Tel	31,00		31,00	
684000	EDV-Material	60,00		60,00	
685000	Reisekosten pauscha	80,00		80,00	
686000	Bewirtungskosten	12,00		12,00	
*	Belastung	3.150,50		3.150,50	
**	Über-/Unterdeckung	3.150,50		3.150,50	

Abbildung 3.6: Istkosten Lektorat S_ALR_87013611

Insgesamt sind hier 3.150,50 € als ISTKOSTEN ausgewiesen. Durch das Buchungsdatum 31.01.2015 ist der Beleg in die Periode 1 des Geschäftsjahres 2015 gebucht worden. Anhand des Berichtszeit-raums sehen Sie, dass Kirsten Lotse hier nur die Periode 1 und nicht wie sonst die Perioden 1 bis 12 ausgewertet hat. Die Bedeutung der Perioden bei einer Ist-/Plan-Abweichung wird im Rahmen des folgen-den Abschnitts noch klarer.

3.1.5 Plankosten erfassen

Da die Tarife für die Leistungsartenverrechnung auf Basis der Plankosten festgelegt werden, müssen Sie erst einmal entsprechende Plankosten erfassen.

Plankostenrechnung und ihre Bedeutung fürs Controlling

 Die Plankostenrechnung ist ein auf die Zukunft bezogenes Verfahren der Kosten- und Leistungsrechnung und besonders geeignet zur Lösung von Planungs- und Kontrollaufgaben (Plan-Ist-Vergleich). Die relevanten Plandaten werden über Schätzungen oder Berechnungen ermittelt – und zwar entweder aus tatsächlichen künftigen Kosten (bspw. aus einer Personalkostenhochrechnung) oder aber aus einer linearen Hochrechnung der bisher gebuchten Kosten zum Jahresende.

Sofern Ihnen zuverlässige Daten vorliegen, ist eine genauere Erstellung von Prognosen sicherlich sinnvoll. Bedenken Sie jedoch, dass schon Mark Twain bekannt war, dass Prognosen eine schwierige Sache sind – vor allem, wenn sie die Zukunft betreffen. Das Wichtige in der Planung ist jedoch die bewusste Auseinandersetzung mit der Zukunft und das gedankliche Vorwegnehmen des künftigen Handelns. Entsprechend sollten Sie alle vorhandenen Informationen des jeweiligen Planungsgegenstandes sammeln und diese mit vorhandenen Erfahrungswerten der jeweiligen Fachabteilung kombinieren. Relevante Informationen können bspw. Informationen über ihre Beschaffungsmärkte sein (Preisentwicklung, Konditionen), aber auch gesetzliche Vorschriften oder entsprechende Auslastung der Kapazitäten und der eigenen Leistungsfähigkeit. Im Rahmen der operativen Planung umfasst die Planung entweder einen kurzfristigen (bis zu 1 Jahr) oder mittelfristigen (unter 3 oder 5 Jahre) Zeitraum und befasst sich mit den Dimensionen Aufwand und Ertrag bzw. Kosten und Leistungen. Zielgröße der Planung sollte für das Unternehmen allerdings die Wirtschaftlichkeit des eigenen Handelns sein.

Das (periodengerechte) Erfassen von Plankosten dient der Unterstützung von Planungen. Hierzu gibt es innerhalb des SAP-Menüs zwei Möglichkeiten:

▶ die faktische Erfassung von Plankosten und

▶ das Kopieren des Ist in Plan.

Im Folgenden soll auf beide Varianten eingegangen werden.

Geeignete Planungswerkzeuge wählen

 In diesem Abschnitt geben wir nur einen kurzen Überblick über die Planwerterfassung. Für eine tiefer gehende Einführung empfehlen wir Ihnen das Buch »Planung mit SAP ERP, BW und BPC – das richtige Werkzeug auswählen«, das ebenfalls im Espresso Tutorials Verlag erschienen ist.

Kostenartenplanung

Im Rahmen der Kostenartenplanung können Planwerte direkt auf Basis einzelner Kostenarten erfasst werden. Die Planung erfolgt dabei auf Jahreswerten, kann aber auf einzelne Perioden heruntergebrochen werden. Die Planungsfunktion finden Sie sowohl in der Kostenstellenrechnung als auch in der Innenauftragsrechnung unter dem Menüknoten PLANUNG. Sowohl für die Planung auf Kostenstellen als auch auf Innenaufträgen wählen Sie über das *Planerprofil* (Transaktion KP04) eine entsprechende Planungsvorlage aus. Über das Planerprofil werden verschiedene Voreinstellungen getroffen und die einzelnen Layouts der Planung hinterlegt. Je nach gewähltem Planungslayout stehen unterschiedliche Varianten der Planung zur Verfügung. Im SAP-Standard ist hier das Planerprofil SAPALL vorgesehen, das alle Planungsarten umfasst. Ein einfacheres Layout bietet das Planerprofil SAPEASY, dieses stellt eine einfache Erfassung von Kosten, Leistungsarten und statistischen Kennzeichen zur Verfügung. In unserem Beispiel sollen die geplanten Kosten für das Geschäftsjahr erfasst werden. Wählen Sie unter RECHNUNGSWESEN • CONTROL-

LING • KOSTENSTELLENRECHNUNG • PLANUNG • PLANERPROFIL SETZEN (Transaktion KP04) das Planerprofil SAPEASY (siehe Abbildung 3.7).

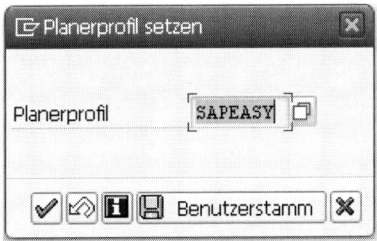

Abbildung 3.7: Planerprofil setzen (Transaktion KP04)

Sie haben die Möglichkeit, diese Einstellung im Benutzerstamm zu sichern, sodass Sie das Planerprofil nicht immer wieder erneut auswählen müssen. Nach Rücksprache mit dem Lektorat liegt Kirsten Lotse eine Kostenplanung für das Geschäftsjahr 2015 vor. Darin sind neben dem Büromaterial auch die Personalkosten sowie geplante Ausgaben für Weiterbildungen erfasst. Da Editha Klar schon länger im Verlag beschäftigt ist, hat sie aus der Personalabteilung eine recht genaue Planung der Personalkosten erhalten. Für die anderen anstehenden Kosten wurde ebenfalls eine passende Jahresplanung auf Basis der Erfahrungswerte aus den Vorjahren vorgelegt. Innerhalb des SAP-Menüs können Sie nun unter RECHNUNGSWESEN • CONTROLLING • KOSTENSTELLENRECHNUNG • PLANUNG • KOSTEN/LEISTUNGSAUFNAHME • ÄNDERN (Transaktion KP06) für Kostenstellen und Kostenarten entsprechende Planwerte erfassen.

Kostenartenplanung auf Innenaufträge

 Neben der Planung auf Kostenstellen ist auch eine Kostenartenplanung auf Innenaufträgen möglich. Inhaltlich gleicht sie aber der Erfassung auf Kostenstellen, sodass hier nur die Kostenstellenplanung beschrieben wird. Sie finden diese unter RECHNUNGSWESEN • CONTROLLING • INNENAUFTRÄGE • PLANUNG • KOSTEN/LEISTUNGSAUFNAHME • ÄNDERN (Transaktion KPF6).

Durch das Planerprofil SAPEASY finden Sie direkt das LAYOUT 1-161 für »Kostenartenplanung einfaches Layout« vorgegeben. Im Einstiegsbild der Transaktion KP06 tragen Sie, wie in Abbildung 3.8 zu sehen, sowohl die KOSTENSTELLEN als auch die KOSTENARTEN ein, für die eine Planung erfasst werden soll. Anstatt hier die entsprechenden Werte direkt einzutragen, können Sie auch vorhandene Stammdatengruppen verwenden.

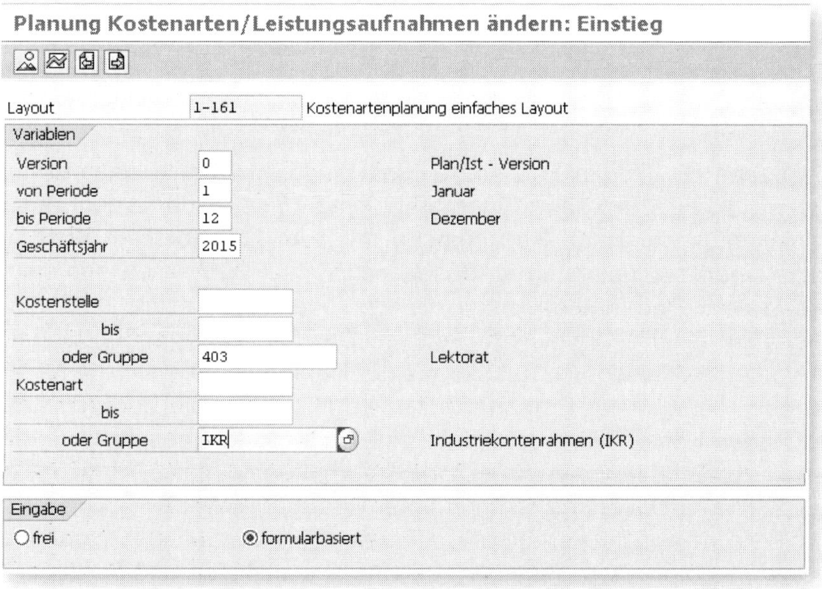

Planung Kostenarten/Leistungsaufnahmen ändern: Einstieg		

Layout	1-161	Kostenartenplanung einfaches Layout
Variablen		
Version	0	Plan/Ist - Version
von Periode	1	Januar
bis Periode	12	Dezember
Geschäftsjahr	2015	
Kostenstelle		
bis		
oder Gruppe	403	Lektorat
Kostenart		
bis		
oder Gruppe	IKR	Industriekontenrahmen (IKR)

Eingabe	
○ frei	● formularbasiert

Abbildung 3.8: Planung Kostenarten (Transaktion KP06)

Im unseren Fall sind als KOSTENSTELLE die GRUPPE 403 und als KOSTENART die GRUPPE IKR gewählt. Ferner werden hier der Planungszeitraum über das GESCHÄFTSJAHR auf 2015 und die PERIODEN von 1 bis 12 festgelegt. Als zu planende VERSION wird die 0 (Plan/Ist-Version) angegeben.

Was ist eine Planversion?

 Durch Planversionen können unterschiedliche Plandaten erfasst werden, die auf verschiedenen Planannahmen basieren. So könnten hier unterschiedliche Preissteigerungen oder Auslastungen berücksichtigt bzw. Best- oder Worst-case-Szenarien abgebildet werden. Bei der Anlage eines Kostenrechnungskreises wird automatisch die Version »0« angelegt, die direkt für fünf Jahre gültig ist. Somit können Sie in dieser Version bis zu fünf Jahre in der Zukunft planen. Da in dieser Version auch die Istdaten der Primärkosten-Erfassung gebucht werden, bietet sie sich für Plan-Ist-Vergleiche an. Die Einstellungen zur Planversion finden Sie im Customizing (Transaktion SPRO) unter CONTROLLING • CONTROLLING ALLGEMEIN • ORGANISATION • VERSIONEN PFLEGEN, wo sie auch weitere Versionen anlegen können.

Nachdem Sie die relevanten Rahmendaten der Planung eingetragen haben, können Sie über die Schaltfläche ⚒ zur eigentlichen Planung wechseln. Hierbei kann die Eingabe entweder frei oder formularbasiert erfolgen. Durch die Auswahl der »formularbasierten« Eingabe werden sämtliche gültigen Stammdaten angezeigt. In der freien Eingabe würden nur solche Werte angezeigt werden, zu denen bereits Planungen erfolgt sind. Wie in Abbildung 3.9 zu sehen, sind hier alle Kostenarten der Kostenartengruppe IKR (siehe Abschnitt 1.1.2) für die KOSTENSTELLE 4030001 aufgeführt, da dieses die einzige Kostenstelle in der Gruppe 403 ist.

97

Abbildung 3.9: Planung Kostenarten ändern (KP06)

Sollten in der übergebenen Kostenstellengruppe mehrere Kostenstellen aufgeführt sein, so erweitert sich die Symbolleiste um die beiden Schaltflächen ▲ ▼, mit denen Sie zwischen den einzelnen Kostenstellen navigieren können, wie in Abbildung 3.10 zu sehen. Die Bezeichnung »Vorige« und »Nächste Kombination« erklärt auch schon, dass Sie in der Planungsmaske jeweils eine Kombination aus Kostenstelle und den entsprechenden Kostenarten angezeigt bekommen.

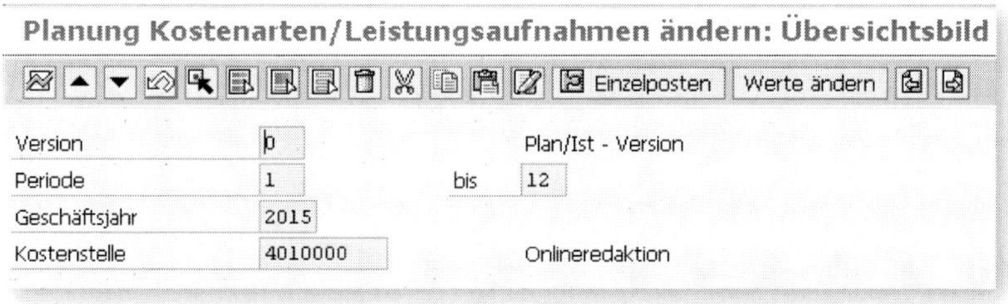

Abbildung 3.10: Zwischen Kombinationen navigieren

Unterhalb der Erfassungsmaske fällt Kirsten Lotse der Hinweis ✅ Es sind Sperren oder Probleme aufgetreten auf. Dessen Ursache ist, dass innerhalb der Kostenartengruppe IKR auch Erlöskostenarten (Kostenart 500000 und 500100) enthalten sind. Im SAP-Standard werden Kostenstellen ausschließlich als Orte der Kostenentstehung und der Leistungserbringung verstanden. Eine Verbuchung von Erlösen würde eher auf Profit-Center oder – wie in unserem Beispiel – im CO-PA erfolgen. Daher sind auch keine Erlöse innerhalb der Kostenstellenrechnung planbar oder zu buchen. Nun können Sie die Plankosten auf den einzelnen Kostenarten und ergänzend einen entsprechenden Planwert erfassen. Daneben erhalten Sie im Feld VS die Möglichkeit, einen Verteilungsschlüssel für die Plankosten zu wählen (siehe Abbildung 3.11).

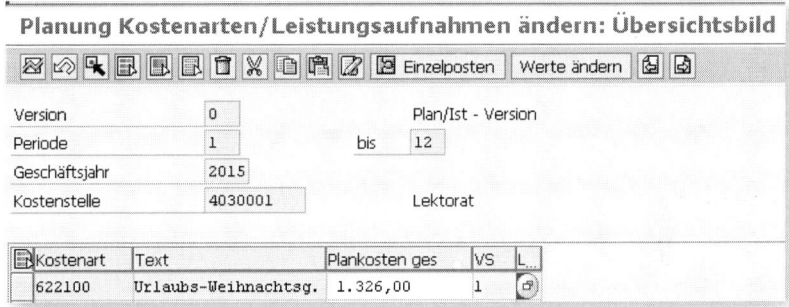

Abbildung 3.11: Plankosten Verteilungsschlüssel

Grundsätzlich erfassen Sie die gesamten Plankosten als Jahreswerte und legen über den Verteilungsschlüssel fest, auf welche Weise die eingetragenen Plankosten auf die einzelnen Perioden verteilt werden sollen. Hierbei wird zwischen *echten Verteilungsschlüsseln* (wie bspw.»1« für eine gleichmäßige Verteilung auf alle Perioden oder »7« analog zur Anzahl der Kalendertag pro Periode) und *Eingabehilfen* (wie »0« für manuelle Verteilung oder »4« für die Verteilung auf nachfolgende leere Perioden) unterschieden.

Für unser Beispiel wählen wir den Verteilungsschlüssel 1 (Gleichverteilung), wodurch die Plankosten gleichmäßig an die einzelnen Perioden vergeben werden. Nur, weil das Weihnachtsgeld im Monat November ausgezahlt wird, ist das Lektorat in diesem Monat ja nicht hochwertiger. Es verursacht Kosten, die über das gesamte Jahr gesehen konstant sind. Über die Schaltfläche 🖾 können Sie sich das Ergebnis der gleichmäßigen Verteilung anzeigen lassen (siehe Abbildung 3.12).

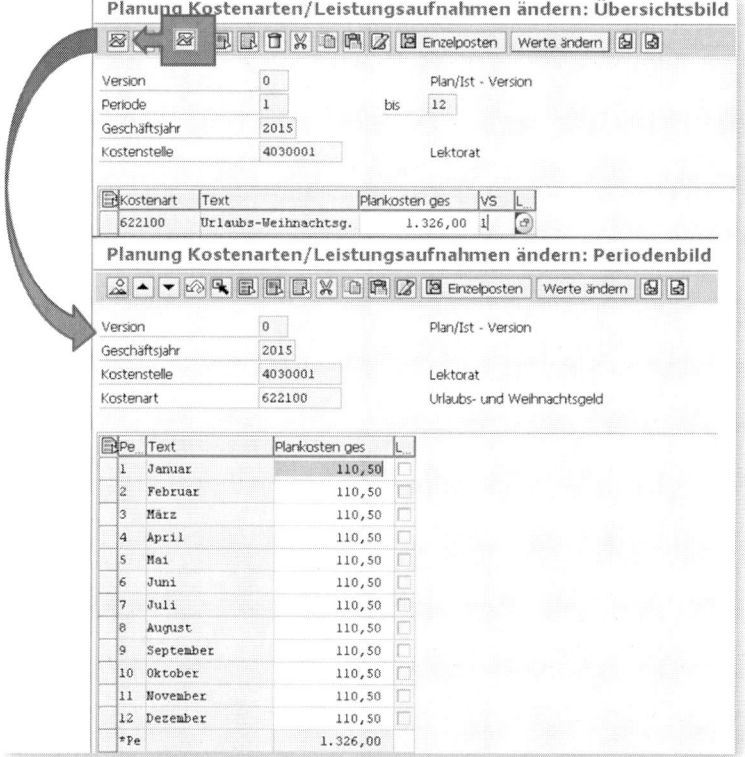

Abbildung 3.12: VS1 – gleichmäßige Verteilung auf Periode

Hier sind die 1.326 € Weihnachtsgeld zu jeweils 110,50 € auf die einzelnen Perioden (Monate) aufgeteilt.

Wie in unserem Beispiel anfänglich beschrieben (siehe Abbildung 3.1), sollen insgesamt 39.132 € als Plankosten erfasst werden. Hierzu hat Editha Klar eine entsprechende Kostenplanung für das Geschäftsjahr 2015 vorgelegt. Kirsten Lotse erfasst die verbleibenden geplanten Kosten als Planwerte, wie in Abbildung 3.13, mit dem Verteilungsschlüssel (VS) 1.

Planung Kostenarten/Leistungsaufnahmen ändern: Übersichtsbild				

Version	0		Plan/Ist - Version		
Periode	1	bis	12		
Geschäftsjahr	2015				
Kostenstelle	4030001		Lektorat		

Kostenart	Text	Plankosten ges	VS	L
622100	Urlaubs-Weihnachtsg.	1.326,00	1	
622200	Tarifliche Jahreslei	24.210,00	1	
629100	Ueberstunden-Zuschl.		2	
629200	Krankheitsloehne		2	
640000	Gesetzlich sozialer	4.680,00	1	
644000	Aufw. Altersversorg.		2	
649000	Aufw. Unterstützung		2	
664000	Aufw.Fort-Weiterbild	2.640,00	1	
670000	Raumkosten		2	
680000	Bueromaterial	3.600,00	1	
682000	Versandkosten	480,00	1	
682100	Postkosten ohne Tel.	372,00	1	
683000	Telefonkosten Grund.		2	
683100	Telefonkosten Einh.		2	
684000	EDV-Material	720,00	1	
685000	Reisekosten pauschal	960,00	1	
686000	Bewirtungskosten	144,00	1	

Abbildung 3.13: Planung Kosten 2015 Kostenstelle 4030001

Danach bucht sie diese mit der Schaltfläche 🖫 in SAP ein. Sollte später noch einmal Anpassungsbedarf bestehen, können diese Plankosten ebenfalls über die Transaktion KP06 geändert werden.

Die Controllerin möchte nun die Planung für Januar näher betrachten. Hierzu ruft sie innerhalb des SAP-Menüs unter RECHNUNGSWESEN • CONTROLLING • KOSTENSTELLENRECHNUNG • INFOSYSTEM • BERICHTE ZUR KOSTENSTELLENRECHNUNG • PLAN/IST-VERGLEICHE • KOSTENSTELLEN: IST/PLAN/ABWEICHUNG (Transaktion S_ALR_87013611) die Kostenstelle 4030001 von Periode 1 bis Periode 1 auf. In der Abbildung 3.14 sieht sie nun eine Gegenüberstellung der Ist- und Plankosten sowie der absoluten und relativen Abweichung.

Kostenstellen: Ist/Plan/Abweichung	Stand: 12.05.2015		Seite:	2 / 2
			Spalte:	1 / 2
Kostenstelle/Gruppe 403	Lektorat			
Verantwortlicher: Klar				
Berichtszeitraum: 1 bis 1 2015				

Kostenarten	Istkosten	Plankosten	Abw (abs)	Abw (%)
622100 Urlaubs-Weihnachtsg		110,50	110,50-	100,00-
622200 Tarifliche Jahresle	2.017,50	2.017,50		
640000 Gesetzlich sozialer	390,00	390,00		
664000 Aufw.Fort-Weiterbil	220,00	220,00		
680000 Bueromaterial	300,00	300,00		
682000 Versandkosten	40,00	40,00		
682100 Postkosten ohne Tel	31,00	31,00		
684000 EDV-Material	60,00	60,00		
685000 Reisekosten pauscha	80,00	80,00		
686000 Bewirtungskosten	12,00	12,00		
* Belastung	3.150,50	3.261,00	110,50-	3,39-
** Über-/Unterdeckung	3.150,50	3.261,00	110,50-	3,39-

Abbildung 3.14: Kostenstelle: Ist/Plan/Abweichung Januar

Hierbei will es der Zufall (bzw. der Autor dieses Kapitels), dass die Istkosten nahezu identisch zu den Plankosten sind. In der Praxis dürfte dieses kaum der Fall sein, aber für unser Beispiel trägt es zur besseren Erklärbarkeit bei.

Für das Konto 622100 sehen Sie eine Abweichung von 110,50 €. Dieses entspricht der gleichmäßigen Verteilung des Urlaubsgeldes auf die einzelnen Perioden, wie Sie bereits in Abbildung 3.12 sehen konnten. Wenn wir nun das gesamte Jahr auswerten, erhalten wir in der Spalte PLANKOSTEN die gesamten Planansätze und in der Spalte ISTKOSTEN die bisher tatsächlich gebuchten Kosten (siehe Abbildung 3.15).

```
Kostenstellen: Ist/Plan/Abweichung     Stand: 12.05.2015        Seite:    2 / 2

                                                             Spalte:    1 / 2
Kostenstelle/Gruppe        403              Lektorat
Verantwortlicher:          Klar
Berichtszeitraum:          1  bis   12  2015
```

Kostenarten		Istkosten	Plankosten	Abw (abs)	Abw (%)
622100	Urlaubs-Weihnachtsg		1.326,00	1.326,00-	100,00-
622200	Tarifliche Jahresle	2.017,50	24.210,00	22.192,50-	91,67-
640000	Gesetzlich sozialer	390,00	4.680,00	4.290,00-	91,67-
664000	Aufw.Fort-Weiterbil	220,00	2.640,00	2.420,00-	91,67-
680000	Bueromaterial	300,00	3.600,00	3.300,00-	91,67-
682000	Versandkosten	40,00	480,00	440,00-	91,67-
682100	Postkosten ohne Tel	31,00	372,00	341,00-	91,67-
684000	EDV-Material	60,00	720,00	660,00-	91,67-
685000	Reisekosten pauscha	80,00	960,00	880,00-	91,67-
686000	Bewirtungskosten	12,00	144,00	132,00-	91,67-
*	Belastung	3.150,50	39.132,00	35.981,50-	91,95-
**	Über-/Unterdeckung	3.150,50	39.132,00	35.981,50-	91,95-

Abbildung 3.15: Kostenstellen Ist/Plan/Abweichung 2015

Hier sind tatsächlich unsere gesamten Plankosten in Höhe von 39.132,00 € ausgewiesen. Diese in der Planversion 0 (siehe Abbildung 3.8) erfassten Plankosten werden später die Basis für unsere Tarifermittlung sein. Somit kommt dieser Planversion auch einer besonderen Rolle bei der Erfassung der Plankosten zu. Im Rahmen einer Auswertung einer Ist-/Plan-Abweichung könnten Sie auch für andere Planungsszenarien eine entsprechende Auswertung erstellen.

Ist in Plan kopieren

Neben der direkten Plankostenerfassung besteht auch die Möglichkeit, die gebuchten Kosten (Ist) in eine entsprechende Planversion zu kopieren bzw. als Grundlage für die Planung zu übernehmen. Hierdurch kann die Entwicklung des Vorjahres als Planwerte für das nächste Jahr dienen. Die Möglichkeit der *Plankopie* finden Sie im SAP-Menü unter RECHNUNGSWESEN • CONTROLLING • KOSTENSTELLENRECHNUNG • PLANUNG • PLANUNGSHILFEN • KOPIEREN • IST IN PLAN (Transaktion KP98). Im Auswahlmenü bestimmen Sie, welche Kostenstelle und welcher Zeitraum kopiert werden sollen. Denkbar wäre hier eine Kopie der Istwerte der KOSTENSTELLENGRUPPE 403 aus

103

2014 als Planwerte für 2015 in die Planversion 0 oder eine alternative (siehe Abbildung 3.16).

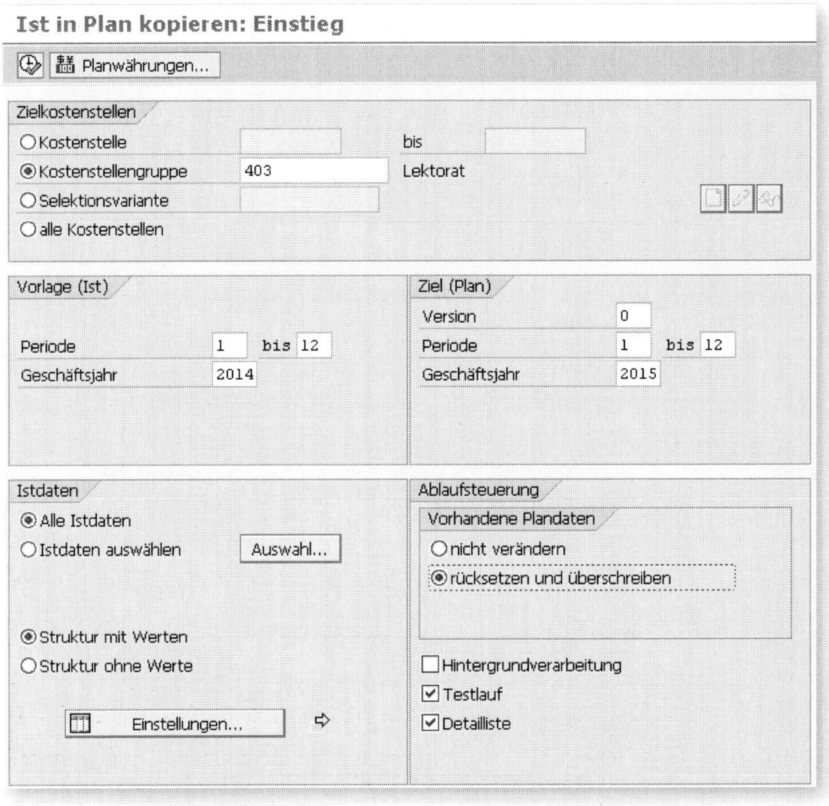

Abbildung 3.16: Ist in Plan kopieren (KP98)

Da wir in der Planversion 0 schon Plandaten erfasst haben, wählen wir im Abschnitt ABLAUFSTEUERUNG unter VORHANDENE PLANDATEN die Option rücksetzen und überschreiben sowie im Abschnitt ISTDA-TEN Alle Istdaten und Struktur mit Werten. Unter der Ablaufsteuerung ist in Abbildung 3.16 noch das Merkmal TESTLAUF markiert. Hierdurch wird die Kopie noch nicht direkt erstellt, sondern Sie erhalten die Möglichkeit, erst einmal zu sehen, ob eine entsprechende Kopie auch funktionieren würde und nicht etwa eine Kostenstelle für den entsprechenden Zeitraum gesperrt ist. Ferner lassen sich über die Schalfläche ⦿Istdaten auswählen [Auswahl...] die zu kopierenden Istdaten einschränken. Hierdurch können Sie die Kopie z. B. nur auf Primär- und sonstige Sekundärkosten oder Erlöse begrenzen oder auch sonstige Istdaten wie etwa statistische Kennzahlen vom Ist nach Plan kopieren.

Planversion 0 und gleichmäßig verteilte Planwerte

 In unserem Beispiel sehen wir jedoch von einer Kopie der Istwerte nach Plan als Basis für die Plankosten ab, da sich hier das Problem ergäbe, dass die einzelnen Monate unterschiedliche Kosten haben und damit die Verrechnung der Kosten in manchen Monaten höher als in anderen wäre. Allerdings kann eine Plankopie auch für andere Planungsrechnungen und alternative Planversionen sinnvoll sein. Eventuell haben Sie schon bemerkt, dass hier auch die Kopie von *Plan nach Plan* mit der Transaktion KP97 möglich ist. Können Sie sich denken, in welchen Szenarien eine solche Kopie sinnvoll sein kann?

Nachdem Kirsten Lotse die Erfassung der Plankosten abgeschlossen hat, überlegt sie, im kommenden Jahr weitere Planversionen einzusetzen. Auf diese Weise könnte der erste Planansatz in der Version 0 geplant und das Ist in eine neue Version kopiert werden. So würde der Plan im Laufe des Jahres durch das Ist überschrieben, aber es wäre weiterhin ein Vergleich der Planung mit der tatsächlichen Entwicklung möglich. Darüber hinaus könnten in einer extra Planversion auch verschiedene andere Planungen erfolgen oder ein Betriebsabrechnungsbogen dargestellt werden, ohne dass das zwangsläufig auch im Ist bzw. der Planversion 0 erfolgen muss.

> ### Planung auf Innenaufträgen
>
>  Sie erinnern sich sicher noch daran, dass Sie Planwerte auch mit der Transaktion KPF6 auf Innenaufträge erfassen können. Der Vollständigkeit halber sei erwähnt, dass auch für die Innenaufträge eine Plankopie von Ist nach Plan möglich ist. Diese finden Sie im SAP-Menü unter RECHNUNGSWESEN • CONTROLLING • INNENAUFTRÄGE • PLANUNG • PLANUNGSHILFEN • KOPIEREN • IST IN PLAN (Transaktion K015). Im gleichen Menüzweig finden Sie auch die Möglichkeit der Plan-in-Plan-Kopie (Transaktion K014).

3.1.6 Leistung erfassen und Tarife ermitteln

Um nun eine Leistungsverrechnung zu erstellen, benötigen Sie nicht nur die geplanten Kosten, sondern auch die geplante Menge, die eine Kostenstelle als Leistung anderen zur Verfügung stellt, um damit zum Abschluss dieses Kapitels den Plantarif zu ermitteln. Betrachten wir hierzu noch einmal die von Ihnen angelegte Leistungsart LEKTOR für das interne Lektorat (siehe Abbildung 3.17).

Hier hatten wir als Leistungseinheit H für Stunden gepflegt. Wie anfänglich für das Beispiel festgelegt, gehen wir von einer Wochenarbeitszeit von 30 Stunden und damit von 1.565,28 Stunden im Jahr aus, die Editha Klar für den Verlag als Lektorin tätig ist. Da wir davon ausgehen, dass unsere Lektorin, wie jede Person im Unternehmen, ihre Arbeitszeit ausschließlich für das Produkt »Buch« direkt oder indirekt nutzt, werden wir diese Stunden auch als Basis zur Tarifermittlung verwenden. Für die spätere Abrechnung wurde die Lektorin außerdem gebeten, einen Stundenzettel mit Ausweis der einzelnen Tätigkeiten zu erheben.

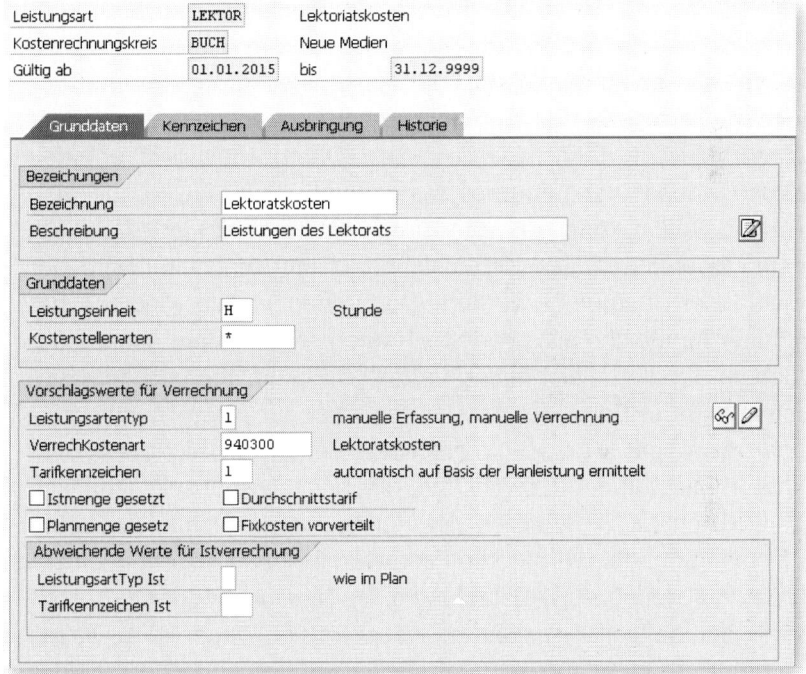

Abbildung 3.17: Leistungsart LEKTOR »Lektoratskosten«

Der Preis der Leistung oder der Plantarif

 Grundsätzlich wird der Preis der Leistung (Plantarif) über den Quotienten aus den gesamten Plankosten pro Jahr und der geplanten Leistung ermittelt. Das kann manuell oder automatisch über das System erfolgen. Für die automatische Tarifermittlung ist eine vollständige Kostenplanung in der Kostenstellenrechnung auf der Senderkostenstelle erforderlich. Hierbei können für jeden Monat unterschiedliche Tarife oder ein fixer Durchschnittstarif ermittelt werden, sodass der Tarif über das gesamte Jahr hinweg gültig ist. Letztere Option kann entweder durch gleichmäßig verteilte Plankosten oder durch das Kennzeichen »Durchschnittstarif« in der Leistungsart festgelegt werden. Der Verlag »Neue Medien« hat sich hier für gleichmäßig verteilte Kosten entschieden, sodass der Quotient aus den gleichmäßig verteilten Plankosten und der Leistungsmenge in Form der Jahresarbeitszeit für jeden Monat identisch verwendet wird. Dies erscheint hoffentlich nicht nur uns, sondern auch Ihnen sowohl fair als auch betriebswirtschaftlich nachvollziehbar. Sofern sich der Verlag für eine Isttarifermittlung entschieden hätte, würden die Fixkosten für das Lektorat in einem Monat mit geringerer Auslastung zu erheblich höheren Preisen führen und bei voller Auslastung wesentlich günstiger sein. Dieses erscheint uns aber für die beabsichtigte Verrechnung der Lektoratskosten nicht plausibel.

Bevor Sie sich nun an die Planung der Leistungsmengen machen, müssen Sie erst das Planerprofil erneut wechseln, da durch SAPEASY nicht das gewünschte Planungslayout genutzt werden kann. Wählen Sie unter RECHNUNGSWESEN • CONTROLLING • KOSTENSTELLENRECHNUNG • PLANUNG • PLANERPROFIL SETZEN (Transaktion KP04) das Planerprofil SAPALL (siehe Abbildung 3.18).

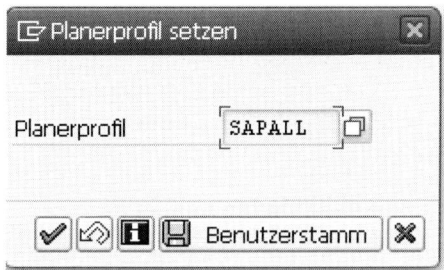

Abbildung 3.18: Planerprofil setzen (Transaktion KP04)

Jetzt können Sie im SAP-Menü unter RECHNUNGSWESEN • CONTROL-LING • KOSTENSTELLENRECHNUNG • PLANUNG • LEISTUNGSERBRIN-GUNG/TARIFE • ÄNDERN (Transaktion KP26) die Leistungsmenge erfassen.

Auswirkung Planerprofil

Wäre statt des Planerprofils SAPALL noch das Planerprofil SAPEASY ausgewählt, hätten Sie im folgenden Ablauf keine Planleistung, sondern lediglich den Tarif erfassen können. Dieses ist sinnvoll, wenn Sie für eine Leistungsart mit Leistungsartentyp 003 einen Leistungstarif manuell, bspw. für eine andere Planversion, setzen wollen. Durch das Planerprofil SAPALL besteht nun aber die Möglichkeit, die Leistungsmenge direkt zu erfassen.

Vergleichbar zur Kostenartenplanung geben Sie auch bei der Planung der Leistung eine Planversion, den Planungszeitraum und die Kostenstelle an. Durch das Planerprofil wurde bereits das passende Planungslayout 1-201 Leistungsarten/Tarife Standard ausgewählt. Statt einer Kostenart planen Sie hier jedoch eine Leistungsart (siehe Abbildung 3.19) – in unserem Fall die Leistungsart LEKTOR für die Arbeiten des Lektorats.

Abbildung 3.19: Planung Leistungen/Tarife (Transaktion KP26)

Nachdem Sie die relevanten Rahmendaten der Planung eingetragen haben, können Sie über die Schaltfläche ⚖ zur eigentlichen Planung wechseln und hier die Jahresplanleistung im Feld PLANLEISTUNG erfassen (siehe Abbildung 3.20).

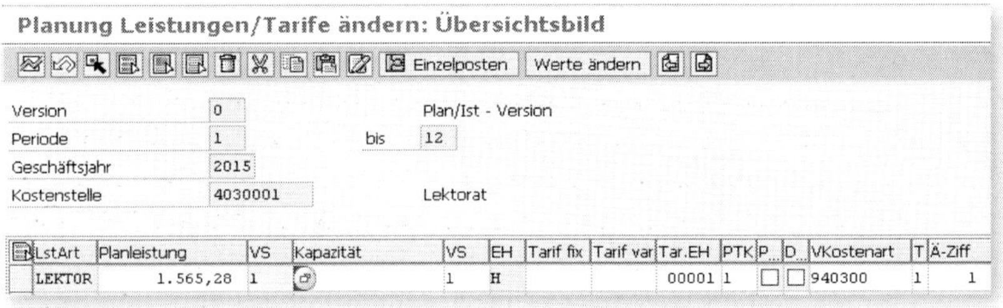

Abbildung 3.20: Planleistung auf Jahr erfassen

Neben der Planleistung können Sie (vergleichbar mit den Plankosten) auch hier einen Verteilungsschlüssel (VS) wählen. Über den Verteilungsschlüssel 1 könnte die Jahresleistung in Höhe von 1.565,28 h wiederum gleichmäßig auf alle Perioden verteilt werden. Die übrigen Daten, wie Verrechnungskostenart, Plantarifkennzeichen und Verrechnungskostenart wurden automatisch aus der Leistungsart vorge-geben. Über die Schaltfläche ⊞ kann hier auf das Periodenbild ge-wechselt werden, um für die jeweilige Periode die gleichmäßig verteil-te Leistungsmenge in Höhe von 130,44 h als PLANLEISTUNG ange-zeigt zu bekommen (siehe Abbildung 3.21). Dieses entspricht der errechneten Monatsarbeitszeit bei 30 Wochenstunden.

Planung Leistungen/Tarife ändern: Periodenbild

Version   0   Plan/Ist - Version
Geschäftsjahr   2015
Kostenstelle   4030001   Lektorat
Leistungsart   LEKTOR   Leistungen des Lektorats

Pe	Text	Planleistung	Kapazität	EH	Tarif fix	Tarif var	Tar.EH	PTK	P	D	VKostenart	T	Ä-Ziff
1	Januar	130,44		H			00001	1			940300	1	1
2	Februar	130,44		H			00001	1			940300	1	1
3	März	130,44		H			00001	1			940300	1	1
4	April	130,44		H			00001	1			940300	1	1
5	Mai	130,44		H			00001	1			940300	1	1
6	Juni	130,44		H			00001	1			940300	1	1
7	Juli	130,44		H			00001	1			940300	1	1
8	August	130,44		H			00001	1			940300	1	1
9	September	130,44		H			00001	1			940300	1	1
10	Oktober	130,44		H			00001	1			940300	1	1
11	November	130,44		H			00001	1			940300	1	1
12	Dezember	130,44		H			00001	1			940300	1	1
*Pe		1.565,28	0,00										

Abbildung 3.21: Planleistung auf Periode erfassen

Ergänzend zur Planleistung lassen sich im Feld Ä-ZIFF Gewichtungs-faktoren (Äquivalenzziffern) für die zu verteilenden Kosten der Kos-tenstelle auf die einzelnen vorhandenen Leistungsarten wählen. Hierdurch können die Plankosten eines Monats eine höhere Gewich-tung gegenüber anderen Monaten erhalten. Da wir aber keine Ge-wichtung der einzelnen Monate vornehmen wollen, bleibt hier eine 1 eingetragen. Danach kann mit ⊞ die Leistungsmenge gebucht wer-den. Damit ist die Arbeitszeit als Planleistung auf der Kostenstelle für das Geschäftsjahr 2015 erfasst.

Ziel der Erfassung von Leistungsmenge und Plankosten sollte ja die automatische Ermittlung des Leistungstarifs sein. Daher wählt Kirsten Lotse nun unter RECHNUNGSWESEN • CONTROLLING • KOSTENSTELLEN-RECHNUNG • PLANUNG • VERRECHNUNG •TARIFERMITTLUNG (Transaktion

KSPI). Hier kann Sie für ALLE KOSTENSTELLEN oder wie in unserem Fall die KOSTENSTELLENGRUPPE 403 eine Plantarif-Ermittlung vornehmen (siehe Abbildung 3.22).

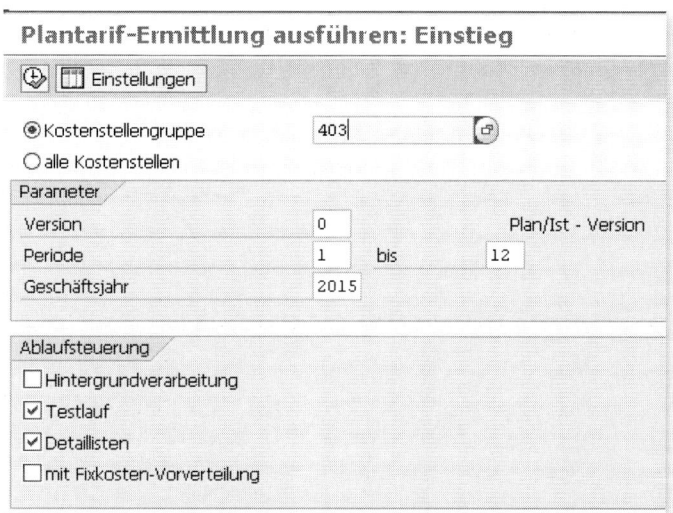

Abbildung 3.22: Plantarif-Ermittlung ausführen (Transaktion KSPI)

Die Tarifermittlung kann für mehrere Perioden gleichzeitig durchgeführt werden, wobei das Feld VON PERIODE die erste und das Feld BIS PERIODE die letzte Periode enthält. In unserem Fall soll der Plantarif für das gesamte Geschäftsjahr 2015 (Periode 1 bis 12) ermittelt werden. Zuvor haben Sie die Möglichkeit, über TESTLAUF erst einmal eine Simulation der Tarifermittlung durchzuführen. Dieses kann hilfreich sein, um sich vorab das Ergebnis anzusehen, ohne dass der Tarif tatsächlich schon festgehalten wird.

Nachdem Kirsten Lotse den Testlauf gestartet hat, erhält sie das in Abbildung 3.23 dargestellte Ergebnis.

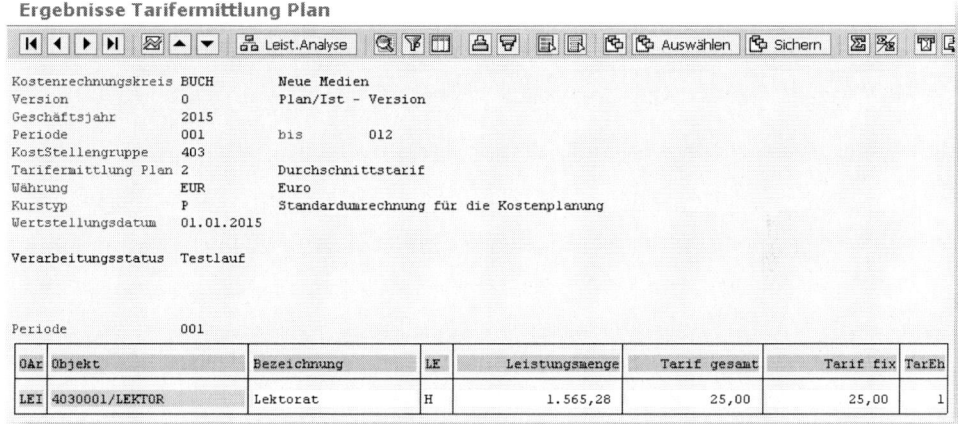

Abbildung 3.23: Ergebnisse Tarifermittlung Plan (Testlauf)

Es wurde bei einer Leistungsmenge von 1.565,28 h als Tarif 25,00 € ermittelt. Hierbei ist jedoch zu beachten, dass für die Leistungsart Lektorat die zugrunde liegende Leistungseinheit (LE) »Stunden« (H) und die TARIFEINHEIT 1 ist, der Tarif also für eine Stunde Lektoratsleistung angegeben wird. Je nach Leistungsart kann auch eine wesentlich höhere Tarifeinheit zweckmäßig sein, um einen praktikablen Wert darzustellen (z. B. bei Kopierkosten je Blatt in Höhe von 3,5 Cent würde als Tarifeinheit 100 und ein Tarif in Höhe von 3,50 € ausgegeben werden). Zur Überprüfung wirft die Controllerin noch einmal einen Blick auf die PLANKOSTEN der Kostenstelle in 2015 (siehe Abbildung 3.24).

```
Kostenstellen: Ist/Plan/Abweichung      Stand: 12.05.2015        Seite:    2 /   2

                                                                 Spalte:   1 /   2
Kostenstelle/Gruppe        403               Lektorat
Verantwortlicher:          Klar
Berichtszeitraum:            1  bis   12   2015
```

Kostenarten		Istkosten	Plankosten	Abw (abs)	Abw (%)
622100	Urlaubs-Weihnachtsg		1.326,00	1.326,00-	100,00-
622200	Tarifliche Jahresle	2.017,50	24.210,00	22.192,50-	91,67-
640000	Gesetzlich sozialer	390,00	4.680,00	4.290,00-	91,67-
664000	Aufw.Fort-Weiterbil	220,00	2.640,00	2.420,00-	91,67-
680000	Bueromaterial	300,00	3.600,00	3.300,00-	91,67-
682000	Versandkosten	40,00	480,00	440,00-	91,67-
682100	Postkosten ohne Tel	31,00	372,00	341,00-	91,67-
684000	EDV-Material	60,00	720,00	660,00-	91,67-
685000	Reisekosten pauscha	80,00	960,00	880,00-	91,67-
686000	Bewirtungskosten	12,00	144,00	132,00-	91,67-
*	Belastung	3.150,50	39.132,00	35.981,50-	91,95-
** Über-/Unterdeckung		3.150,50	39.132,00	35.981,50-	91,95-

Abbildung 3.24: Geplante Kosten in 2015 für das Lektorat

Die in der Spalte Plankosten ausgewiesenen $39.132,00$ EUR werden durch die Jahres-Gesamtarbeitszeit von $1.565,28$ Stunden (siehe Abbildung 3.23) geteilt, wodurch rechnerisch korrekt die $25,00$ Euro ausgegeben wurden. Somit kann Kirsten Lotse beruhigt die Plantarifermittlung für 2015 ohne Setzen des Testlauf-Kennzeichens erneut laufen lassen. Es erfolgt ein Hinweis darauf, dass die Tarifermittlung verbucht wird. Dieses bedeutet, dass die Tarifermittlung erfolgreich durchgeführt ist und nun die Verbuchung gestartet wird. Hierdurch wird die geplante Leistung bewertet und, allerdings diesmal im Echtlauf, der ermittelte Tarif ausgegeben.

Erneute Bewertung

 Sofern sich Planmenge oder Plankosten ändern, können Sie jederzeit eine Neubewertung der Leistungsmengen durchführen und einen aktualisierten Tarif ermitteln. In unserem Beispiel kann dieses bspw. sinnvoll sein, wenn in 2015 eine zweite Lektorin eingestellt wird und sich hierdurch sowohl die Plankosten (durch höhere Personalkosten) als auch die Leistungsmenge (durch mehr Stunden, die das Lektorat erbringt) ändern. Denkbar wäre auch, zum 31.12. den Plantarif auf Basis einer Plankopie für das gesamte Geschäftsjahr durchzuführen, sodass die Plankosten identisch zu den Istkosten sind und sich damit der Tarif aus *Plan = Ist-Kosten/Planmenge* ermittelt. Damit wären Basis der Planung nicht mehr die Anfang des Jahres geplanten, sondern die tatsächlich angefallenen Kosten. Wie anfangs erwähnt, sollte dann jedoch das Kennzeichen »Durchschnittstarif« in der Leistungsart festgelegt werden.

Im Kostenstellenbericht (Transaktion `S_ALR_87013611`) erkennt Kirsten Lotse, dass der Plantarif tatsächlich so ermittelt worden ist, dass die Plankosten der Planleistungsabgabe entsprechen und somit ein Saldo von Null ausgewiesen wird (siehe Abbildung 3.25).

```
Kostenstellen: Ist/Plan/Abweichung      Stand: 14.05.2015        Seite:   2 /   3

                                                                Spalte:  1 /   2
Kostenstelle/Gruppe        4030001              Lektorat
Verantwortlicher:          Klar
Berichtszeitraum:            1  bis   12  2015
```

Kostenarten		Istkosten	Plankosten	Abw (abs)	Abw (%)
622100	Urlaubs-Weihnachtsg		1.326,00	1.326,00-	100,00-
622200	Tarifliche Jahresle	2.017,50	24.210,00	22.192,50-	91,67-
640000	Gesetzlich sozialer	390,00	4.680,00	4.290,00-	91,67-
664000	Aufw.Fort-Weiterbil	220,00	2.640,00	2.420,00-	91,67-
680000	Bueromaterial	300,00	3.600,00	3.300,00-	91,67-
682000	Versandkosten	40,00	480,00	440,00-	91,67-
682100	Postkosten ohne Tel	31,00	372,00	341,00-	91,67-
684000	EDV-Material	60,00	720,00	660,00-	91,67-
685000	Reisekosten pauscha	80,00	960,00	880,00-	91,67-
686000	Bewirtungskosten	12,00	144,00	132,00-	91,67-
*	Belastung	3.150,50	39.132,00	35.981,50-	91,95-
940300	Lektoratskosten		39.132,00-	39.132,00	100,00-
*	Entlastung		39.132,00-	39.132,00	100,00-
**	Über-/Unterdeckung	3.150,50		3.150,50	

Abbildung 3.25: Entlastung Kostenstelle Lektorat im Plan

Ferner können Sie im unteren Abschnitt sowohl die Plan- als auch die Ist-Auslastung als Menge überprüfen (siehe Abbildung 3.26).

```
Kostenstellen: Ist/Plan/Abweichung      Stand: 14.05.2015        Seite:   3 /   3

                                                                Spalte:  1 /   2
Kostenstelle/Gruppe        4030001              Lektorat
Verantwortlicher:          Klar
Berichtszeitraum:            1  bis   12  2015
```

Leistungsarten		Istlstg	Planlstg	Abw (abs)	Abw (%)
LEKTOR	Lektoratskosten		1.565,28 H	1.565,28- H	100,00-

Abbildung 3.26: Planleistung Lektorat im November

Damit wären sowohl die Planmengen und Plankosten als auch die Plantarife und die Entlastung durch die Leistungsartenrechnung im Plan vollständig abgebildet Daraus folgen die Bewertung der Leistung und eine entsprechende Entlastung der Kostenstelle im Plan (siehe Abbildung 3.25).

3.1.7 Direkte Leistungsverrechnung

Die direkte Leistungsverrechnung ist der letzte Schritt im Rahmen der Leistungsartenrechnung. Hierbei werden die tatsächlich geleistete Menge im Ist erfasst sowie mit dem vorher von Ihnen festgelegten (oder in unserem Beispiel errechneten) Plantarif bewertet und damit die entstandenen internen Kosten verrechnet. Dabei wird zwischen Sender und Empfängern unterschieden. Sender können nur Kostenstellen sein, auf denen eine entsprechende Leistungsart geplant wurde. Dieses haben Sie für die Kostenstelle des Lektorats schon getan. Als Empfänger können alle Kontierungsobjekte des Controllings (z. B. andere Kostenstellen, Innenaufträge oder sonstige CO-Objekte) dienen. Die entsprechende Verrechnung erfolgt durch das Produkt aus Menge und Plantarif. Im einführenden Beispiel hatten wir darauf hingewiesen, dass die Verrechnung über die von Ihnen angelegte und der Leistungsart zugewiesene Verrechnungskostenart erfolgen wird. Um dies auch im Verlag umzusetzen, wurde Editha Klar darum gebeten, eine Stundenerfassung für die Arbeit an jedem einzelnen Buch vorzunehmen und dabei auch gleich die einzelnen Bücher mit der Innenauftragsnummer als Leistungsempfänger zu versehen. Nun sollen aber die angefallenen Kosten in Abhängigkeit von der erbrachten Leistung des Lektorats auf die einzelnen Bücher verbucht werden. Der Einfachheit halber haben wir hier das Summenblatt aus der entsprechenden ZEITAUFSCHREIBUNG vorliegen (siehe Abbildung 3.27).

Zeitaufschreibung	Klar, Editha	Monat	Januar 2015 ▼	
Abteilung	Lektorat	**Kostenstelle**		
		4030001	Lektorat	
Tätigkeit	Anzahl Stunden	**Innenauftrag**		
interne Lektoratsleistungen	8	40200001	Excel für Zahlenschubser	
interne Lektoratsleistungen	21	40200002	Schnelleinstig in SAP Controlling	
interne Lektoratsleistungen	14	40200003	Berichtswesen in SAP PSM-FM	
interne Lektoratsleistungen	16	40200004	Abschlussarbeiten mit Winword	
interne Lektoratsleistungen	17	40200005	Excel automatisieren leicht gemacht	
interne Lektoratsleistungen	2	40200006	htmling.net Die Geschichte eines HTMLings	
interne Lektoratsleistungen	5	40200007	DMOZ.DE das Telefonbuch des Internet	
interne Lektoratsleistungen	7	40200008	FidoNet die Geschichte der BBS	
Summe	**90**			

Abbildung 3.27: Stundenzettel Editha Klar

Die geleisteten Stunden wurden schon von der Redaktion abgezeichnet und entsprechen dem tatsächlichen Arbeitsaufwand je Buch. In der Regel werden die aufgeschriebenen Stunden nie der vollen Arbeitszeit von Editha Klar entsprechen, da immer auch Arbeitszeit ohne direkten Bezug zum Buch entstehen wird. Dieser Thematik nehmen wir uns aber zum Ende des Kapitels an.

Die Erfassung der einzelnen Stunden kann über das SAP-Menü unter RECHNUNGSWESEN • CONTROLLING • KOSTENSTELLENRECHNUNG • IST-BUCHUNGEN • LEISTUNGSVERRECHNUNG • ERFASSEN (Transaktion KB21N) erfolgen. Im Einstiegsbild können Sie über das Feld ERFASS-VAR wählen, welche Empfänger für die Leistung vorgesehen sind (siehe Abbildung 3.28).

Abbildung 3.28: Einstiegsbild Transaktion KB21N

Da die einzelnen Bücher auf Innenaufträge abgebildet sind, wählt Kirsten Lotse die Option Auftrag und lässt beim Feld EINGABETYP die Option Listerfassung stehen. Hierdurch ist es im Gegensatz zur Einzelerfassung möglich, in Form einer Tabelle gleich mehrere Positionen zu erfassen.

Sofern Sie eine Leistungsverrechnung nicht nur auf ein CO-Objekt durchführen wollen, sondern beispielsweise sowohl auf Kostenstellen als auch Innenaufträge, kann hier die Erfassungsvariante Alle sinn-voll sein. Nachdem Sie diese Variante ausgewählt haben, können Sie Sender, Leistungsart, Empfänger und Menge eingeben. Der entsprechende Betrag wird dann seitens SAP durch den hinterlegten Planta-rif ermittelt. Ferner wird die KOSTENART aus der Leistungsart abgelei-tet (siehe Abbildung 3.29).

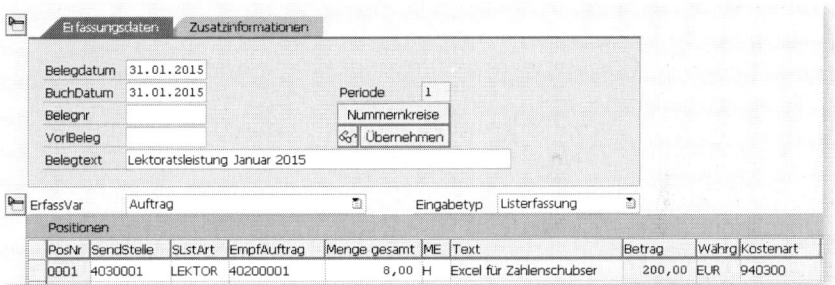

Abbildung 3.29: Direkte Leistungsverrechnung erfassen

Als SENDSTELLE wird die sendende Kostenstelle (in unserem Fall also die 4030001) als Erbringer der Leistung angegeben. Unter der SLstART wird die sendende Leistungsart eingetragen. Dieses ent-spricht in unseren Fall der angelegten Leistungsart LEKTOR für die Lektoratsdienste. Unter der MENGE GESAMT ist die Gesamtmenge pro Periode gemeint. Sie wird aus dem Buchungsdatum (Feld BUCHDA-TUM) im Belegkopf abgeleitet. Das Feld ME für die Mengeneinheit wird, nachdem Sie mit der Eingabetaste [Enter] bestätigt haben, ebenso wie die Felder WÄHRUNG und KOSTENART automatisch aus der Definition in der Leistungsart ausgegeben. Als Buchungstext gibt Kirsten Lotse den Buchtitel (bspw. `Excel für Zahlenschubser`) an. Der BETRAG berechnet sich dabei aus dem Plantarif und den von Ihnen angegebenen Leistungsmengen. Somit setzen sich die `200,00 EUR` aus der Menge von 8 Stunden und dem Tarif von 25,00 € zusammen. Kirsten Lotse erfasst nun die übrigen Positionen auf dem Stundenzettel (siehe Abbildung 3.30).

	ErfassVar	Auftrag				Eingabetyp	Listerfassung			
Positionen										
	PosNr	SendStelle	SLstArt	EmpfAuftrag	Menge gesamt	ME	Text	Betrag	Währg	Kostenart
	0001	4030001	LEKTOR	40200001	8,00	H	Excel für Zahlenschubser	200,00	EUR	940300
	0002	4030001	LEKTOR	40200002	21,00	H	Schnelleinstig in SAP Controlling	525,00	EUR	940300
	0003	4030001	LEKTOR	40200003	14,00	H	Berichtswesen in SAP PSM-FM	350,00	EUR	940300
	0004	4030001	LEKTOR	40200004	16,00	H	Abschlussarbeiten mit Winword	400,00	EUR	940300
	0005	4030001	LEKTOR	40200005	17,00	H	Excel automatisieren leicht gemacht	425,00	EUR	940300
	0006	4030001	LEKTOR	40200006	2,00	H	htmling.net Die Geschichte eines HTMLings	50,00	EUR	940300
	0007	4030001	LEKTOR	40200007	5,00	H	DMOZ.DE das Telefonbuch des Internet	125,00	EUR	940300
	0008	4030001	LEKTOR	40200008	7,00	H	FidoNet die Geschichte der BBS	175,00	EUR	940300

Abbildung 3.30: Positionen Stundenzettel Editha Klar

Danach beendet sie die Erfassung erfolgreich durch das Buchen über die Schaltfläche 🖫. Nachdem Kirsten Lotse die Leistungserfassung abgeschlossen hat, wertet sie direkt die Kostenstelle über den Kostenstellenbericht (Transaktion `S_ALR_87013611`) ihrer Kostenstelle für Januar aus (siehe Abbildung 3.31). Hier werden in der Zeile BELASTUNG die tatsächlich gebuchten Kosten im Ist mit `3.150,50 €` ausgewiesen. Unter ENTLASTUNG sind die Lektoratskosten über die Verrechnungskostenart `940300` in Höhe von `2.250,00 €` weiterverrechnet worden. Da diese niedriger als die tatsächlich entstandenen Kosten sind, wird hier eine *Kostenunterdeckung* in Höhe von `900,50 €` ausgewiesen. Diese verbleiben vorerst auf der Kostenstelle als Saldo.

Ferner können Sie im unteren Abschnitt sowohl die Plan- als auch die Ist-Auslastung als Menge überprüfen (siehe Abbildung 3.32). Hier können wir auch in der Spalte ABWEICHUNG (ABSOLUT) sehen, dass insgesamt `40,44- H` nicht direkt mit einem Buch, sondern mit sonstigen Tätigkeiten von Editha Klar im Zusammenhang stehen.

```
Kostenstellen: Ist/Plan/Abweichung      Stand: 16.05.2015        Seite:    2 /   3

                                                                 Spalte:   1 /   2
Kostenstelle/Gruppe          4030001              Lektorat
Verantwortlicher:            Klar
Berichtszeitraum:            1  bis   1   2015
```

Kostenarten	Istkosten	Plankosten	Abw (abs)	Abw (%)
622100 Urlaubs-Weihnachtsg		110,50	110,50-	100,00-
622200 Tarifliche Jahresle	2.017,50	2.017,50		
640000 Gesetzlich sozialer	390,00	390,00		
664000 Aufw.Fort-Weiterbil	220,00	220,00		
680000 Bueromaterial	300,00	300,00		
682000 Versandkosten	40,00	40,00		
682100 Postkosten ohne Tel	31,00	31,00		
684000 EDV-Material	60,00	60,00		
685000 Reisekosten pauscha	80,00	80,00		
686000 Bewirtungskosten	12,00	12,00		
* Belastung	3.150,50	3.261,00	110,50-	3,39-
940300 Lektoratskosten	2.250,00-	3.261,00-	1.011,00	31,00-
* Entlastung	2.250,00-	3.261,00-	1.011,00	31,00-
** Über-/Unterdeckung	900,50		900,50	

Abbildung 3.31: Kostenstellenbericht Entlastung im Ist

```
Kostenstellen: Ist/Plan/Abweichung      Stand: 16.05.2015        Seite:    3 /   3

                                                                 Spalte:   1 /   2
Kostenstelle/Gruppe          4030001              Lektorat
Verantwortlicher:            Klar
Berichtszeitraum:            1  bis   1   2015
```

Leistungsarten	Istlstg	Planlstg	Abw (abs)	Abw (%)
LEKTOR Lektoratskosten	90,00 H	130,44 H	40,44- H	31,00-

Abbildung 3.32: Leistungsmengen Ist und Plan auf Kostenstelle

Der Sender der Leistung, in unserem Fall die Kostenstelle des Lektorat, erhält eine Gutschrift, die als Entlastung auf der Kostenstelle ausgewiesen wird und als Erlös betrachtet werden kann. Im Gegenzug dazu erhält der Empfänger eine Belastung in derselben Höhe. Für die Innenaufträge kann diese im SAP-Menü unter RECHNUNGSWESEN • CONTROLLING • INNENAUFTRÄGE • INFOSYSTEM • BERICHTE ZU INNENAUFTRÄGEN • PLAN/IST VERGLEICH • AUFTRAG: IST/PLAN/ABWEICHUNG (Transaktion S_ALR_87012993) betrachtet werden. Hierzu kann Kirsten Lotse entweder eine angelegte Innenauftragsgruppe (vgl. Abschnitt 2.5) oder einfach alle Innenaufträge (bzw. Intervalle oder Einzelwerte) auswerten (siehe Abbildung 3.33).

121

Abbildung 3.33: Transaktion S_ALR_87012993 – Einstiegsbild

Durch Starten des Berichts über ⊕ werten wir hier die Kostenart 940300 für alle Innenaufträge aus und erhalten den in Abbildung 3.34 dargestellten Bericht. In der linken Spalte unter VARIATION: AUFTRAG erfolgt eine Auflistung aller bebuchten Innenaufträge. Hätten Sie in Abbildung 3.33 eine AUFTRAGSGRUPPE angegeben, würden Sie in dieser Spalte ebenfalls deren Struktur angezeigt bekommen. Insgesamt sehen Sie hier wieder die Kosten in Höhe von 2.250 € auf der Empfängerseite (siehe Abbildung 3.34).

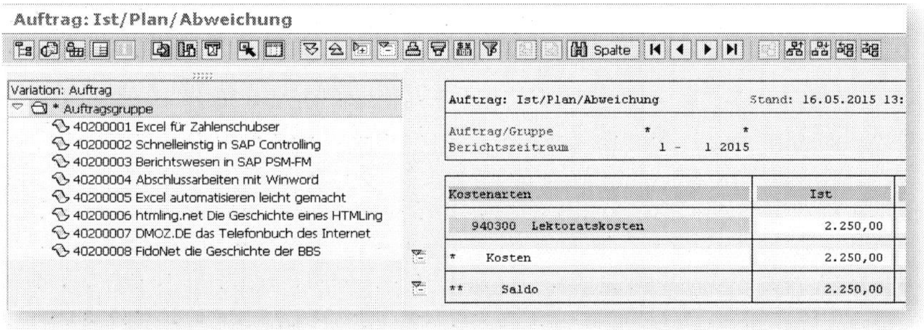

Abbildung 3.34: Auswertung Innenauftragsgruppe

Innerhalb der Variation können Sie auch auf die Anzeige eines einzelnen Innenauftrags wechseln (siehe Abbildung 3.35). Die Lektoratsleistung für das Buch »Excel für Zahlenschubser« ist ebenfalls, wie bei der Erfassung der Istmenge schon zu sehen, in Höhe von 200,00 € ausgewiesen.

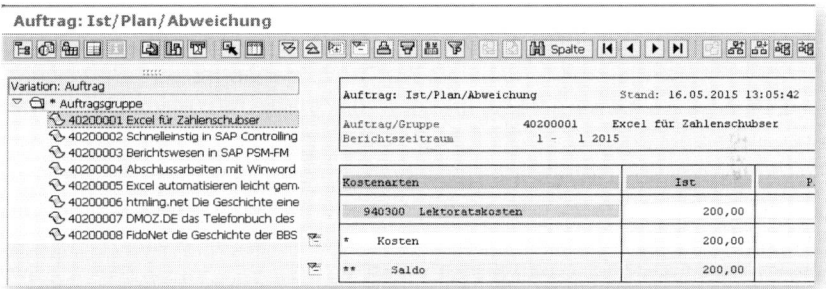

Abbildung 3.35: Kosten Innenauftrag 40210001

Die entsprechenden Kosten sind auf der sekundären Kostenart 940300 ausgewiesen. Diese haben Sie auch bei der Anlage der Leistungsart als Verrechnungskostenart hinterlegt. Es ist zu beachten, dass es sich bei dieser Buchung um eine reine CO-Buchung auf sekundäre Kostenarten innerhalb des Kostenrechnungskreises handelt. Es wird somit kein FI-Beleg erzeugt, da es sich hierbei um ein klassisches Beispiel für das interne Rechnungswesen handelt. Erwin Fuchs, der für das externe Rechnungswesen der Finanzbuchhaltung zuständig ist, ist demnach nicht weiter involviert.

Was passiert mit den verbleibenden Kosten?

 In Abbildung 3.31 hatten wir eine Kostenunterdeckung in Höhe von 900,50 € auf der Kostenstelle des Lektorats im Monat Januar. Wie mit solchen nicht direkt einem Innenauftrag zugeordneten Kosten im Verlag »Neue Medien« verfahren wird, möchten wir Ihnen im Abschnitt 3.2 erläutern. Eventuell haben Sie Lust, sich schon einmal Gedanken darüber zu machen, wie Sie mit solchen Kosten umgehen würden, während wir im folgenden Abschnitt noch ein paar Besonderheiten der Leistungsartenrechnung beschreiben werden.

3.1.8 Besonderheiten bei Leistungstarifen im Ist und im Plan

Grundsätzlich bezieht sich die Bewertung der erfassten Leistungsmengen auf die im Rahmen der Planversion 0 ermittelten Plantarife.
Entsprechend wurde hier für die Bewertung der Leistungsmengen im
Ist der Plantarif, basierend auf den geplanten Kosten und Leistungsmengen, herangezogen. Dieser Tarif wird zunächst zur Bewertung
der Istleistung verwendet. Sollten Sie die Daten aus der Istversion in
eine andere Planversion kopieren, müssen Sie in dieser – nachdem
Sie die einzelnen Daten aus der Istversion aus der Transaktion KP98
kopiert haben – auch die entsprechenden Leistungstarife über die
Transaktion KP26 ändern, da die Tarife (der Planversion 0) nicht in
andere Planversionen mitkopiert werden. Hierzu können Sie die ermittelten Plantarife über das SAP-Menü unter RECHNUNGSWESEN •
CONTROLLING • KOSTENSTELLENRECHNUNG • INFOSYSTEM • BERICHTE
ZUR KOSTENSTELLENRECHNUNG • TARIFE • KOSTENSTELLEN: LEISTUNGS-
ARTENTARIFE (Transaktion KSBT) anzeigen lassen, wie in Abbildung
3.36 für die zur Verrechnung tatsächlich verwendeten Tarife zu sehen.

In unserem Beispiel sind dieses die errechneten 25,00 € je Leistungseinheit. Sofern sich die Leistungsmengen oder die tatsächlich
gebuchten Istkosten auf der Kostenstelle von der PLANVERSION 0
unterscheiden, wird die Kostenstelle auch nicht vollständig entlastet,
da ja die Tarifermittlung von den geplanten Kosten und der geplanten
Leistung ausgegangen ist. An dieser Stelle besteht jedoch die Möglichkeit, die Istleistungen mit den Istkosten nachzubewerten, und
zwar anhand der Differenz zwischen Plan- und Isttarif. Durch eine
solche Nachbewertung können Sie die jeweilige sendende Kostenstelle vollständig entlasten. Die Möglichkeit der Isttarifermittlung finden Sie im SAP-Menü unter RECHNUNGSWESEN • CONTROLLING • KOS-
TENSTELLENRECHNUNG • PERIODENABSCHLUß • EINZELFUNKTIONEN •
TARIFERMITTLUNG (Transaktion KSII). Hierzu sollten Sie jedoch im
Stammsatz der Leistungsart das Kennzeichnen DURCHSCHNITTSTARIF
gesetzt haben, da sie andernfalls unterschiedliche Tarife je Periode
zur Verrechnung nutzen. Ferner stellt sich die Frage, ob vonseiten
der internen Kostenrechnung eine Verteilung der nicht zuordnenbaren

Kosten im Verhältnis der erfassten Leistungsmengen sinnvoll und richtig erscheint. Alternativ können Sie natürlich auch den Isttarif unter RECHNUNGSWESEN • CONTROLLING • KOSTENSTELLENRECHNUNG • ISTBUCHUNGEN • ISTTARIF • ERFASSEN (Transaktion KBK6) abweichend zum Plantarif anpassen.

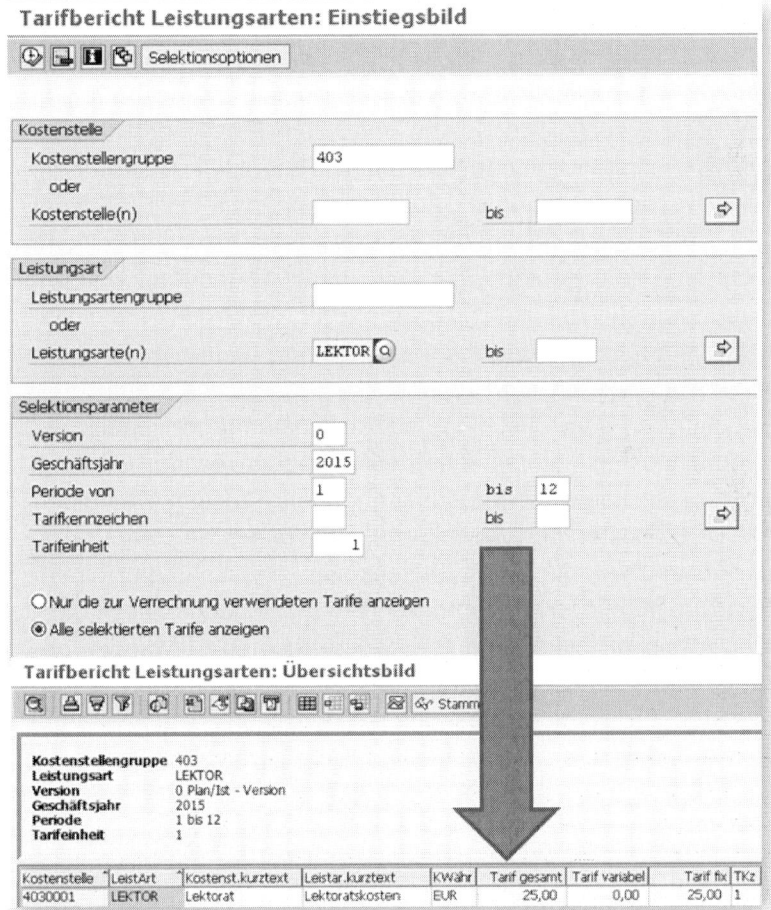

Abbildung 3.36: Tarifbericht Leistungsarten

Eine in unseren Augen bessere Alternative wird nachfolgend dargestellt.

3.2 Kennzahlenbasierte Verrechnung

Im Rahmen der Kostenstellenrechnung fallen oftmals Kosten an, die nicht direkt Kostenträgern (in unserem Fall den Verlagserzeugnissen (Büchern bzw. Innenaufträgen) zugeordnet werden können.

Definition: Gemeinkosten

 Grundsätzlich wird in der Kostenleistungsrechnung versucht, alle Kosten nach dem Prinzip der Kostenentstehung den einzelnen Produkten zuzuordnen. Hier sprechen wir auch von sogenannten Einzelkosten. *Gemeinkosten* sind das Gegenstück zu diesen und können einem Kostenträger nicht direkt zugeordnet werden. Sie fallen für mehrere Bereiche oder gar für alle Produkte des Unternehmens an und werden auch als *indirekte Kosten* bezeichnet. Gemeinkosten werden auf Kostenstellen erfasst und später über Schlüsselgrößen oder Zuschläge auf die Kostenträger verteilt. Bei den Gemeinkosten unterscheiden wir zwischen *echten Gemeinkosten*, für die kein direkter Zusammenhang zu den Produkten besteht (z. B. Kosten der Verwaltung), oder *unechten Gemeinkosten*, die zwar theoretisch als Einzelkosten erfassbar und einem Produkt zurechenbar sind, von deren Erfassung jedoch aus Gründen der Wirtschaftlichkeit und des damit erhöhten Aufwandes abgesehen wird. Ein Beispiel für unechte Gemeinkosten wären Stromkosten, für die eine Erfassung mit einzelnen Stromzählern je Gerät zwar möglich, aber nicht in allen Fällen sinnvoll ist.

In diesem Abschnitt wollen wir uns mit den beiden Methoden *Kostenverteilung* und *Kostenumlage* beschäftigen. Im Verlag «Neue Medien» wird derzeit noch ein Telekommunikationsvertrag mit einer Grundgebühr und einer Abrechnung nach Telefoneinheiten genutzt. Die entsprechende Rechnung wird auf die Kostenstelle 1010000 (Unternehmensleitung) gebucht. Allerdings ist es ja so, dass nicht nur die Unternehmensleitung Telefonate führt, sondern einzelne Gespräche auch von anderen Abteilungen (Kostenstellen) getätigt werden. Eine direkte Aufteilung dieser Kosten ist jedoch beim Buchen der Telefonrechnung nicht möglich. Da dem Verlag aber die einzelnen verbrauchten Telefoneinheiten je Gerät vorliegen, soll auf Basis dieser Einheiten eine Verteilung der Kosten auf die einzelnen Kostenstellen erfolgen. Kirsten Lotse entscheidet sich für eine *Kostenverteilung*. Darüber kann sie primäre Kostenarten einer Kostenstelle anhand einer Kennzahl auf CO-Objekte (bspw. Kostenstellen oder Innenaufträge) verteilen und dabei die ursprüngliche Kostenart beibehalten. Neben den Telefonkosten macht sie sich aber auch Gedanken über Aufwendungen für Räume und Verwaltung. Hier sind ihr die einzelnen ursprünglichen Kostenarten weniger wichtig als vielmehr die Aussage, woher diese Kosten kommen. Daher erscheint ihr in diesem Fall das Instrument der *Kostenumlage* sinnvoller. Über diese können primäre und sekundäre Kostenarten als Saldo auf einzelne CO-Objekte umgelegt werden. Hierbei werden die ursprünglichen Kostenarten zu einem Saldo zusammengefasst, und dieses wird dann als Belastung auf dem Empfänger (über eine Umlagekostenart) ausgewiesen. Die Information der ursprünglichen Kostenarten der jeweiligen Sender ist anschließend nicht mehr ersichtlich.

Beide Verfahren können periodisch, bspw. nach Abschluss eines Kalendermonats, erfolgen und bedienen sich in unserem Beispiel der statistischen Kennzahlen.

Unterschied statistische Kennzahlen & Leistungsarten

 Worin unterscheiden sich die Ihnen schon bekannten Leistungsarten von den statistischen Kennzahlen? – Beide können als Basis für eine interne Verrechnung verwendet werden, wobei die Leistungsarten Output-orientiert sind und einen direkten Leistungsaustausch zwischen der Kostenstelle und anderen CO-Objekten darstellen. Im Gegensatz dazu kann mit statistischen Kennzahlen keine innerbetriebliche Leistungsverrechnung durchgeführt werden. Daher sind statistische Kennzahlen eher als Schlüssel zu betrachten und als Indikator einer Kostenverursachung zu verstehen.

Diese Kennzahlen können als Zusatzhinweis innerhalb der Kostenstellen oder Innenauftragsberichte informativen Charakter haben und gleichzeitig auch, wie in den folgenden Beispielen noch geschildert wird, als Basis für die Verrechnung in Form einer Verteilung oder Umlage verwendet werden. Schon Archimedes war sich sicher, dass er – sofern er einen Punkt bekäme, auf dem er sicher stehen könne, und einen Hebel, der lang genug wäre – die Erde mit nur einer Hand bewegen könnte. Ähnlich ist es im Controlling mit der Wirksamkeit von statistischen Kennzahlen zur Ertrags- und Kostenverrechnung. Demzufolge sollte der richtige Hebel – pardon, die richtige Kennzahl – gut überlegt sein, um eine passende Basis zur Verrechnung zu erhalten. Im Folgenden werden wir Ihnen Kennzahlen sowohl für die Verteilung als auch für die Umlage erläutern und den Unterschied zwischen beiden Verfahren darstellen. Die Wahl geeigneter Kennzahlen sollte davon geprägt sein, dass diese tatsächlich in direktem Bezug zu den verrechneten Kosten stehen.

3.2.1 Überlegungen zur Wahl geeigneter Kennzahlen

Kennzahlen sind dazu geeignet, Messgrößen als Bezugsbasis für periodenbezogene Verrechnungen zu bilden, die nicht direkt als Geldwerte erfasst werden können. Für direkte Verbrauchsmengen kommen bspw. die folgenden Kennzahlen infrage:

▶ »Anzahl genutzte Kilowattstunden« (auf der Basis von Stromzählerdaten für eine Aufteilung der Energiekosten),

▶ »Anzahl gefahrene Kilometer« (anhand des Fahrtenbuchs je Fahrzeug zur Verteilung der Fuhrparkkosten)

▶ »Anzahl verbrauchte Telefoneinheiten« (für die Verteilung von Telekommunikationskosten).

Daneben kann es aber auch allgemeine Kennzahlen geben, die in einem indirekten Verhältnis zu den zu verteilenden Kosten stehen. Hierzu zählen z. B.:

▶ »Anzahl Quadratmeter Bürofläche« (für Gebäudekosten) und

▶ »Anzahl Mitarbeiter« (für Kosten, die im Zusammenhang mit dem Personal stehen).

Gerade für die beiden Letztgenannten sollten Sie sich zuvor Gedanken machen, wie diese sinnvoll zu erfassen sind. So würde sich bei der Erhebung von Quadratmetern der Bürofläche eine Differenzierung nach Art des Raumes anbieten. Anhand der Raumnutzungsart könnte ein Quadratmeter Druckerei oder Serverraum höher gewichtet werden als ein Quadratmeter Lagerfläche, da sich die Raumeinzelkosten z. B. durch Heizkosten bzw. den Stromverbrauch entsprechend unterscheiden. Auch bei der Kennzahl »Anzahl Mitarbeiter« sollte eine wesentlich feinere Unterscheidung getroffen werden. Hierzu kann sich der Kennzahl FTE (englisch: »full-time equivalent«) bzw. VZÄ (Vollzeitäquivalent) aus dem Personalmanagement bedient werden. Diese dient der Darstellung der Arbeitszeit von Teilzeit-Beschäftigten im Verhältnis zu einer Vollzeitkraft. Eine Vollzeitkraft, die ausschließlich für eine Kostenstelle arbeitet, wird mit einem Wert 1,0 dargestellt. Neben der Arbeitszeit sollte aber auch die Kostenverteilung berücksichtigt werden, sofern eine Person in mehr als einer Abteilung oder für unterschiedliche Projekte tätig ist. Hierbei ergibt sich für jedes Kontierungsobjekt die Kennzahl aus der Formel

```
VZÄ = Beschäftigungsgrad * Kostenverteilung
```

und wird jeweils für einen Monat erhoben.

Berechnung Kennzahl VZÄ/FTE zur Darstellung des Beschäftigungsgrads einer Arbeitskraft

Eine Halbtagskraft, die auf einer Kostenstelle beschäftigt ist, würde mit 0,5 * 1,0 als 0,5 VZÄ ausgewiesen werden. Sofern die gleiche Halbtagskraft zu 30 % im IT-Service und zu 70 % in der Abteilung »Desktop Publishing« arbeitet, würde sich die Kennzahl für diese Person auf der Kostenstelle »1050000 IT-Service« aus 0,5 * 0,3 = 0,15 VZÄ und auf der Kostenstelle »5010000 Desktop Publishing« aus 0,5 * 0,7 = 0,35 VZÄ ergeben.

3.2.2 Statistische Kennzahlen anlegen

Nachdem sich Kirsten Lotse mit den einzelnen Fachabteilungen abgestimmt hat, einigen sie sich auf folgende Kennzahlen, die im Rahmen der Kostenverteilung und der -umlage genutzt werden sollen:

▶ TELE = verbrauchte Telefoneinheiten (für die Verteilung von Telekommunikationskosten),

▶ VZÄ = Anzahl Mitarbeiter (für Kosten, die im Verhältnis zum gesamten Personal stehen),

▶ HNF = gewichtete Raumfläche (für Gebäudekosten).

Der Vorteil dieser Kennzahlen ist, dass sie sowohl problemlos erhoben werden können als auch von den einzelnen Abteilungen als verursachungsgerechte Schlüssel akzeptiert sind. Die Anlage statischer Kennzahlen erfolgt im SAP-Menü unter RECHNUNGSWESEN • CONTROLLING • KOSTENSTELLENRECHNUNG • STAMMDATEN • STATISTISCHE KENNZAHLEN • EINZELBEARBEITUNG • ANLEGEN (Transaktion KK01).

Kirsten Lotse entscheidet sich für einen Schlüssel mit vier von sechs möglichen Zeichen. Sie wählt die KENNZAHL TELE für die Telefoneinheiten, bestätigt diese und legt im folgenden Bild die BEZEICHNUNG Telefoneinheiten fest (siehe Abbildung 3.37). Mit dieser Kennzahl möchte sie die verbrauchten Telefoneinheiten erfassen. Innerhalb des Verlags werden die Gesprächseinheiten durch Zähler erfasst und noch einmal extra in der Telefonanlage ausgewiesen, sodass sie sich sowohl als Basis für die Rechnung insgesamt als auch zur Zuordnung zu den einzelnen Abteilungen (Kostenstellen) eignen.

Statistische Kennzahl anlegen: Stammdaten

Verbindung LIS

| Statist. Kennzahl | TELE | |
| Kostenrechnungskreis | BUCH | Neue Medien |

Grunddaten

Bezeichnung	Telefoneinheiten
Einheit StKennzahl	EH	Einheit
Kennzahlentyp	○ Festwerte
	⦿ Summenwerte

Abbildung 3.37: Statistische Kennzahl anlegen (KK01)

Neben der Beschreibung wird in den GRUNDDATEN, wie schon bei den Leistungsarten, auch die EINHEIT STKENNZAHL festgelegt. Dieses Feld dient der Zuweisung einer Mengen- oder Zeiteinheit, in der die erfasste Bezugsmenge der statistischen Kennzahl später gebucht wird. Passenderweise liefert SAP schon die Eigenschaft EH für »Einheit«. Hier können später ganze Zahlen ohne Nachkommastellen erfasst werden. Daneben wird noch der KENNZAHLENTYP für diese Kennzahl festgelegt, wobei zwischen Festwerte und Summenwerte unterschieden wird. Bei einem Festwert erfassen Sie jeweils den aktuellen Bestand, der vom Eingabemonat an für alle folgenden Monate des laufenden Jahres gleich ist, bis sich der Wert in einem Monat ändert. Inhaltlich kann dieses entweder der Stand der letzten Datenerhebung oder der über das Jahr erfasste Durchschnittswert sein. Bei Summenwerten erfassen Sie periodisch (im jeweiligen Monat) einen Wert, der nicht auf die Folgemonate fortgeschrieben wird. Technisch würden Sie über das Jahr dann die tatsächlich kumulierten Werte be-

131

trachten. Daher bietet sich für die Kennzahl »Anzahl der aufgelaufenen Telefoneinheiten« der Kennzahlentyp »Summenwert« an, wohingegen sich für eine Kennzahl wie »Anzahl der Mitarbeiter« der Kennzahlentyp »Festwert« eignet. Um den Unterschied zu verdeutlichen, ist in Tabelle 3.1 eine Gegenüberstellung beider Werte auf Jahressicht mit kleinen Werten dargestellt.

Periode/Monat	Mitarbeiter (Festwert)	Telefoneinheiten (Summenwert)
01	30	30
02	30	35
03	30	40
04	30	0
05	30	32
06	30	40
07	50	0
08	50	20
09	50	25
10	50	28
11	50	25
12	50	25
Summe	40	300

Tabelle 3.1: Unterschied Festwert und Summenwert

Über das Gesamtjahr werden im Beispiel bei den mit Festwert erfassten Mitarbeitern der Durchschnittswert und bei den Telefoneinheiten die kumulierten Einzelwerte betrachtet. Da wir ohnehin gerade den Unterschied von Mitarbeiter und Telefoneinheiten anhand der Kennzahl dargestellt haben, liegt es nahe, auch direkt die im Abschnitt 3.2.1 beschriebene Kennzahl »VZÄ« für Vollzeitäquivalente anzulegen. In diesem Fall hat die Controllerin der Kennzahl VZÄ als Kennzahlentyp PER - Personen zugewiesen. Wie in Abbildung 3.38 zu sehen, ist als Kennzahlentyp ebenfalls Festwerte ausgewählt.

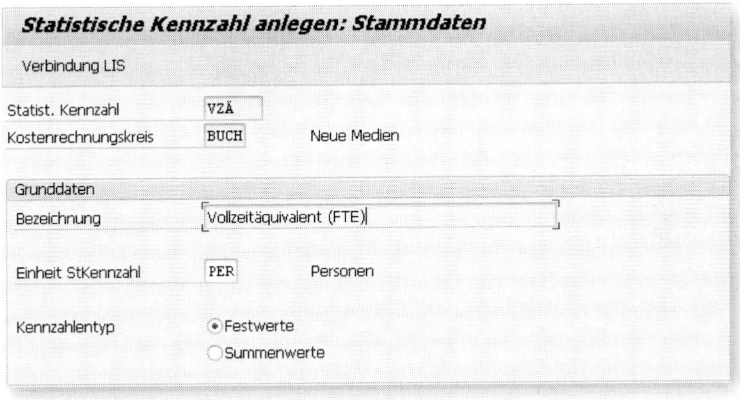

Statistische Kennzahl anlegen: Stammdaten

Verbindung LIS

Statist. Kennzahl	VZÄ	
Kostenrechnungskreis	BUCH	Neue Medien

Grunddaten

Bezeichnung	Vollzeitäquivalent (FTE)	
Einheit StKennzahl	PER	Personen
Kennzahlentyp	⦿ Festwerte	
	○ Summenwerte	

Abbildung 3.38: Kennzahl VZÄ (FTE) als Festwert

Wie beschrieben, werden mit dieser Kennzahl sowohl die Kostenverteilung als auch die Arbeitszeit der Beschäftigten berücksichtigt. Als weitere Kennzahl benötigt die Controllerin die gewichtete Hauptnutzfläche (Raumfläche), die von den einzelnen Kostenstellenverantwortlichen genutzt und als HNF angelegt wird. Als Einheit ist hier M2 – Quadratmeter ausgewählt (siehe Abbildung 3.39).

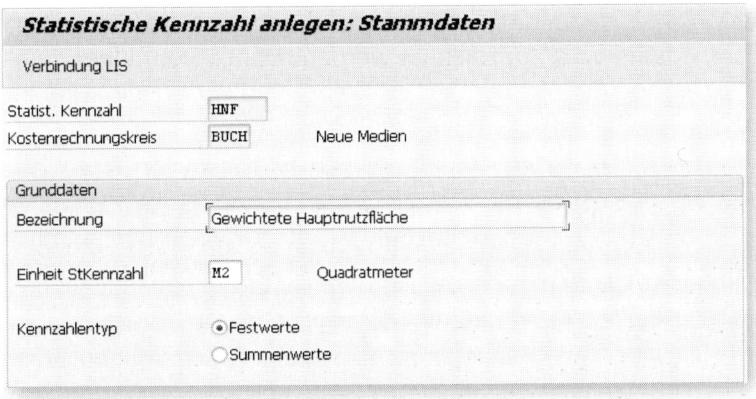

Statistische Kennzahl anlegen: Stammdaten

Verbindung LIS

Statist. Kennzahl	HNF	
Kostenrechnungskreis	BUCH	Neue Medien

Grunddaten

Bezeichnung	Gewichtete Hauptnutzfläche	
Einheit StKennzahl	M2	Quadratmeter
Kennzahlentyp	⦿ Festwerte	
	○ Summenwerte	

Abbildung 3.39: Kennzahl HNF als Festwert

Als Letztes beschließt Kirsten Lotse, noch eine Kennzahl für die Telefonanschlüsse an den einzelnen Arbeitsplätzen der Beschäftigten anzulegen. Hierzu wählt sie die Kennzahl TELA als Festwert mit der Einheit ST - Stück (siehe Abbildung 3.40).

Statistische Kennzahl anlegen: Stammdaten		
Verbindung LIS		
Statist. Kennzahl	TELA	
Kostenrechnungskreis	BUCH	Neue Medien
Grunddaten		
Bezeichnung	Telefonanschluss	
Einheit StKennzahl	ST	Stück
Kennzahlentyp	⦿ Festwerte	
	○ Summenwerte	

Abbildung 3.40: Kennzahl TELA als Festwert

Diese Kennzahl möchte sie später (siehe Abschnitt 3.2.5) als Bezugsgröße für die Grundgebühr der Telefonrechnung verwenden. Nachdem die verschiedenen Kennzahlen angelegt sind, vereinbart Kirsten Lotse mit den einzelnen Fachabteilungen, wann und wie diese erfasst werden, um sie anschließend tatsächlich im SAP-System einzuspielen. Für jede Kennzahl sollen eine kurze Erläuterung sowie Angaben bzgl. Datenherkunft, der Verantwortlichen und des Zeitpunkts der Erfassung aufgezeichnet werden. Damit steht einer sinnvollen Datenerhebung nichts mehr im Wege, und wir können uns im kommenden Abschnitt der Datenerfassung widmen.

Wahl der geeigneten Kennzahlen

 Bei allen angelegten Kennzahlen stellt sich grundsätzlich die Frage nach dem Erfassungsaufwand; hier sollte stets zwischen notwendiger Datengenauigkeit und Belastung der einzelnen Abteilungen abgewogen werden.

3.2.3 Statistische Kennzahlen erfassen

Zwischenzeitlich liegen Kirsten Lotse die erfassten Telefoneinheiten für den Monat Januar 2015 vor. Diese sind je Kostenstelle erhoben worden und sollen nun in das SAP-System eingebucht werden. Wie schon erwähnt, liegen diese als Monatswerte vor, sodass über das Jahr die Summe der Einzelwerte betrachtet wird. Entsprechend werden sie zum Letzten eines jeden Monats eingebucht. Hierzu wird im SAP-Menü die Erfassung unter RECHNUNGSWESEN • CONTROLLING • KOSTENSTELLENRECHNUNG • ISTBUCHUNGEN • STATISTISCHE KENNZAHLEN • ERFASSEN (Transaktion KB31N) aufgerufen. Die einzelnen Werte werden mittels einer Kombination aus Kostenstelle, statistischer Kennzahl und der entsprechenden Menge erfasst (siehe Abbildung 3.41).

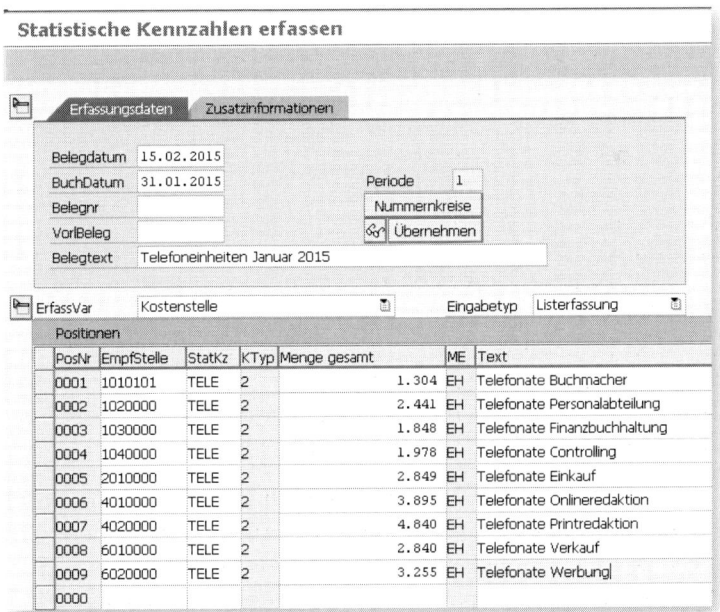

Abbildung 3.41: Statistische Kennzahl TELE erfassen (KB31N)

Ebenso wie bei der Erfassung der Leistungsmengen können Sie in der ERFASSVAR wählen, auf welche CO-Kontierungsobjekte Sie die Kennzahl erfassen wollen. Die Telefoneinheiten liegen im Verlag auf

Ebene der Kostenstellen vor und werden entsprechend für den Monat November erfasst. Hierbei wird die Periode aus dem Buchungsdatum (BUCHDATUM) abgeleitet. Über die Schaltfläche 🖫 sichern Sie abschließend die erfassten Kennzahlen. Neben den monatlichen Telefoneinheiten möchte Kirsten Lotse die Anzahl der Beschäftigten als VZÄ zum 01.01. des Jahres erheben. Die entsprechenden Kennzahlen wurden ihr von der Personalabteilung gemeldet.

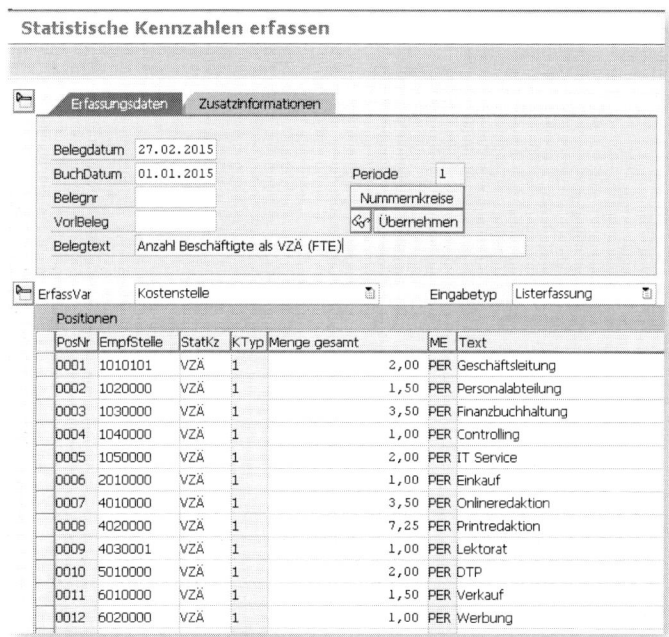

Abbildung 3.42: Statistische Kennzahl VZÄ erfassen (KB31N)

Anhand des Spalte KTYP (Statistischer Kennzahlentyp) erkennen Sie schon, dass die Kennzahl VZÄ als Festwert 1 erfasst ist und die Kennzahl TELE als Summenwert 2 gebucht wurde. Auch diese Buchung wird mit 🖫 abgeschlossen. Die gebuchten Kennzahlen können ebenfalls mit einem Kostenstellenbericht (z. B. über die KOSTEN-STELLEN: IST/PLAN/ABWEICHUNG Transaktion S_ALR_87013611) ausgewertet werden. Für die Kostenstellengruppe BUCH würde die entsprechende Auswertung wie in Abbildung 3.43 aussehen.

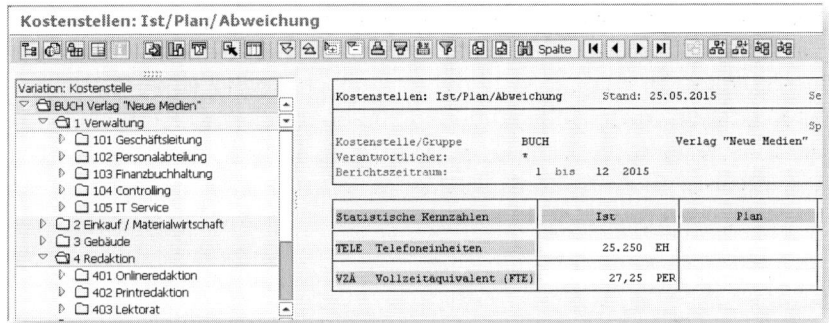

Abbildung 3.43: Kostenstellenbericht Stat. Kennzahlen

Im unteren Abschnitt des Berichts bekommen Sie die erfassten Mengen zu den statistischen Kennzahlen angezeigt. Innerhalb der Navigation (linke Spalte) können Sie zwischen den einzelnen Kostenstellen umschalten. Zur Verdeutlichung des Unterschieds zwischen Festwerten und Summenwerte betrachten wir die Kostenstelle des Controllings für die Monate Januar und Februar getrennt (siehe Berichtszeitraum in den folgenden Abbildungen).

Für die Kostenstelle der Controllerin wären dieses für Januar die in Abbildung 3.44 dargestellten Kennzahlen.

```
Kostenstellen: Ist/Plan/Abweichung      Stand: 07.08.2015


Kostenstelle/Gruppe       1040000              Controlling
Verantwortlicher:         Lotse
Berichtszeitraum:           1  bis   1  2015
```

Statistische Kennzahlen	Ist	Plan
TELE Telefoneinheiten	1.978 EH	
VZÄ Vollzeitäquivalent (FTE)	1,00 PER	

Abbildung 3.44: Kennzahlen Kostenstelle 1040000 im Januar

Zur Erinnerung: Wir haben die Kennzahl TELE als Summenwert und die Kennzahl VZÄ als Festwert erfasst. Der Unterschied zwischen beiden Werten ist ersichtlich, wenn wir für die Kostenstelle des Controllings auch den Monat Februar auswerten. Hier sind die Anzahl der Beschäftigten (VZÄ) fortgeschrieben, jedoch noch keine Telefoneinheiten erfasst, wie in Abbildung 3.45 zu sehen.

```
Kostenstellen: Ist/Plan/Abweichung        Stand: 24.05.2015


Kostenstelle/Gruppe          1040000              Controlling
Verantwortlicher:            Lotse
Berichtszeitraum:              2  bis   2  2015
```

Statistische Kennzahlen	Ist	Plan
TELE Telefoneinheiten		
VZÄ Vollzeitäquivalent (FTE)	1,00 PER	

Abbildung 3.45: Kennzahlen Kostenstelle 1040000 Februar

Natürlich wird Kirsten Lotse auch im Februar noch Telefonate führen, jedoch sind die einzelnen verbrauchten Telefoneinheiten noch nicht erfasst, da diese immer erst zum Monatsende vorliegen.

Änderung erfasster Kennzahlen

 Sollten bei der Erfassung der einzelnen Mengen für eine statistische Kennzahl Korrekturen notwendig sein, so hängt die Vorgehensweise davon ab, ob es sich um einen Summen- oder um einen Festwert handelt. Bei Summenwerten (im Beispiel TELE für die Telefoneinheiten) können Sie den bestehenden Wert durch Eingabe mit umgekehrten Vorzeichen zurücknehmen und einen anderen Wert neu eingeben. Bei der Änderung von Festwerten müssen Sie einen neuen Festwert einbuchen, der wiederum für alle Folgeperioden gilt, bis ein neuer Wert erfasst wird.

Neben einer Buchung von Kennzahlen auf Kostenstellen können Sie diese auch auf Innenaufträgen erfassen und ebenfalls als Schlüssel betrachten oder als Information (z. B. Stückzahl der gedruckten Exemplare) darstellen. Einen Überblick der eingebuchten statischen Kennzahlen nach Perioden erhalten Sie über den Bericht RECHNUNGSWESEN • CONTROLLING • KOSTENSTELLENRECHNUNG • INFOSYSTEM • BERICHTE ZUR KOSTENSTELLENRECHNUNG • WEITERE BERICHTE • STATISCHE KENNZAHLEN: PERIODENAUFRIß (Transaktion S_ALR_87013645). Für die statistischen Kennzahlen der Kostenstelle 1030000 würde eine solche Periodensicht im März 2015 wie in Abbildung 3.46 aussehen.

Stat. Kennzahlen: Periodenaufriß	Stand: 24.03.2015		Seite:
Kostenstelle/Gruppe	1030000	Finanzbuchhaltung	
Verantwortlicher	Fuchs		
Geschäftsjahr	2015		

Statistische Kennzahlen	Ist	Plan	Abw (abs)
1 Januar	1.848 EH		1.848 EH
2 Februar	1.678 EH		1.678 EH
3 März			
4 April			
5 Mai			
6 Juni			
7 Juli			
8 August			
9 September			
10 Oktober			
11 November			
12 Dezember			
* TELE Telefoneinheiten	3.526 EH		3.526 EH
1 Januar	3,50 PER		3,50 PER
2 Februar	3,50 PER		3,50 PER
3 März	3,50 PER		3,50 PER
4 April	3,50 PER		3,50 PER
5 Mai	3,50 PER		3,50 PER
6 Juni	3,50 PER		3,50 PER
7 Juli	3,50 PER		3,50 PER
8 August	3,50 PER		3,50 PER
9 September	3,50 PER		3,50 PER
10 Oktober	3,50 PER		3,50 PER
11 November	3,50 PER		3,50 PER
12 Dezember	3,50 PER		3,50 PER
* VZÄ Vollzeitäquivalent (FT	3,50 PER		3,50 PER

Abbildung 3.46: STAT. KENNZAHL: PERIODENAUFRIß

In dieser Ansicht ist auch noch einmal der Unterschied zwischen Summen- (Kennzahl TELE) und Festwerten (Kennzahl VZÄ) ersichtlich. So hat Herr Fuchs im Monat Januar 1.848 sowie im Februar 1.678 Telefoneinheiten vertelefoniert, und in der Abteilung sind insgesamt 4 Personen (eine als Halbtagskraft – 3,5 PER) beschäftigt. Da zwischenzeitlich auch die Telefoneinheiten für Februar eingebucht wurden, ist – wie auch in Tabelle 3.1 – der Unterschied in der Summenzeile ersichtlich (3.526 EH TELE gegenüber 3,5 PER VZÄ).

Beim Anblick der Telefoneinheiten erinnert sich Kirsten Lotse daran, dass ja auch noch die Telefonanschlüsse der Kolleginnen und Kollegen erfasst werden sollen. Hierzu erhält Sie von der Abteilung IT-Service eine Übersicht, in welchen Abteilungen Telefone angeschlossen und in der Telefonanlage als Nebenstellen mit externer Rufberechtigungen vorgesehen sind. Diese erfasst sie, wie in Abbildung 3.47 zu sehen, zum 1. Januar 2015.

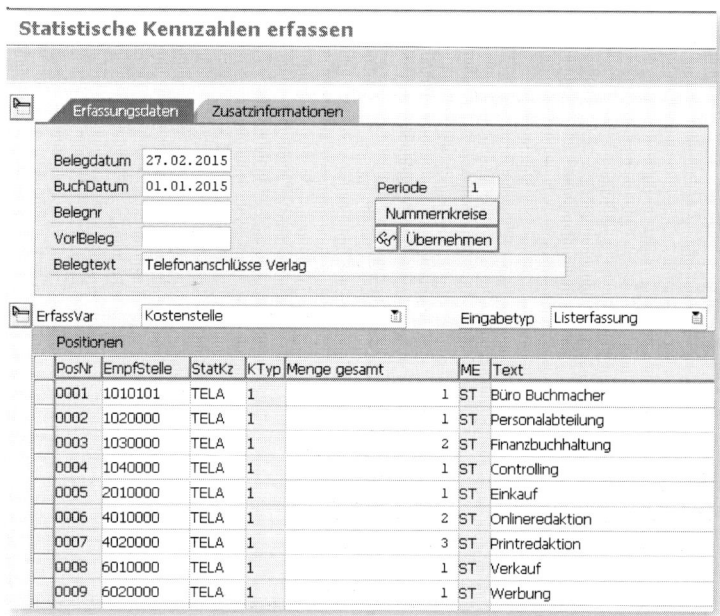

Abbildung 3.47: Stat. Kennzahl TELA erfassen (KB31N)

Nachdem Kirsten Lotse die Kennzahlen VZÄ, TELE und TELA vollständig erfasst hat, erhält sie von der Abteilung Liegenschaften (Bauunterhaltung und Bewirtschaftung) eine Aufstellung der gewichteten Hauptnutzfläche (HNF) für das Geschäftsjahr 2015. Hier sind die genutzten gewichteten Raumflächen je Kostenstelle aufgeführt. Wie bereits im Abschnitt 3.2.1 erläutert, handelt es sich hierbei um die nach der Nutzungsart gewichteten Raumnutzflächen. Daher sind hier nicht reine Quadratmeter, sondern mit entsprechenden Faktoren gewichtete Flächen erhoben. Teilweise wurden auch einzelne Abteilungen auf einer Kostenstelle zusammengefasst. Da es sich bei der Kennzahl HNF, wie bei der Kennzahl VZÄ, um Festwerte handelt, erfasst Kirsten Lotse die entsprechenden Werte zum 1. Januar 2015 (siehe Abbildung 3.48).

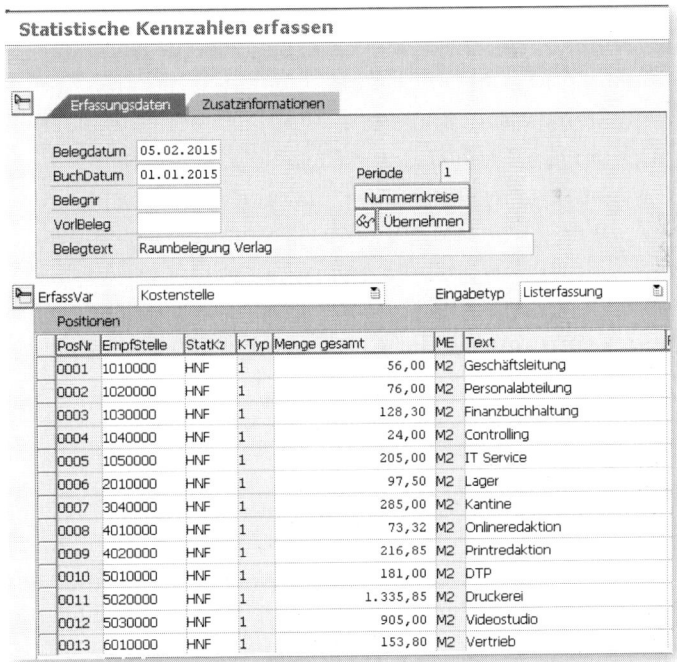

Abbildung 3.48: Statistische Kennzahl HNF erfassen (KB31N)

Sofern es zu Änderungen bei der Raumzuteilung kommen sollte, würde dieses im kommenden Jahr erfasst werden – wobei jedes Unternehmen, ebenso wie bei der Kennzahl VZÄ, individuell entscheiden muss, zu welchem Zeitpunkt eine Anpassung dieser Kennzahlen erfolgen soll. Rein theoretisch wäre, bei entsprechend starker Raum- und Personalfluktuation, auch eine monatliche oder quartalsweise Anpassung dieser Kennzahlen denkbar.

Statistische Kennzahlen im Plan

 Alle erfassten Kennzahlen werden in unserem Beispiel als Istwerte ausgewiesen. Das liegt daran, dass wir in den folgenden Abschnitten die kennzahlenbasierte Verrechnung auch im Ist durchführen möchten.

Allerdings können die Kennzahlen auch im Plan sowohl zur Information als auch z. B. für eine Planverteilung oder -umlage genutzt werden. Auch können Sie statistische Kennzahlen, wie andere Daten, vom Ist nach Plan (etwa über die Transaktion KP98 für Kostenstellen) kopieren. Alternativ können diese Kennzahlen auch im SAP-Menü unter RECHNUNGSWESEN • CONTROLLING • KOSTENSTELLENRECHNUNG • PLANUNG • STATISTISCHE KENNZAHLEN • ÄNDERN (Transaktion KP46) geändert bzw. erfasst werden. Hierzu werden sie mit einem entsprechenden Verteilungsschlüssel in der passenden Periode erhoben. Einfacher ist es allerdings, die Kennzahlen im Ist zu erfassen und in die jeweilige Planversion zu kopieren.

3.2.4 Anwendungsgebiete Statistische Kennzahlen

Die von Ihnen erfassten statischen Kennzahlen können anhand eines bestimmten Schlüssels (im Beispiel die entsprechende statistische Kennzahl) zur Verrechnung verschiedener Sender an mehrere Empfänger dienen. Hierbei unterscheiden wir, wie eingangs in Abschnitt 3.2 beschrieben, zwischen Verteilung und Umlage. Bei der *Kostenverteilung* erfolgt eine Entlastung der Senderkostenstelle unter der ursprünglich gebuchten Kostenart. Die analoge Belastung am Empfänger erfolgt ebenfalls unter dieser Kostenart. Diese Verfahrensweise ist dann sinnvoll, wenn Kosten erst einmal zentral gebucht werden und erst später an die tatsächlichen Verursacher verteilt werden. Im Rahmen der *Kostenumlage* hingegen wird die Verrechnung nicht unter den Ursprungskostenarten durchgeführt, sondern über eine spezielle Verrechnungskostenart (sekundäre bzw. Umlagekostenart). Ein klassisches Anwendungsgebiet der Kostenumlage ist das Stufenleiterverfahren eines Betriebsabrechnungsbogens (BABs). In Tabelle 3.2 ist solch ein vereinfachter BAB verbunden mit den vorgestellten Kennzahlen dargestellt.

Hilfskostenstellen			Endkostenstelle
Gebäude	Verwaltung	Vertrieb	Produktion
Primär gebuchte Kosten auf Kostenstellen			
Σ ⇨ Gebäude nach HNF			*Kosten Gebäude*
	Σ ⇨ Verwaltung nach VZÄ		*Kosten Verwaltung*
		Σ ⇨ Vertrieb über CO-PA	*Kosten Vertrieb*

Tabelle 3.2: Stufenleiterfahren BAB NewMedia

Je Stufe werden die einzelnen Kostenstellen auf die Endkostenstellen der Produktion umgelegt. Hierbei geht das Stufenleiterverfahren von einer einseitigen Beziehung zwischen den Kostenstellen aus. Das bedeutet, dass die einzelnen Kosten der jeweiligen Kostenstelle in den verschiedenen Stufen schrittweise bis zur Endkostenstelle umgelegt werden, sodass am Ende alle Kosten auf den Endkostenstellen der Produktion ausgewiesen werden. Dabei werden nicht nur die primär gebuchten Kosten der Kostenstellen, sondern auch die sekundären Kostenarten aus der vorherigen Stufe mit umgelegt. Betrachten wir z. B. die Kostenstellen der Verwaltung, so sind hier nach der ersten Stufe (Umlage Gebäudekosten) nicht nur die direkten Kosten der Verwaltung, sondern auch die anteilig empfangenen Kosten für die Gebäudenutzung (basierend auf den Verwaltungsanteil an der HNF) belastet. In den folgenden Kapiteln sollen beide Varianten in Beispielen veranschaulicht werden.

3.2.5 Verrechnung anhand einer Verteilung

Wir wollen das Instrument der Kostenverteilung dazu nutzen, zentral gebuchte Kosten, in unserem Fall die der Telekommunikation, auf die einzelnen Kostenstellen unter Beibehaltung der Kostenart zu buchen. Die entsprechende Rechnung des Telekommunikationsanbieters wird per Einzugsermächtigung jeden Monat vom Bankkonto abgebucht. Sie wird von Herrn Fuchs über die Transaktion FB50 eingebucht. Wie in Abbildung 3.49 zu sehen, setzt sie sich aus den beiden Positionen Grundgebühr und einzelne Verbindungen zusammen.

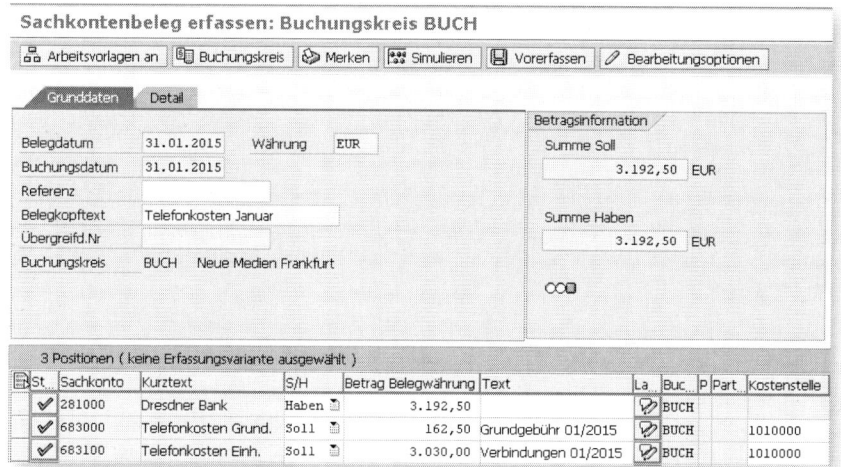

Abbildung 3.49: Telefonkosten Januar

Im Januar wurde relativ wenig telefoniert; dennoch ist es für Kirsten Lotse wichtig, dass dieser Kostenbestandteil nicht nur auf der Kostenstelle 1010000, sondern auf alle Kostenstellen, die tatsächlich die Telefonkosten verursacht haben, gebucht wird. Vielleicht können Sie sich denken, welche höflichen Worte die Finanzbuchhaltung zu dieser »Kleinteiligkeit« gefunden hat? Im Ergebnis hat man sich relativ schnell darauf geeinigt, dass die Rechnung doch in voller Höhe auf die Kostenstelle der Geschäftsleitung gebucht wird, und sich das Controlling und nicht die Finanzbuchhaltung um eine korrekte Kostenverteilung zu kümmern habe.

Verteilungszyklus anlegen

Somit ist wieder einmal die Unterscheidung zwischen interner und externer Kostenrechnung geklärt, und Kirsten Lotse ruft im SAP-Menü unter RECHNUNGSWESEN • CONTROLLING • KOSTENSTELLEN-RECHNUNG • PERIODENABSCHLUß • EINZELFUNKTIONEN • VERRECHNUN-GEN • VERTEILUNG (Transaktion KSV5) die Kostenverteilung auf. Aus dem Einstiegsbild der Ist-Verteilung wechselt sie, wie in Abbildung 3.50 zu sehen, über das Menü auf die Funktion ZYKLUS • ANLEGEN.

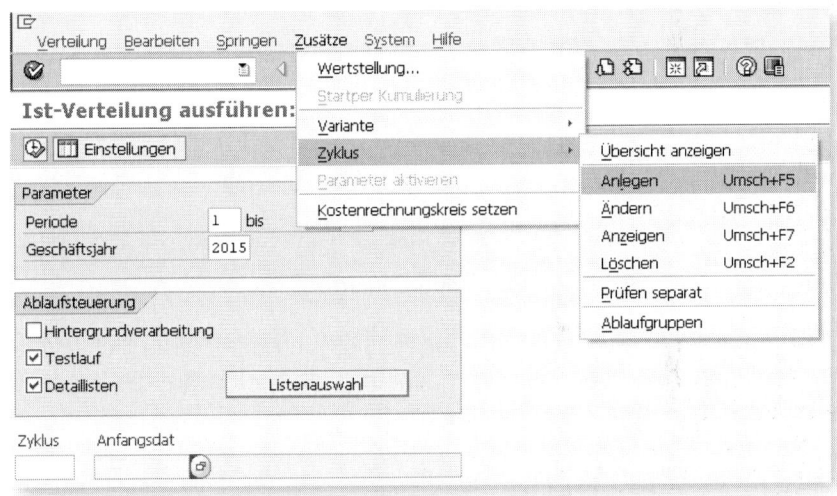

Abbildung 3.50: Ist-Verteilung (Transaktion KSV5) -> Zyklus

Grundsätzlich besteht eine Verteilung aus einem sogenannten Zyklus, der mehrere Verteilungsregeln umfassen kann. Alternativ hätten Sie den Verteilungszyklus auch im SAP-Menü unter RECHNUNGSWE-SEN • CONTROLLING • KOSTENSTELLENRECHNUNG • PERIODENABSCHLUß • LAUFENDE EINSTELLUNGEN • VERTEILUNG DEFINIEREN (Transaktion S_ALR_87005757 oder KSV1) erreichen können. Da Sie später jedoch die Verteilung auch aus der KSV5 starten, ist es hilfreich, sich oberen Weg als Einstieg zu merken.

145

Zuerst geben Sie einen Namen und ein ANFANGSDATUM für diesen Zyklus an. Insgesamt stehen für den Namen eines Zyklus maximal sechs Zeichen zur Verfügung. Für die Verteilung der Telefonkosten wählt Kirsten Lotse daher die Bezeichnung TELKO und lässt den Zyklus am 01.01.2015 beginnen.

Ist-Verteilungszyklus anlegen: Einstieg

Zyklus	TELKO
Anfangsdatum	01.01.2015

Vorlage	
Zyklus	
Anfangsdatum	
Kostenrechnungskreis	

Abbildung 3.51: Ist-Verteilungszyklus anlegen

Über das Feld ANFANGSDATUM können Sie auch unterschiedliche Versionen eines Zyklus pflegen. Im nächsten Bild tragen Sie die Kopfdaten der Verteilung ein (siehe Abbildung 3.52).

Ist-Verteilungszyklus anlegen: Kopfdaten

Anhängen Segment

Kostenrechnungskreis	BUCH	Neue Medien		
Zyklus	TELKO		Status	neu
Anfangsdatum	01.01.2015 bis	31.12.2015		
Text	Verteilung Telefonkosten			

Kennzeichen		Feldgruppen	
☑ iterativ		☐ Verbrauch	
☐ kumuliert	☐ Fkber ableiten	☐ Objektwährung	
☐ kumuliert opt		☐ Transaktionswährun	

Abbildung 3.52: Ist-Verteilungszyklus anlegen: Kopfdaten

Hier wird Ihnen vorgeschlagen, dass dieser Verteilungszyklus bis zum 31.12.2015 gültig ist. Sofern Sie sich sicher sind, dass er über das Jahr 2015 hinaus gültig sein wird, könnten Sie hier auch den 31.12.9999 eintragen. Die Gültigkeit des Zyklus kann jederzeit verlängert werden. Daneben wird im Feld TEXT durch die Eingabe von Verteilung Telefonkosten noch einmal beschrieben, um was es sich bei der Verteilung genau handelt. Durch das Kennzeichen ITERATIV erfolgt solange eine Verteilung, bis jeder Sender vollständig entlastet ist. Dieses Kennzeichen sollte immer gesetzt werden. Unterliegen die einzelnen Bezugsbasen (Schlüssel) oder die zu verrechnenden Beträge des Senders starken Schwankungen, können diese über das Merkmal KUMULIERTE VERARBEITUNG ausgeglichen werden. Sofern dieses Kennzeichen gesetzt wird, werden nicht die einzelnen Periodenwerte, sondern für das Geschäftsjahr kumulierte Werte betrachtet. In unseren Fall bleibt es jedoch ausschließlich beim iterativen Kennzeichen.

Unterschied beim Zyklus im Ist und Plan

Möchten Sie auch in der Planung eine Kostenverteilung nutzen, müssten Sie ergänzend zu den oberen Angaben innerhalb der Transaktion KSV7 eine entsprechende Planversion angeben – sofern Sie hier Planwerte als Verteilungsschlüssel nutzen wollen. Da die Telekommunikationskosten des Verlags direkt verteilt werden sollen, haben wir uns aber für die Ist-Verteilung entschieden.

Nachdem die Kopfdaten erfolgreich eingegeben wurden, kann über die Schaltfläche Anhängen Segment zur Segmentpflege gewechselt werden. Ein einzelner Zyklus kann aus mehreren Segmenten bestehen, wobei Sie in jedem Segment eine eigene Umbuchungsregel definieren können. Diese beschreibt für das betreffende Segment, wie die Menge von Sendern und die dazugehörigen Empfänger behandelt werden sollen. Einzelne Segmente können Sie auch sperren. In unseren Fall wollen wir jedoch das Segment für die Telefonkostenverteilung anlegen und füllen dafür die entsprechenden Angaben des Segmentkopfes aus (siehe Abbildung 3.53).

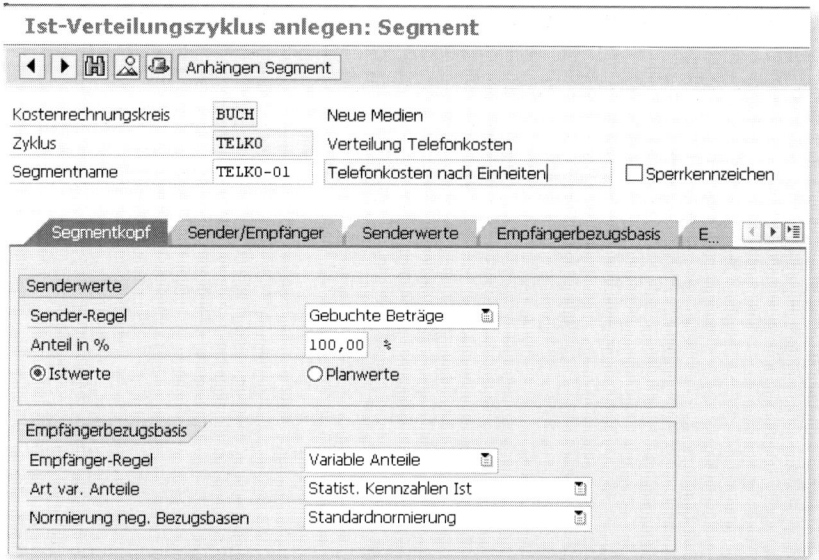

Abbildung 3.53: Ist-Verteilungszyklus anlegen: Segmentkopf

Innerhalb des Abschnitts SENDERWERTE legen wir fest, dass die gebuchten Beträge zu 100 % im Ist (ISTWERTE) als Sender herangezogen werden sollen. Alternativ könnten Sie hier auch Feste Beträge wählen. Da wir als Basis Istwerte nutzen, werden nur die gebuchten Werte als Sender berücksichtigt. Innerhalb des Abschnitts
EMPFÄNGERBEZUGSBASIS legen Sie fest, auf welche Weise die Aufteilung auf die einzelnen Empfänger erfolgen soll. Alternativ zur EMP-
FÄNGER-REGEL Variable Anteile hätten wir auch eine »Verteilung
nach starren Regeln« (feste Beträge, feste Prozentsätze oder
feste Anteile) wählen können. Durch unsere Wahl können wir im
Feld ART VAR. ANTEILE die Art der variablen Anteile der Bezugsbasis
festlegen. In unserem Fall sollen das die von uns im Ist erfassten
statistischen Kennzahlen sein. Im Rahmen der NORMIERUNG NEGATI-
VER BEZUGSBASEN wird gesteuert, wie mit negativen Empfängerbe-
zugsbasen umgegangen werden soll. Hier empfiehlt es sich, die
Standardnormierung zu wählen. Andernfalls kann bei einer iterativen Verarbeitung die Verteilung abbrechen oder abwegige Ergebnisse liefern. Nach Definition des Segmentkopfes können Sie im Register SENDER/EMPFÄNGER angeben, welche KOSTENSTELLE mit welcher

KOSTENART verrechnet werden soll. Im Bereich EMPFÄNGER können Sie die empfangende Kostenstelle als Einzelwert, Intervall oder, wie in Abbildung 3.54, als GRUPPE eingeben.

Ist-Verteilungszyklus anlegen: Segment

◄ ► 🗒 🔏 📇 | Anhängen Segment | 🔂

Kostenrechnungskreis	BUCH	Neue Medien	
Zyklus	TELKO	Verteilung Telefonkosten	
Segmentname	TELKO-01	Telefonkosten nach Einheiten	☐ Sperrkennzeichen

| Segmentkopf | Sender/Empfänger | Senderwerte | Empfängerbezugsbasis | E... | ◄ ► |

	von	bis	Gruppe
Sender			
Kostenstelle	1010000		
FunktBereich			
Kostenart	683100		
Empfänger			
Auftrag			
Kostenstelle			BUCH
FunktBereich			
Kostenträger			
PSP-Element			

Abbildung 3.54: Ist-Verteilungszyklus: Sender/Empfänger

Wie zu sehen, sind in unseren Fall die Kostenstelle 1010000 »Unternehmensleitung«, die Kostenart 683100 »Telefonkosten Einh.« als Sender und die Kostenstellengruppe BUCH als Empfänger festgelegt worden. Sie erinnern sich gewiss daran, dass wir die Telefonkosten für die Verbindungen gebucht haben. Nun stellt sich noch die Frage, wer als Empfänger vorgesehen ist?

Da mehrere Abteilungen telefonieren, haben wir hier der Einfachheit halber die Kostenstellengruppe BUCH hinterlegt. Dabei handelt es sich um die Obergruppe der Standardhierarchie, sodass hierdurch alle Kostenstellen des Verlags als Empfänger der Kostenverteilung infrage kommen (siehe Abschnitt 1.2.1). Alternativ könnten Sie hier für das entsprechende Segment auch eine eigene Empfängergruppe (als Kostenstellengruppe, siehe Abschnitt 1.2.4, oder als Innenauftragsgruppe, siehe Abschnitt 2.5) festlegen. Nachdem Sie sowohl Sender als auch Empfänger der Kostenverteilung definiert haben, ist zu klären, welche EMPFÄNGERBEZUGSBASIS für die Verteilung festgelegt werden soll (siehe Abbildung 3.55).

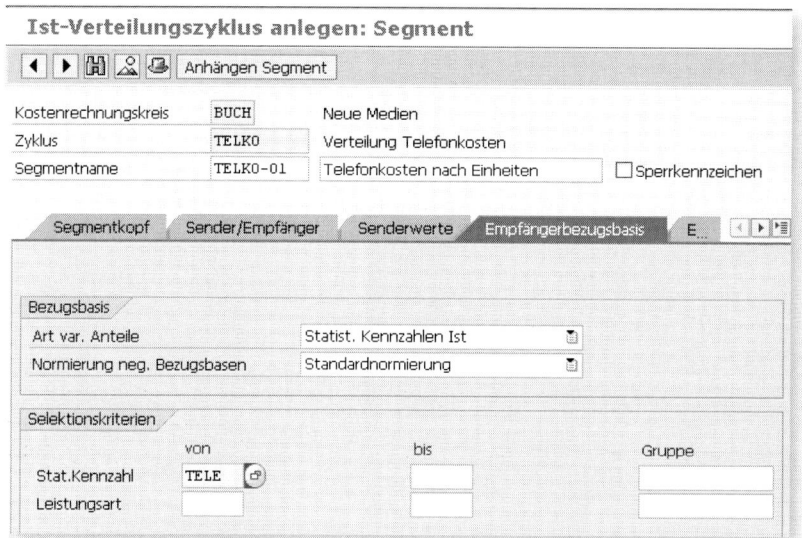

Abbildung 3.55: Ist-Verteilungszyklus: Empfängerbezugsbasis

Im Segmentkopf (siehe Abbildung 3.53) haben Sie als Basis für die Verteilung als Empfängerregel die variablen Anteile auf Basis von statistischen Kennzahlen im Ist gewählt. Für die Verteilung der Verbindungsentgelte (Telefonkosten nach Telefoneinheiten) müssen Sie nun die Empfängerbezugsbasis genauer bestimmen. In unserem Fall handelt es sich um die statistische Kennzahl TELE. Damit sind alle Angaben zur Verteilung der Telefonkosten nach Einheiten für das Segment angelegt und könnten über die Schaltfläche 🗄 gespeichert werden. Allerdings möchten wir ja auch noch die Grundgebühr ordnungsgemäß verteilen. Über die Schaltfläche Anhängen Segment legen wir also ein weiteres Segment für die Verteilung der Grundgebühr nach Telefonanschlüssen an. Auch das zweite Segment wendet für die Verteilung variable Anteile nach statistischen Kennzahlen an. In Abbildung 3.56 sind die einzelnen Elemente des Segments festgehalten.

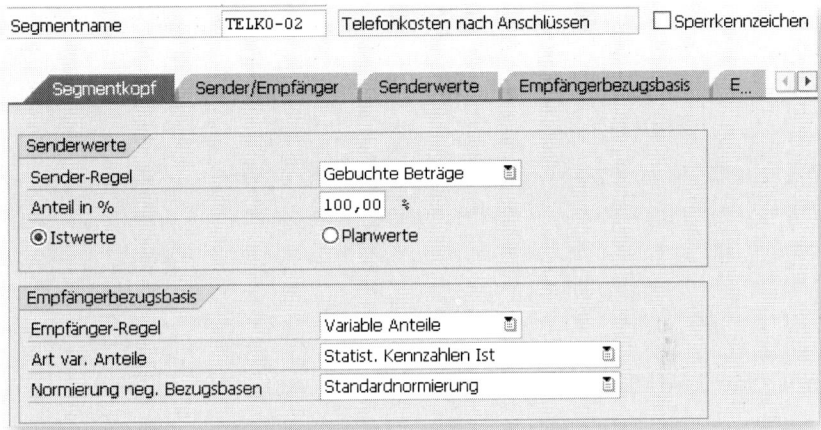

Segmentname	TELKO-02	Telefonkosten nach Anschlüssen	☐ Sperrkennzeichen

Segmentkopf | Sender/Empfänger | Senderwerte | Empfängerbezugsbasis | E... ◄ ►

Senderwerte

Sender-Regel	Gebuchte Beträge
Anteil in %	100,00 %
◉ Istwerte	○ Planwerte

Empfängerbezugsbasis

Empfänger-Regel	Variable Anteile
Art var. Anteile	Statist. Kennzahlen Ist
Normierung neg. Bezugsbasen	Standardnormierung

Abbildung 3.56: Segmentkopf TELKO-02

Als SENDER/EMPFÄNGER ist nun aber nicht mehr die Kostenart 683100, sondern 683000 »Telefonkosten Grundgebühr« angegeben – allerdings mit derselben Kostenstelle und Empfängergruppe (siehe Abbildung 3.57).

Segmentname	TELKO-02	Telefonkosten nach Anschlüssen	☐ Sperrkennzeichen

Segmentkopf | Sender/Empfänger | Senderwerte | Empfängerbezugsbasis | E... ◄ ► ▣

	von	bis	Gruppe
Sender			
Kostenstelle	1010000		
FunktBereich			
Kostenart	683000		
Empfänger			
Auftrag			
Kostenstelle			BUCH

Abbildung 3.57: Sender/Empfänger TELKO-02

Als letzten Schritt müssen Sie auch in diesem Segment die Empfängerbezugsbasis festlegen, für unser Beispiel die statistische Kennzahl TELA, wie in Abbildung 3.58 zu sehen.

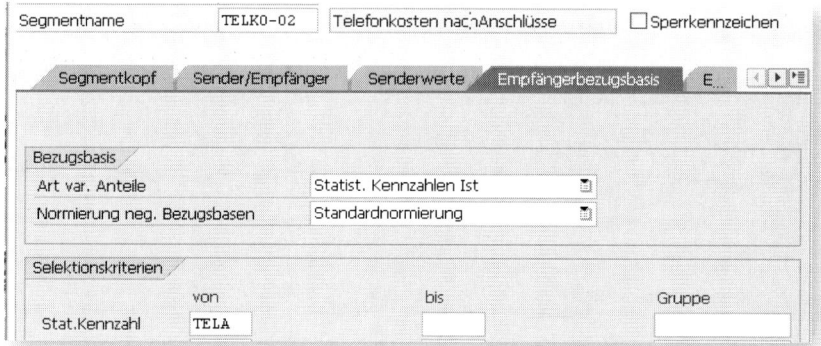

Abbildung 3.58: Empfängerbezugsbasis TELKO-02

Nun können Sie beide Segmente über die Schaltfläche 🖫 sichern und über die Schaltfläche 🔄 in die Kopfdaten des Zyklus wechseln, um den gesamten Zyklus ebenfalls mit der Schaltfläche 🖫 zu speichern. In beiden Fällen wird ein Customizingtransportauftrag (siehe Einführung in Kapitel 1) angelegt, wodurch Ihre Einstellungen innerhalb einer Mehrsystemlandschaft transportiert werden können. Wir empfehlen jedoch, sowohl die Verteilung als auch die Umlagen vom Transportwesen »abzuklemmen«. Hier kann Ihnen sicherlich Ihre lokale Basis weiterhelfen. Ansonsten müssten Sie vom Entwicklungssystem jede Veränderung mühsam ins Produktivsystem transportieren lassen und könnten nicht direkt die einzelnen Zyklen und Segmente bearbeiten.

Auch Kirsten Lotse ist unserer Empfehlung gefolgt und hat die beschriebenen Einstellungen direkt im Produktivsystem vorgenommen. Von den Kopfdaten des neu angelegten Zyklus kann über die Schaltfläche 🔎 in eine Übersicht der angelegten SEGMENTE gewechselt werden (siehe Abbildung 3.59).

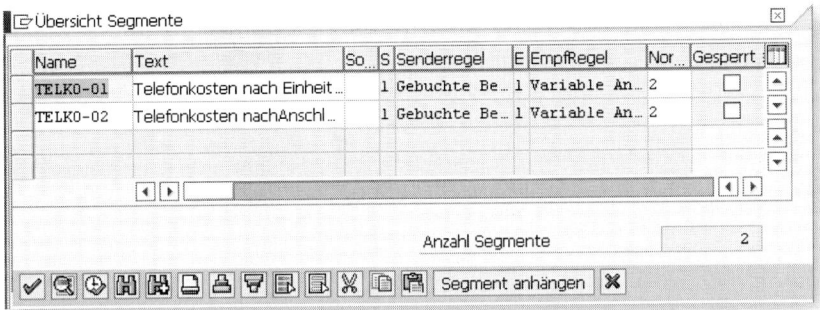

Abbildung 3.59: Übersicht Segmente Zyklus TELKO

Hier möchten wir Sie noch auf das Kennzeichen GESPERRT hinweisen. In jedem Segment haben Sie die Möglichkeit, ein Sperrkennzeichen zu setzen, wodurch dieses Segment zwar gepflegt ist, aber für die Kostenverteilung nicht genutzt wird. In unserem Beispiel könnten wir durch das Setzen des Sperrkennzeichens im Segment TELKO-02 z. B. die Grundgebühr auf der Kostenstelle 1010000 stehen lassen.

Ist-Verteilung durchführen

Nachdem der Verteilungszyklus angelegt ist, sollten Sie sich Gedanken darum machen, in welchen Abständen dieser auch tatsächlich durchgeführt werden soll. Im Verlag »Neue Medien« soll die Verteilung der Telekommunikationskosten immer zum Abschluss eines jeden Monats (Periode) erfolgen. Teilweise kann es je nach Datenlage sinnvoll sein, eine Verteilung quartalsweise oder gar jährlich durchzuführen. Hier sollten Sie für sich entscheiden, zu welchem Zeitpunkt es Ihnen sinnvoll erscheint, dass die besagten Kosten umgelegt werden. Sofern im zurückliegenden Monat noch Buchungen erfolgen (und die entsprechende Periode nicht gesperrt ist), können Sie aber auch vergangene Perioden erneut einer Kostenverteilung unterziehen. Im Verlag »Neue Medien« sind inzwischen die Telefonkosten für den Januar eingebucht und auch die jeweiligen Bezugsbasen (sprich statistischen Kennzahlen) erfasst. Nun können Sie die Verteilung im SAP-Menü unter RECHNUNGSWESEN • CONTROLLING • KOSTENSTELLENRECHNUNG • PERIODENABSCHLUß • VERRECHNUNGEN •

VERTEILUNG (Transaktion KSV5) für den angelegten Verteilungszyklus (siehe Abbildung 3.60) durchführen.

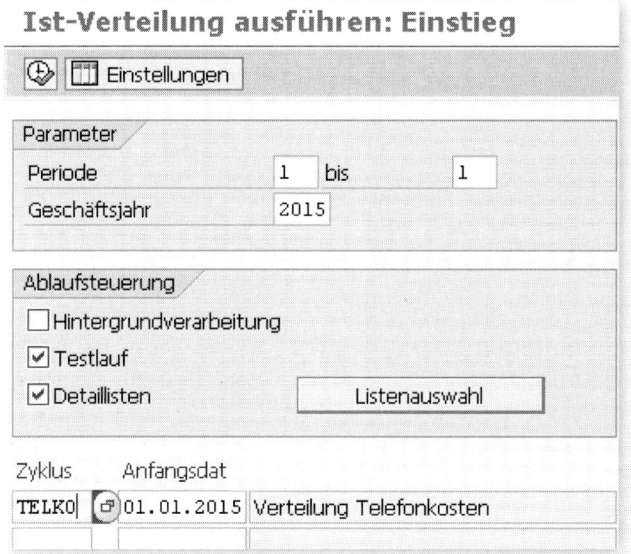

Abbildung 3.60: Ist-Verteilung ausführen

Dazu wählen Sie das Geschäftsjahr, für das Sie die Verteilung durchführen wollen, und ergänzen den gewünschten VerteilungsZYKLUS (in unserem Fall TELKO). Ferner haben Sie als PARAMETER die erste Periode des Geschäftsjahres 2015 gewählt. Durch die Option DETAILLISTEN erhalten Sie eine präzisierte Ausgabe der erzielten Verteilung. Über die Schaltfläche [Listenauswahl] können Sie die Detaillisten konkretisieren und sich bspw. SENDER- U. EMPFÄNGER mit ausgeben lassen (siehe Abbildung 3.61).

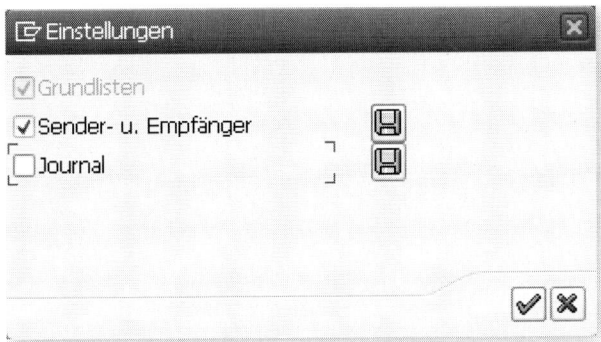

Abbildung 3.61: Einstellungen Listenauswahl

Führen Sie über die Schaltfläche ⊕ den Zyklus aus. Auch hier ist es empfehlenswert, einen Zyklus erst einmal als TESTLAUF auszuführen. Aus diesem geht hervor, ob bei der Verarbeitung Fehler aufgetreten sind, und man erhält eine Aufschlüsselung der Anzahl SENDER und EMPFÄNGER (siehe Abbildung 3.62). In unseren Fall sind dies `2 Sender` und `18 Empfänger`.

Anzeige Ist-Verteilung Kostenstellenrechng Grundliste

| | | ⧯ Segmente | ⧯ Sender | ⧯ Empfänger | |

```
Kostenrechnungskreis  BUCH
Version               0
Periode               001
Geschäftsjahr         2015
Verarbeitungsstatus   Testlauf

Verarbeitung wurde fehlerfrei abgeschlossen
```

Zyklus	Anfangsdat	Text	A	Anz Sender	Anz Empfänger	Anz. Meldungen
TELKO	01.01.2015	Verteilung Telefonkosten	I	2	18	0

Abbildung 3.62: Ist-Verteilung erfolgreich abgeschlossen

Da unser Zyklus aus mehreren Segmenten besteht, kann über die Schaltfläche ⧯ Segmente auch das Ergebnis nach Segmenten getrennt dargestellt werden (siehe Abbildung 3.63).

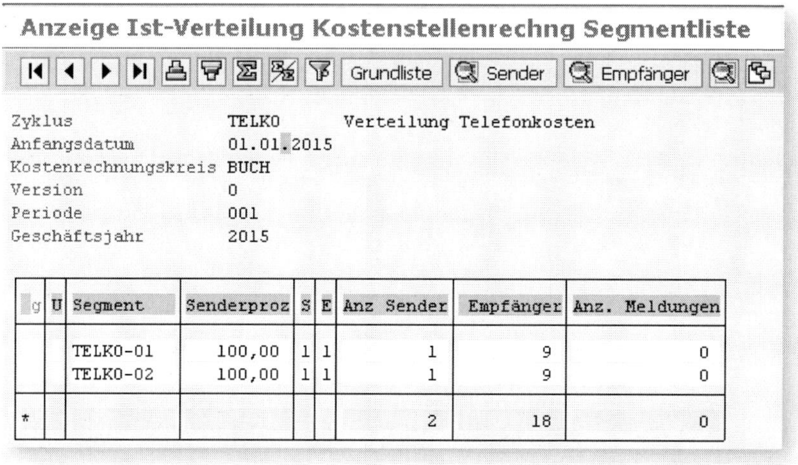

Anzeige Ist-Verteilung Kostenstellenrechng Segmentliste

| ◀ | ◀ | ▶ | ▶| | 🖨 | 🖩 | Σ | ✗ | 𝖄 | Grundliste | 🔍 Sender | 🔍 Empfänger | 🔍 | 🖺 |

```
Zyklus                   TELKO          Verteilung Telefonkosten
Anfangsdatum             01.01.2015
Kostenrechnungskreis     BUCH
Version                  0
Periode                  001
Geschäftsjahr            2015
```

g	U	Segment	Senderproz	S	E	Anz Sender	Empfänger	Anz. Meldungen
		TELKO-01	100,00	1	1	1	9	0
		TELKO-02	100,00	1	1	1	9	0
*						2	18	0

Abbildung 3.63: Ist-Verteilung Segmentliste

Hier sehen wir, dass sich die Sender und Empfänger insgesamt auf beide Segmente aufteilen und je Segment 9 Empfänger aufgeführt sind. Über die Schaltfläche Grundliste können Sie dank der Listenauswahl die Ergebnisse je 🔍 Sender (siehe Abbildung 3.64) oder je 🔍 Empfänger (siehe Abbildung 3.65) darstellen.

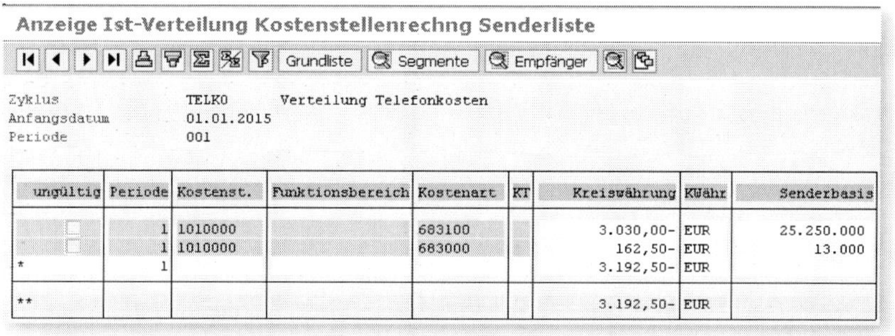

Anzeige Ist-Verteilung Kostenstellenrechng Senderliste

| ◀ | ◀ | ▶ | ▶| | 🖨 | 🖩 | Σ | ✗ | 𝖄 | Grundliste | 🔍 Segmente | 🔍 Empfänger | 🔍 | 🖺 |

```
Zyklus                   TELKO          Verteilung Telefonkosten
Anfangsdatum             01.01.2015
Periode                  001
```

ungültig	Periode	Kostenst.	Funktionsbereich	Kostenart	KT	Kreiswährung	KWähr	Senderbasis
☐	1	1010000		683100		3.030,00-	EUR	25.250.000
☐	1	1010000		683000		162,50-	EUR	13.000
*	1					3.192,50-	EUR	
**						3.192,50-	EUR	

Abbildung 3.64: Ist-Verteilung Senderliste

Hier wird die sendende Kostenstelle sowohl um die Verbindungskosten in Höhe von 3.030,00 EUR als auch um die Grundgebühr in Höhe von 162,50 EUR entlastet. Dies sollte auch der von Ihnen erfassten Telefonrechnung in Höhe von 3.192,50 EUR entsprechen. In der Spalte SENDERBASIS ist die Summe der von Ihnen registrierten

Basiswerte (in unserem Fall die statistischen Kennzahlen TELE und TELA) ausgewiesen.

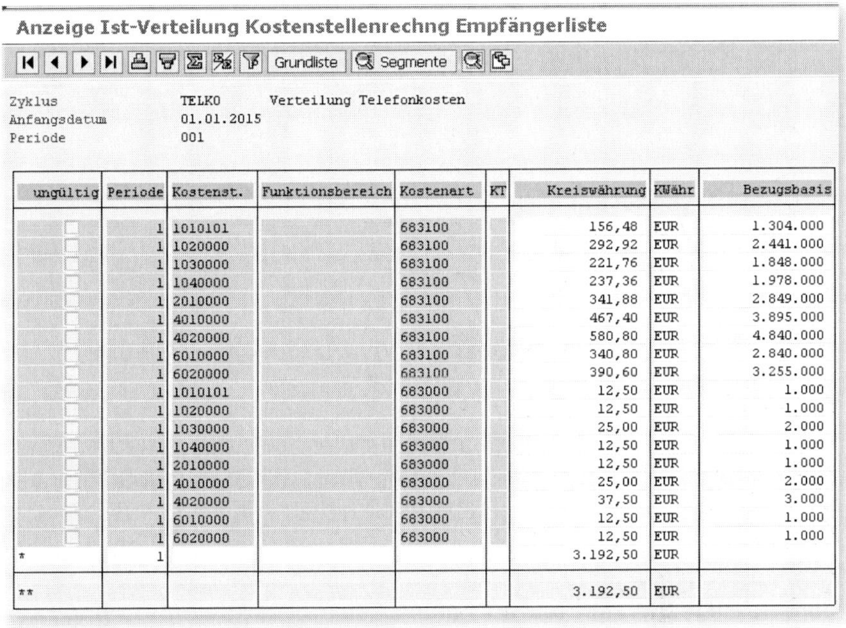

Anzeige Ist-Verteilung Kostenstellenrechng Empfängerliste

ungültig	Periode	Kostenst.	Funktionsbereich	Kostenart	KT	Kreiswährung	KWähr	Bezugsbasis
☐	1	1010101		683100		156,48	EUR	1.304.000
☐	1	1020000		683100		292,92	EUR	2.441.000
☐	1	1030000		683100		221,76	EUR	1.848.000
☐	1	1040000		683100		237,36	EUR	1.978.000
☐	1	2010000		683100		341,88	EUR	2.849.000
☐	1	4010000		683100		467,40	EUR	3.895.000
☐	1	4020000		683100		580,80	EUR	4.840.000
☐	1	6010000		683100		340,80	EUR	2.840.000
☐	1	6020000		683100		390,60	EUR	3.255.000
☐	1	1010101		683000		12,50	EUR	1.000
☐	1	1020000		683000		12,50	EUR	1.000
☐	1	1030000		683000		25,00	EUR	2.000
☐	1	1040000		683000		12,50	EUR	1.000
☐	1	2010000		683000		12,50	EUR	1.000
☐	1	4010000		683000		25,00	EUR	2.000
☐	1	4020000		683000		37,50	EUR	3.000
☐	1	6010000		683000		12,50	EUR	1.000
☐	1	6020000		683000		12,50	EUR	1.000
*	1					3.192,50	EUR	
**						3.192,50	EUR	

Zyklus TELK0 Verteilung Telefonkosten
Anfangsdatum 01.01.2015
Periode 001

Abbildung 3.65: Ist-Verteilung Empfängerliste

Empfängerseitig werden die Kostenstellen, auf denen Sie die einzelnen Kennzahlen erfasst haben, auf der entsprechenden Kostenart um die 3.192,50 EUR belastet. In beiden Listen bekommen Sie auch die dazugehörige Bezugsbasis (die auf den Kostenstellen erfassten statistischen Kennzahlen) dargestellt. Da Kirsten Lotse mit dem Testlaufergebnis zufrieden ist, führt sie diese Buchung nun im Echtlauf aus.

Um das Ergebnis der Verteilung auf den Kostenstellen anzusehen, wertet Kirsten Lotse diese mit dem Kostenstellenbericht (Transaktion S_ALR_87013611) aus. Hierzu analysiert sie als Erstes die Telefonkosten über die beiden KOSTENARTEN 683000 und 683100 für die sendende KOSTENSTELLE 1010000 in der Periode 1 (siehe Abbildung 3.66).

| Kostenstellen: Ist/Plan/Abweichung | Stand: 27.05.2015 | | Seite: | 2 / | 3 |

Kostenstelle/Gruppe	1010000	Unternehmensleitung	Spalte:	1 /	2
Verantwortlicher:	Buchmacher				
Berichtszeitraum:	1 bis 1 2015				

Kostenarten	Istkosten	Plankosten	Abw (abs)	Abw (%)
683000 Telefonkosten Grund	162,50		162,50	
683100 Telefonkosten Einh.	3.030,00		3.030,00	
* Belastung	3.192,50		3.192,50	
683000 Telefonkosten Grund	162,50-		162,50-	
683100 Telefonkosten Einh.	3.030,00-		3.030,00-	
* Entlastung	3.192,50-		3.192,50-	
** Über-/Unterdeckung				

Abbildung 3.66: Telefonkostenverteilung Unternehmensleitung

Da sowohl die Grundgebühr als auch die Verbindungskosten verteilt wurden, werden beide Kostenarten auf dieser Kostenstelle entlastet. Denkbar wäre aber auch, dass man bewusst die Grundgebühr zentral finanziert (und das Segment TELKO-02 hierzu sperrt), sodass nur die Kostenart 683100 Telefonkosten Einh. entlastet würde. Die ursprüngliche Belastung erfolgte aus der primären Kostenbuchung durch die Überleitung von FI nach CO als Sachkontenbuchung. Auf ihrer eigenen Kostenstelle 1040000 Controlling sieht Kirsten Lotse einen entsprechenden Anteil der verteilten Telefonkosten in Höhe von 12,50 € für die Grundgebühr und 237,36 € Verbindungskosten (siehe Abbildung 3.67).

Anhand der statistischen Kennzahlen erkennt sie darüber hinaus, dass sich in ihrem Büro **ein** Telefonapparat befindet (Kennzahl TELA), über den sie 1.978 Telefoneinheiten (Kennzahl TELE) im Januar verbraucht hat.

Das Instrument der Verteilung ist für eine automatische Verrechnung von Primärkosten geeignet. In unserem Fall werden als Bezugsbasis statistische Kennzahlen verwendet. Ein großer Vorteil dieser Art der Verrechnung besteht darin, dass die Kostenart erhalten bleibt. Somit ist auch für die empfangenden Kostenstellen klar ersichtlich, woher die entsprechenden Kosten stammen. Allerdings werden als Belegtext nicht mehr die Angaben aus dem FI-Beleg fortgeschrieben, sondern die Bezeichnung des zugrunde liegenden Zyklus bzw. Segments der Verteilung.

Kostenstellen: Ist/Plan/Abweichung	Stand: 27.05.2015		Seite:	2 /	3

Spalte: 1 / 2

Kostenstelle/Gruppe	1040000	Controlling
Verantwortlicher:	Lotse	
Berichtszeitraum:	1 bis 1 2015	

Kostenarten	Istkosten	Plankosten	Abw (abs)	Abw (%)
683000 Telefonkosten Grund	12,50		12,50	
683100 Telefonkosten Einh.	237,36		237,36	
* Belastung	249,86		249,86	
** Über-/Unterdeckung	249,86		249,86	

Kostenstellen: Ist/Plan/Abweichung	Stand: 27.05.2015		Seite:	3 /	3

Spalte: 1 / 2

Kostenstelle/Gruppe	1040000	Controlling
Verantwortlicher:	Erbsenzähler	
Berichtszeitraum:	1 bis 1 2015	

Statistische Kennzahlen	Ist		Plan	Abw (abs)	
HNF Gewichtete Hauptnutzfläc	24,00	M2		24,00	M2
TELA Telefonanschluss	1	ST		1	ST
TELE Telefoneinheiten	1.978	EH		1.978	EH
VZÄ Vollzeitäquivalent (FTE)	1,00	PER		1,00	PER

Abbildung 3.67: Telefonkostenverteilung Controlling

Fehlende statistische Kennzahlen

 Sollten Sie einmal eine Verteilung gestartet haben, ohne dass alle relevanten Bezugsbasen (stat. Kennzahl) eingebucht wurden, besteht über die Transaktion KSV5 die Möglichkeit, im Menü unter VERTEILUNG

• STORNIEREN die erfolgte Verteilung zurückzunehmen oder auch eine Segmentkorrektur durchzuführen.

3.2.6 Verrechnung anhand einer Umlage

Anschließend überlegt Kirsten Lotse, wie sie mit weiteren Kostenblöcken innerhalb des Verlages umgehen könnte. Für die verursachungsgerechte Umlage allgemeiner Kosten im Rahmen eines Stufenleiterverfahrens eines BABs, wie in Tabelle 3.2 erläutert, erscheint ihr das Instrument der Kostenumlage (siehe Definition in Abschnitt 3.2) sinnvoll, bei dem allgemeine Kostenstellen über Kennzahlen umgelegt werden. Sie schaut sich noch einmal die bereits angelegte Kostenstellengruppe NEWMEDIA (vgl. Abschnitt 1.2.4) an. Hierbei fallen ihr besonders die Kostenstellengruppen GEBAEUDE und OVERHEAD auf (siehe Abbildung 3.68). Während auf den Kostenstellen für Bauunterhaltung, Bewirtschaftung und Reinigung alle Kosten im Zusammenhang der Verlagsgebäude gesammelt sind, finden sich unter der Kostenstellengruppe Overhead alle allgemeinen Kosten der Verwaltung inklusive der Kantine und der internen Serviceabteilungen.

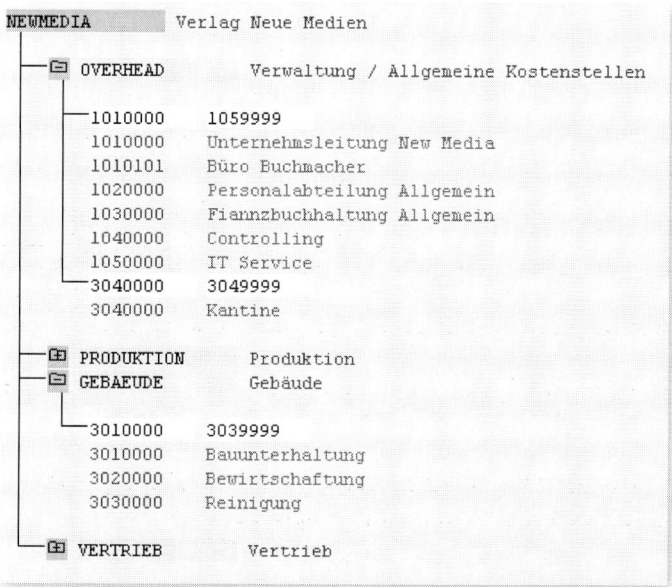

Abbildung 3.68: Kostenstellengruppe NEWMEDIA

Kirsten Lotse möchte sich nun den anfallenden Gebäudekosten widmen, die durchaus eine gewisse Größe im Verlag haben, und diese über eine geeignete Kennzahl von den Gebäudekostenstellen entlasten und auf den entsprechenden Kostenstellen/Abteilungen belasten, die die einzelnen Räume nutzen. Als geeignete Kennzahl schwebt ihr hier die statistische Kennzahl HNF vor. Bevor sie eine neue Verteilung anlegt, wertet sie erst einmal die drei Gebäude-Kostenstellen aus, um zu erkennen, welche Buchungen hier im Januar erfolgt sind (siehe Abbildung 3.69).

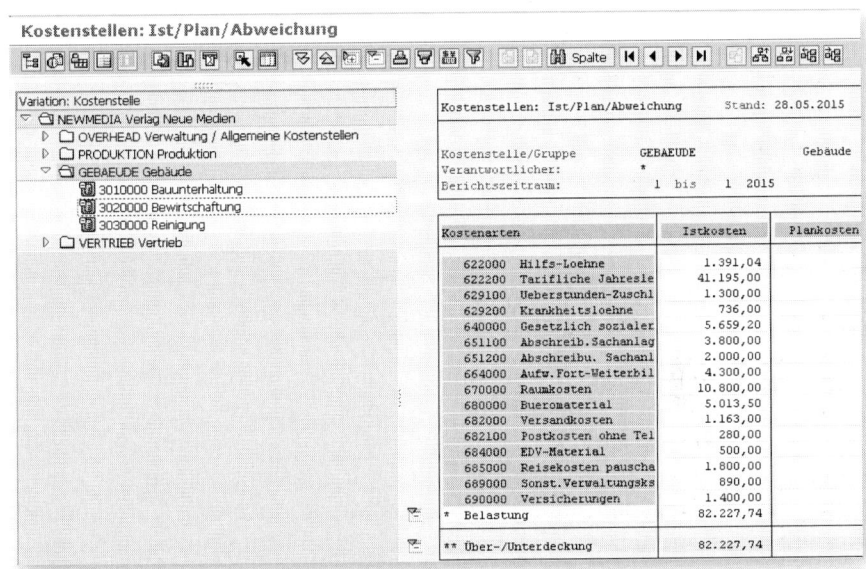

Abbildung 3.69: Kosten auf Kostenstellengruppe GEBAEUDE

Die Auflistung rechts zeigt, dass sich die einzelnen Kosten auf alle drei Kostenstellen der Gebäude verteilen.

Diese Gebäudekosten hatte Erwin Fuchs, wie in Abbildung 3.70 zu sehen, zum 28.01.2015 für den Januar eingebucht.

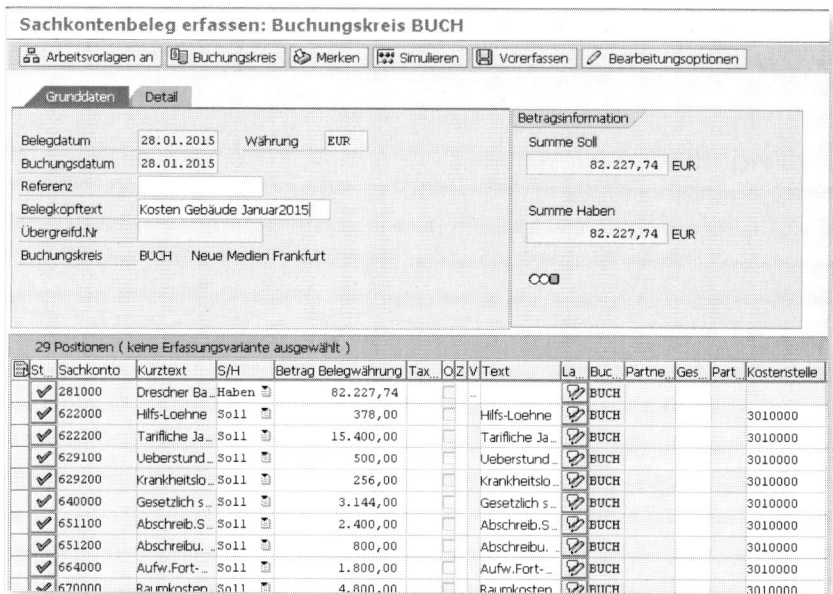

Abbildung 3.70: Gebäudekosten Januar – FI Beleg

Eigentlich würden diese Kosten im Laufe des Monats einzeln eingebucht werden, aus Vereinfachungsgründen (und da dieses Buch einen Schwerpunkt auf CO legt), sind die 82.227,74 € in 29 Positionen direkt für den 28.01.2015 erfasst. Insgesamt nutzen alle Abteilungen innerhalb des Verlags die Gebäude, sodass eine Verrechnung
anhand der genutzten Raumflächen tatsächlich sinnvoll erscheint.
Eine Verteilung wäre nicht das geeignete Instrument, da die Vielzahl
an Kostenarten eher zur Verwirrung führen als tatsächlich eine Information über die entstandenen Kosten zu bieten. Entsprechend entscheidet sich die Controllerin in diesem Zusammenhang für das Instrument der Umlage.

Kirsten Lotse überlegt sich zwischendurch, ob sie hier nur eine Kostenart für die Umlage nutzen oder die gebuchten Kosten zu unterschiedlichen Gruppen zusammenfassen und damit eine Unterscheidung der einzelnen Kostenarten aus den Bereichen der Gebäudekostenstellen gewährleisten sollte. Hierzu betrachtet sie sich noch einmal
die Kostenartengruppe IKR (siehe Abbildung 3.71).

Definition Umlage

Bei einer Umlage erfolgt eine Verrechnung nicht unter den einzelnen Ursprungskostenarten, sondern über eine spezielle sekundäre Verrechnungskostenart. Diese wird passenderweise als *Umlagekostenart* bezeichnet, über die die gesamten umzulegenden Kosten verdichtet werden, sodass beim jeweiligen Empfänger nicht zu viele Details (unterschiedliche Kostenarten) ausgewiesen werden.

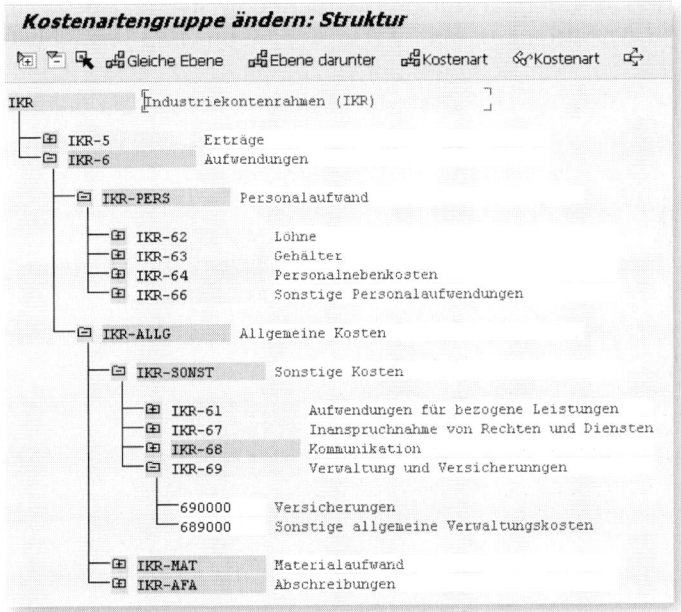

Abbildung 3.71: Kostenartengruppe IKR

Denkbar wäre hier bspw. eine Unterscheidung nach Personalkosten und allgemeinen Kosten. Tatsächlich hat sich Kirsten Lotse zwischenzeitlich dazu entschlossen, für den Bereich der Gebäudekosten zwei Umlagekostenarten anzulegen: den Personalaufwand sowie die mit den Liegenschaften verbundenen allgemeinen Kosten.

Umlagekostenart anlegen

Hierzu legt sie im SAP-Menü unter RECHNUNGSWESEN • CONTROLLING • KOSTENARTENRECHNUNG • STAMMDATEN • KOSTENART • EINZELBEARBEITUNG • ANLEGEN SEKUNDÄR (Transaktion KA06) zwei sekundäre Kostenarten an. Für die Nummerierung orientiert sie sich an der Kontenklasse „9" sowie an den Nummern der Gebäudekostenstellen. Sie legt sowohl die KOSTENART 930001 für die Personalkosten im Bereich der Gebäudekosten als auch die Kostenart 930002 für die allgemeinen Kosten als Umlagekostenart an. Im Gegensatz zu den Verrechnungskostenarten für die Leistungsartenrechnung (siehe Abschnitt 3.1.2) erhalten beide Kostenarten, wie in Abbildung 3.72 und Abbildung 3.73 zu sehen, den Kostenartentyp 42 – Umlage. Dabei überlegt sich Kirsten Lotse, welche Kostenartengruppen durch die beiden angelegten Kostenarten umgelegt werden sollen. Da die Gebäudekosten schon länger im Blickfeld waren, hatte sie hier bereits 2014 die Kostenarten angelegt.

Die Umlagekostenart 930001 soll die Personalkosten (Kostenartengruppe IKR-PERS) auf die einzelnen Kostenstellen umlegen, und die Umlagekostenart 930002 alle anderen Kostenarten (Kostenartengruppe IKR-ALLG).

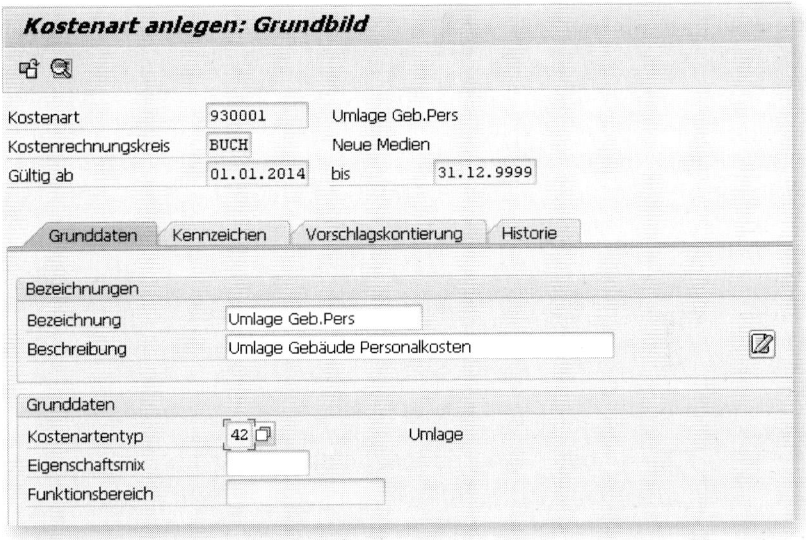

Kostenart anlegen: Grundbild

Kostenart	930001	Umlage Geb.Pers
Kostenrechnungskreis	BUCH	Neue Medien
Gültig ab	01.01.2014	bis 31.12.9999

Grunddaten | Kennzeichen | Vorschlagskontierung | Historie

Bezeichnungen

Bezeichnung	Umlage Geb.Pers
Beschreibung	Umlage Gebäude Personalkosten

Grunddaten

Kostenartentyp	42	Umlage
Eigenschaftsmix	
Funktionsbereich	

Abbildung 3.72: Umlagekostenart 930001

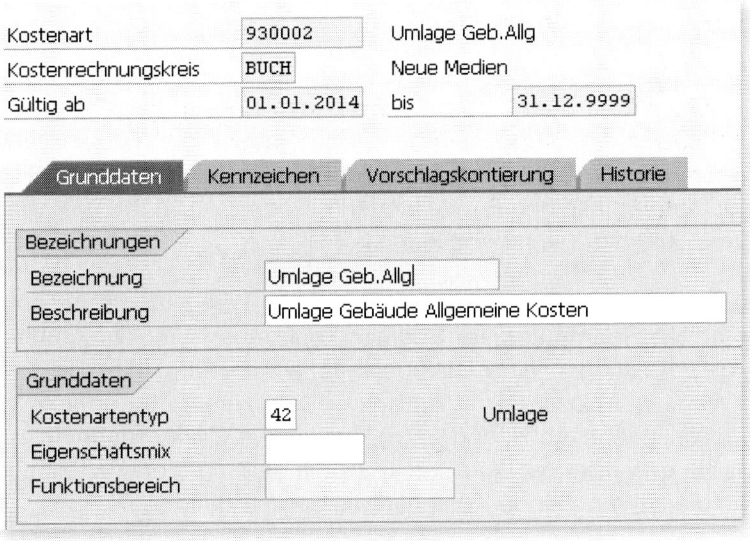

Kostenart	930002	Umlage Geb.Allg
Kostenrechnungskreis	BUCH	Neue Medien
Gültig ab	01.01.2014	bis 31.12.9999

Grunddaten | Kennzeichen | Vorschlagskontierung | Historie

Bezeichnungen

Bezeichnung	Umlage Geb.Allg
Beschreibung	Umlage Gebäude Allgemeine Kosten

Grunddaten

Kostenartentyp	42	Umlage
Eigenschaftsmix	
Funktionsbereich	

Abbildung 3.73: Umlagekostenart 930002

165

Umlagezyklus anlegen

Umlagen sind vergleichbar mit Verteilungen aufgebaut, sodass auch hier ein entsprechender Zyklus aus der Transaktion angelegt werden kann. Dazu ruft Kirsten Lotse im SAP-Menü RECHNUNGSWESEN • CONTROLLING • KOSTENSTELLENRECHNUNG • PERIODENABSCHLUß • EINZELFUNKTIONEN • VERRECHNUNGEN • UMLAGE (Transaktion KSU5) auf.

Planumlage

 Denkbar wäre eine Umlage von Kosten (insbesondere, wenn Sie an einen BAB denken) auch in einer separaten Planversion. Ebenso wie die Kostenverteilung finden Sie das Instrument der Kostenumlage in der Planung über die Transaktion KSUB bzw. im SAP-Menü unter RECHNUNGSWESEN • CONTROLLING • KOSTENSTELLENRECHNUNG • PLANUNG • VERRECHNUNGEN • UMLAGE. Für den Verlag sollen die Gebäudekosten jedoch periodisch im Ist umgelegt werden, sodass auf die Planumlage nicht weiter eingegangen wird.

Wieder wechseln Sie über ZUSÄTZE • ZYKLUS • ANLEGEN in die Anlage eines Umlagezyklus. Alternativ können Sie direkt die Transaktion KSU1 starten. Für die Umlage der Gebäudekostenstellen nehmen Sie in den Kopfdaten dieselben Einstellungen für den ZYKLUS UMLGBK wie bei der Verteilung vor (siehe Abbildung 3.74).

Danach wechseln Sie über die Schaltfläche [Anhängen Segment] zur Anlage des ersten Segmentes. Im Segmentkopf geben Sie – im Unterschied zur Verteilung – eine Umlagekostenart an, über die die gebuchten Werte auf Basis der statistischen Kennzahl im Ist umgelegt werden sollen (siehe Abbildung 3.75). In diesem Zyklus handelt es sich um die UMLAGEKOSTENART 930001. Innerhalb der Verteilung hätten Sie die zu verteilende Kostenart als Sender definiert.

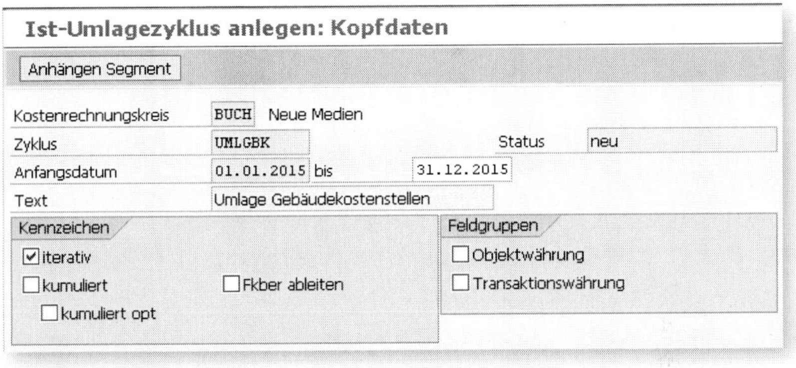

Ist-Umlagezyklus anlegen: Kopfdaten

Anhängen Segment

Kostenrechnungskreis	BUCH	Neue Medien	
Zyklus	UMLGBK	Status	neu
Anfangsdatum	01.01.2015 bis	31.12.2015	
Text	Umlage Gebäudekostenstellen		

Kennzeichen

☑ iterativ
☐ kumuliert   ☐ Fkber ableiten
☐ kumuliert opt

Feldgruppen

☐ Objektwährung
☐ Transaktionswährung

Abbildung 3.74: Kopfdaten Zyklus UMLGBK

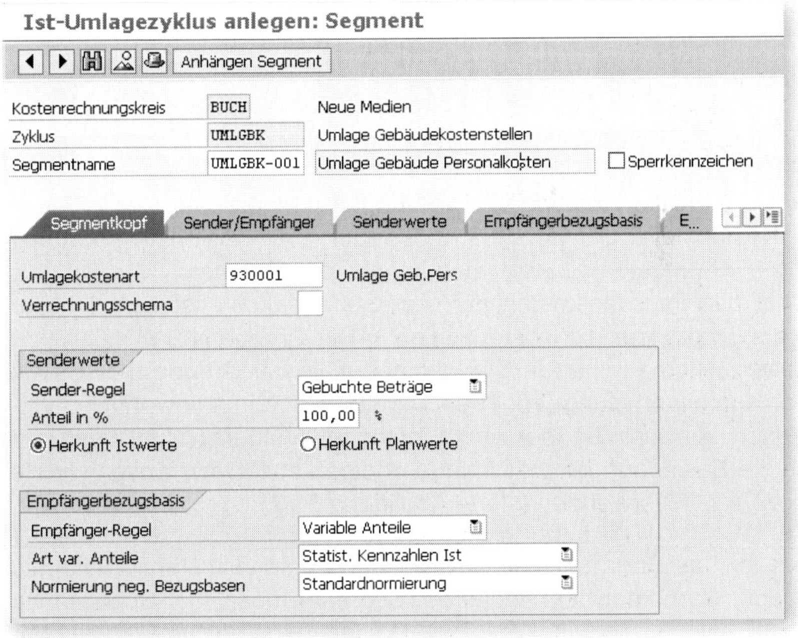

Ist-Umlagezyklus anlegen: Segment

◄ ► 📇 👤 🖨 Anhängen Segment

Kostenrechnungskreis	BUCH	Neue Medien	
Zyklus	UMLGBK	Umlage Gebäudekostenstellen	
Segmentname	UMLGBK-001	Umlage Gebäude Personalkosten	☐ Sperrkennzeichen

Segmentkopf	Sender/Empfänger	Senderwerte	Empfängerbezugsbasis	E...	◄ ►

Umlagekostenart	930001	Umlage Geb.Pers
Verrechnungsschema		

Senderwerte

Sender-Regel	Gebuchte Beträge	
Anteil in %	100,00	%
⦿ Herkunft Istwerte	○ Herkunft Planwerte	

Empfängerbezugsbasis

Empfänger-Regel	Variable Anteile
Art var. Anteile	Statist. Kennzahlen Ist
Normierung neg. Bezugsbasen	Standardnormierung

Abbildung 3.75: Segmentkopf UMLGBK-001

Im Reiter SENDER/EMPFÄNGER definieren Sie nun, welche Kostenstelle und Kostenarten als Sender und welche Kostenstellen als Empfänger angedacht sind.

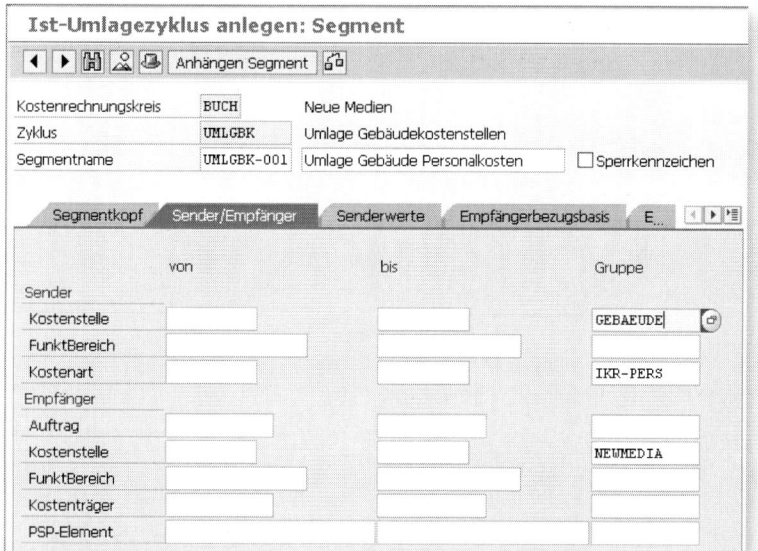

Abbildung 3.76: Sender/Empfänger UMLGBK-001

Hier werden alle Kostenarten der Kostenartengruppe IKR-PERS in der Kostenstellengruppe GEBAEUDE auf die Kostenstellengruppe NEWMEDIA umgelegt. Damit sind in diesem Segment inhaltlich als Sender alle Personalkosten auf den Gebäudekostenstellen definiert und als Empfänger die Kostenstellen in der Gruppe NEWMEDIA vorgesehen. Alternativ hätten Sie hier ebenfalls die Gruppe BUCH, wie in der Kostenverteilung, angeben können. Nachdem sowohl Umlagekostenart als auch Sender und Empfänger festgelegt sind, fehlt nur noch die Basis, auf der die Umlage erfolgen soll. Dazu wollen wir die Kennzahl HNF verwenden (siehe Abbildung 3.77).

Damit ist das Segment zur Umlage der Personalkosten vollständig gepflegt. Nun kann ein weiteres Segment über die Schaltfläche Anhängen Segment angelegt werden. Dieses Segment ist vergleichbar aufgebaut, nur dass hier im Segmentkopf die UMLAGEKOSTENART 930002 eingegeben wird (siehe Abbildung 3.78).

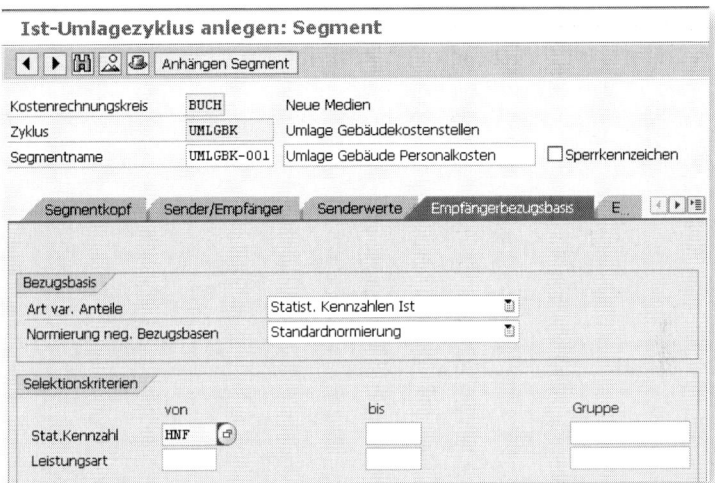

Abbildung 3.77: Empfängerbezugsbasis UMLGBK-001

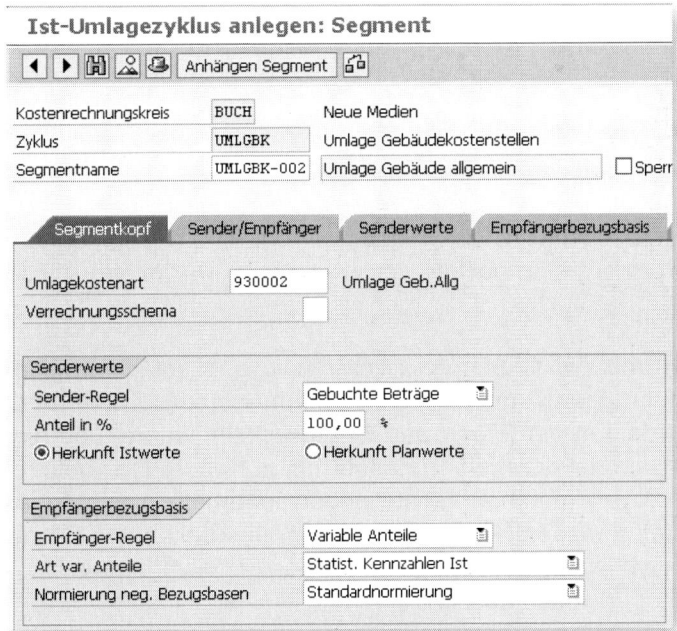

Abbildung 3.78: Segmentkopf UMLGBK-002

Auch bei der Definition der Sender und Empfänger (siehe Abbildung 3.79) ist ein Unterschied festzustellen, da hier die Kostenartengruppe IKR-ALLG umgelegt werden soll.

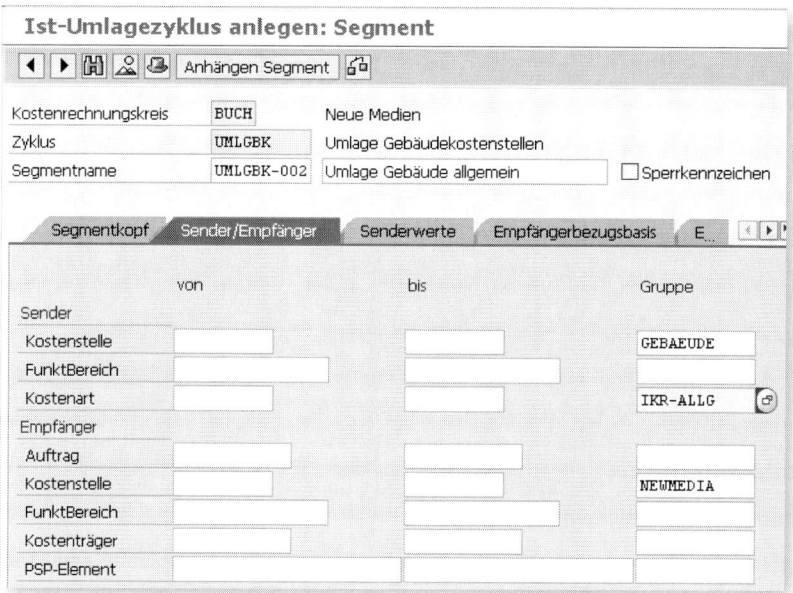

Abbildung 3.79: Sender/Empfänger UMLGBK-002

Die Empfängerbezugsbasis ist wiederum vergleichbar zum ersten Segment und bezieht sich auf die STAT.KENNZAHL HNF (siehe Abbildung 3.80).

Damit ist auch das zweite Segment vollständig gepflegt, und beide Segmente können über 🖫 gespeichert werden. Auch der Zyklus wird gesichert, nachdem in die Pflege per 🕲 gewechselt wurde, und ein Customizingtransportauftrag (siehe Einführung in Kapitel 1) angelegt, wodurch alle vorgenommenen Einstellungen innerhalb einer Mehrsystemlandschaft transportiert werden können. Aus bekannten Gründen empfehlen wir jedoch – ebenso wie bei der Verteilung –, die Umlagen vom Transportwesen auszunehmen.

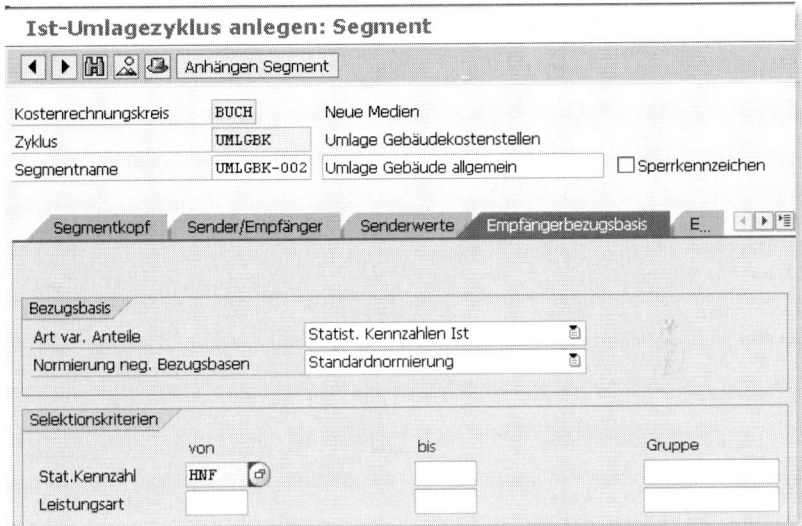

Abbildung 3.80: Empfängerbezugsbasis UMLGBK-002

Umlage durchführen

Nun kann der Zyklus als Umlage ausgeführt werden. Auch hier kontrolliert Kirsten Lotse vorab das Ergebnis, indem sie zunächst einen Testlauf und erst dann den Echtlauf über die Schaltfläche 🌐 startet. Da man sich im Verlag darauf verständigt hatte, die Raumkosten (umgelegte Gebäudekosten) monatlich im Ist auszuführen, damit jede Kostenstelle sieht, welchen Anteil an Gebäudekosten sie im entsprechenden Monat zu tragen hat, führt Kirsten Lotse diese Umlage nun für die PERIODE 1 in 2015 unter RECHNUNGSWESEN • CONTROLLING • KOSTENSTELLENRECHNUNG • PERIODENABSCHLUß • EINZELFUNKTIONEN • VERRECHNUNGEN • UMLAGE (Transaktion KSU5) aus.

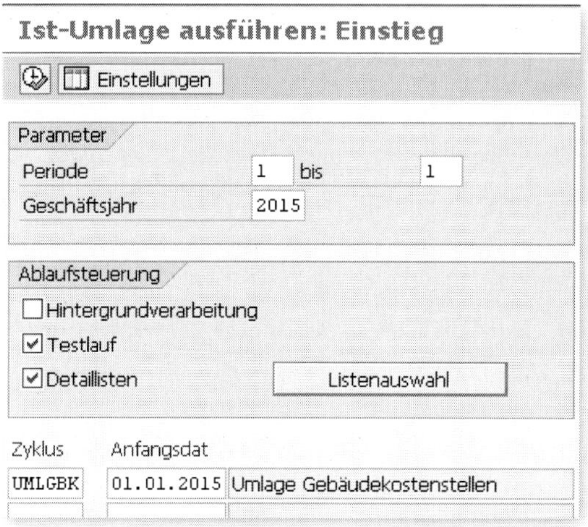

Abbildung 3.81: Ist-Umlage ausführen

Auch hier können Sie sich sowohl im Test- als auch im Echtlauf die einzelnen Sender, Empfänger und Listen ausgeben lassen. So würde bspw. die Senderliste die drei Gebäudekostenstellen und das Ergebnis je Umlagekostenart darstellen (siehe Abbildung 3.82).

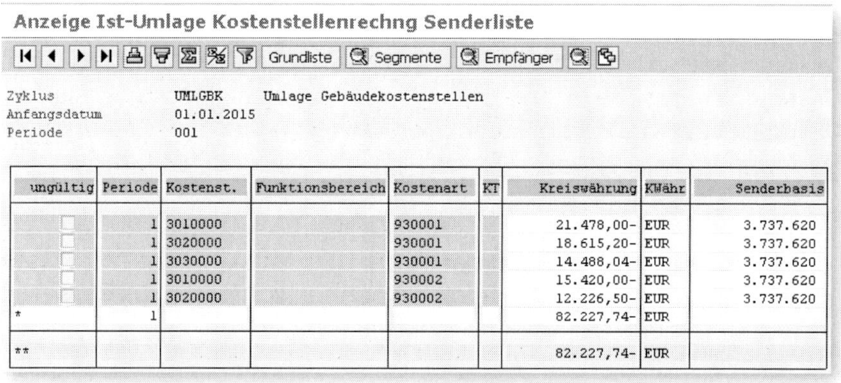

Zyklus UMLGBK Umlage Gebäudekostenstellen
Anfangsdatum 01.01.2015
Periode 001

ungültig	Periode	Kostenst.	Funktionsbereich	Kostenart	KT	Kreiswährung	KWähr	Senderbasis
	1	3010000		930001		21.478,00-	EUR	3.737.620
	1	3020000		930001		18.615,20-	EUR	3.737.620
	1	3030000		930001		14.488,04-	EUR	3.737.620
	1	3010000		930002		15.420,00-	EUR	3.737.620
	1	3020000		930002		12.226,50-	EUR	3.737.620
*	1					82.227,74-	EUR	
**						82.227,74-	EUR	

Abbildung 3.82: Senderliste Umlage UMLGBK

Sie können schon erkennen, auf welche Kostenstellen entsprechende Personalkosten gebucht waren. Ferner taucht als Senderbasis die von Ihnen für den Verlag erfasste HNF auf (siehe Abbildung 3.48 im Abschnitt 3.2.3). Auf die Abbildung der anderen Ergebnislisten haben wir verzichtet, da diese wie in der Kostenverteilung dargestellt werden.

Nachdem alles problemlos verbucht worden ist, wertet Frau Lotse erneut die Kostenstellengruppe GEBAEUDE mit einem Kostenstellenbericht (Transaktion S_ALR_87013611) aus. Das Ergebnis sehen Sie in Abbildung 3.83.

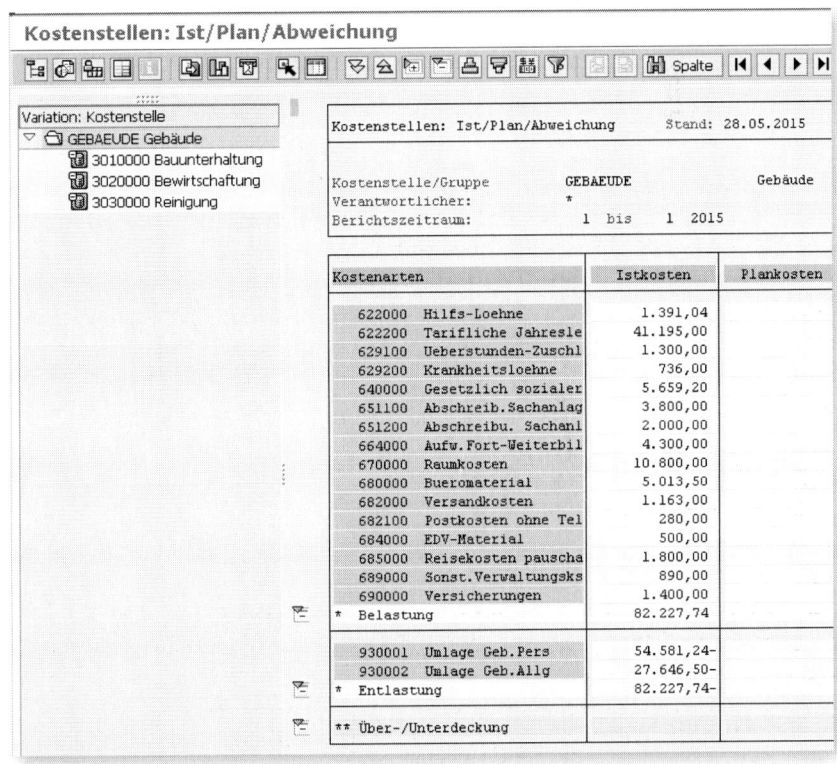

Abbildung 3.83: Ergebnis der Umlage Gebäudekosten

Auch hier sind die Kostenstellen vollständig entlastet, wobei 54.581,24 € als Personalkosten und 27.646,50 € als allgemeine Kosten entlastet wurden. Im Saldo entspricht dieses einer Entlastung in Höhe von 82.227,74 € und damit den direkt gebuchten Kosten auf den Kostenstellen der Gebäude.

Wie der Bericht für die Empfängerseite aussieht, kann die Controllerin sich in der Auswertung für ihre eigene Kostenstelle ansehen (siehe Abbildung 3.84).

```
Kostenstellen: Ist/Plan/Abweichung      Stand: 30.05.2015


Kostenstelle/Gruppe        1040000              Controlling
Verantwortlicher:          Lotse
Berichtszeitraum:          1  bis   1  2015
```

Kostenarten	Istkosten	Plankosten	
683000 Telefonkosten Grund	12,50		
683100 Telefonkosten Einh.	237,36		
930001 Umlage Geb.Pers	350,47		
930002 Umlage Geb.Allg	177,52		
* Belastung	777,85		
** Über-/Unterdeckung	777,85		

```
Kostenstellen: Ist/Plan/Abweichung      Stand: 30.05.2015


Kostenstelle/Gruppe        1040000              Controlling
Verantwortlicher:          Lotse
Berichtszeitraum:          1  bis   1  2015
```

Statistische Kennzahlen	Ist		Plan
HNF Gewichtete Hauptnutzfläc	24,00	M2	
TELA Telefonanschluss	1	ST	
TELE Telefoneinheiten	1.978	EH	
VZÄ Vollzeitäquivalent (FTE)	1,00	PER	

Abbildung 3.84: Ergebnis Umlage Gebäudekosten auf Kostenstelle 1040000

Dabei kann Kirsten Lotse feststellen, dass für ihr Büro im Januar insgesamt $350,47$ € Personalkosten und $177,52$ € aus der allgemeinen Umlage für Raumkosten angefallen sind. Außerdem sieht sie die für die Umlage relevante Kennzahl der Hauptnutzfläche (HNF) mit den 24 m² Bürofläche.

Nun sind Ihnen sowohl die Verteilung als auch die Umlage von Kosten innerhalb der Kostenstellenrechnung bekannt. Beachten Sie, dass die Kostenstellen bei Verwendung der Kostenartengruppe IKR-ALLG nicht vollständig entlastet werden, sofern vorab schon Kosten durch eine vorherige Umlage auf diese belastet wurden. Das kann z. B. passieren, wenn die Umlagekostenarten noch nicht in der Kostenartengruppe IKR eingepflegt waren. Der Vorteil der Kostenumlage ist jedoch, dass Sie auch sekundäre Kostenarten umlegen können (was bei einer Kostenverteilung nicht möglich ist). Hierdurch ergeben sich mehrere Möglichkeiten, wie Sie mit den vorherigen Umlagen verfahren können.

► **Umlagekostenarten als umzulegende Kostenarten behandeln**
Hierzu nehmen Sie die Umlagekostenarten ebenfalls in die entsprechende Kostenartengruppe (bspw. IKR-PERS oder IKR-ALLG) auf, sodass Sie diese ebenfalls mit umlegen.

► **Extrasegment für Umlagekostenarten**
Sie können auch die Kostenarten des jeweiligen Umlagezyklus im Rahmen eines separaten Segments mit umlegen. Damit würden Sie als Senderkostenarten die Umlagekostenarten (bspw. als Intervall) hinterlegen.

► **Umlagekostenarten beibehalten**
Denkbar wäre auch, die einzelnen Umlagekostenarten zu belassen. Sie würden hier sowohl als Sender wie auch als Empfänger die Kostenarten der jeweiligen Vorstufe beibehalten, diese dann aber über die neue Kennzahl im jeweiligen Zyklus umlegen – also bei der Umlage der Overheadkosten auch den Anteil Gebäudekosten über die Kennzahl VZÄ. Im Ergebnis wäre dies (als Beispiel) eine Darstellung der Gebäudekostenanteile aus der Verwaltung auf den Kostenstellen der Produktion. Hier stellt sich aber tatsächlich die Frage, ob eine solch detaillierte Umlage nicht zu unübersichtlich ist, da auf den Endkostenstellen eine Vielzahl zusätzlicher Umlagekostenarten mit ausgewiesen würden.

Auch hier sollten Sie sich im Vorfeld darüber im Klaren sein, welches Berichtsziel sie später erfüllen möchten und ob Sie tatsächlich die einzelnen Stufen des Umlageverfahrens jederzeit nachvollziehen wollen. Ferner besteht die Möglichkeit, dass Sie eine entsprechende Umlage mit bestimmten Kennzahlen auch auf die Innenaufträge durchführen, sodass am Ende alle Kosten auf ihre Produkte (Innenaufträge) ausgewiesen werden.

3.2.7 Kombination Leistungsarten, Verteilung und Umlage (BAB)

Im Abschnitt 3.2.4 hatten wir schon die mehrstufige Umlage in Form eines Betriebsabrechnungsbogens besprochen, durch welche alle Kostenstellen auf die einzelnen Produkte/Innenaufträge eines Unternehmens umgelegt werden können. Dabei bietet die Umlage von Kosten auch die Möglichkeit, die Umlagekostenarten selbst mit zu verteilen. Achten Sie darauf, dass die Reihenfolge der einzelnen Umlagezyklen gewahrt bleibt! Ferner stellt sich die Frage, ob Sie die jeweiligen Umlagekostenarten der einzelnen Zyklen beibehalten (und mit neuer Basis umlegen) wollen oder ob durch jeden Zyklus die Umlage zur neuen Umlagekostenart zusammengefasst wird. So wäre es z. B. denkbar, dass Sie erst die Gebäudekosten auf alle anderen Kostenstellen, und danach die Verwaltungskostenstellen (inklusive der dort gebuchten Kostenanteile der Gebäude) auf die Kostenstellen der Produktion und von dort auf das eigentliche Produkt umlegen.

Bezogen auf die Leistungsartenrechnung (siehe Abschnitt 3.1) und die gerade vorgestellte kennzahlenbasierte Verrechnung per Kostenverteilung und Kostenumlage, könnten folgende Stufen für einen Betriebsabrechnungsbogen des Verlags »Neue Medien« infrage kommen:

Stufe 0 – direkte/primäre Kosten (FI->CO),

Stufe 1 – Leistungsverrechnung für Lektorat,

Stufe 2 – mengenbasierte Verrechnung,

Stufe 2.1 – Verteilung Telefoneinheiten (nach TELE),

Stufe 2.2 – Verteilung Telefonanschlüsse (nach TELEA),

Stufe 3 – kennzahlenbasierte Umlagen,

Stufe 3.1 – Umlage Gebäudekosten (nach HNF),

Stufe 3.2 – Umlage Overhead/Verwaltung (nach VZÄ),

Stufe 4 – Produktabrechnung,

Stufe 4.1 – Umlage Produktion (nach Anzahl Bücher?),

Stufe 4.2 – Umlage Vertrieb (nach Verkäufen/Erlösen?).

Nach Abschluss der letzten Stufe würden die Kostenstellen der Produktion und des Vertriebs auf die Innenaufträge in Stufe 4.1 bzw. 4.2 verrechnet werden und somit alle Kostenstellen entlastet sein. Dabei sollten Sie sich aber Gedanken zum unternehmensinternen Controlling und der Zielsetzung Ihrer Kostenstellenrechnung machen. Diese Möglichkeit der Ermittlung von Produktkosten anhand eines BABs ist eher für abstrakte Produkte geeignet. Ein Beispiel dafür wäre im Hochschulbereich die Berechnung von Kosten für Studiengänge. Für den Verlag »Neue Medien« stehen aber eher konkrete Produkte (in unserem Fall Bücher) und die Frage, welche Kosten bei der Entstehung des Klassikers »Excel für Zahlenschubser« entstehen, im Vordergrund. Daher sollte Ihnen das folgende Kapitel zum Thema Produktkostencontrolling eine wesentlich bessere Antwort bieten, als es die allgemeine Umlage einzelner Kostenstellen über Kennzahlen bis auf Ebene der Innenaufträge ermöglicht. Man kann dennoch sagen, dass die bisher beschriebenen Verfahren der Umlage und Verrechnung zur Darstellung von Gemeinkosten grundsätzlich geeignet sind.

4 Produktkostencontrolling

In diesem Kapitel wenden wir unseren Blick auf die Kostenanalyse von einzelnen Produkten. Sie lernen, aus welchen Bestandteilen sich eine Materialkalkulation zusammensetzt, wie Sie die Kalkulation durchführen und wie die Kalkulation im tatsächlichen Durchlauf in der Fertigung genutzt wird.

Bisher haben Sie die verschiedenen Möglichkeiten kennengelernt, Gemeinkosten zu erfassen und miteinander zu verrechnen. Anhand des Beispiels »Excel für Zahlenschubser« haben wir gezeigt, wie Sie die Projektkosten für ein neues Buch mithilfe eines Innenauftrags überwachen können. Startpunkt dieses Kapitels ist das fertige Manuskript, das Lektorat und Korrektorat durchlaufen hat und nun gedruckt werden soll. Das Augenmerk richtet sich also nun nicht mehr auf die Entwicklungskosten des Produktes, sondern auf die Herstellkosten der gedruckten Exemplare. Die zentralen Fragestellungen in diesem Kapitel lauten:

▶ »Was kostet es, ein Produkt herzustellen?«

▶ »Aus welchen Kostenbestandteilen setzt sich ein Produkt zusammen?«

▶ »Wie werden die tatsächlich anfallenden Kosten in der Produktion erfasst und ausgewertet?«

Wir begleiten die Controllerin Kirsten Lotse bei ihren grundsätzlichen Gedanken, wie ein Produkt mit seinen Bestandteilen in SAP abgebildet wird und welche Schritte notwendig sind, einen Fertigungsauftrag durchzuführen.

4.1 Der Materialstamm

Für Kirsten Lotse stellt sich als Erstes die Frage, wie sich ein Produkt in SAP darstellen lässt. Nach einer Weile wird sie im SAP-Modul MM fündig, wo sie einen sogenannten *Materialstamm* erstellen kann. Dieser besteht aus vielen verschiedenen Sichten, von denen für das Rechnungswesen und Controlling die Sichten BUCHHALTUNG 1 und 2 sowie KALKULATION 1 und 2 relevant sind.

Ein Materialstamm in SAP

 Der Materialstamm ist vermutlich der komplexeste Stammsatz, den das SAP-System zu bieten hat. Er umfasst alle Daten, die in den unterschiedlichen Unternehmensbereichen wie etwa der Lagerverwaltung, dem Einkauf, der Arbeitsvorbereitung, der Produktion, dem Vertrieb und eben auch dem Rechnungswesen und Controlling benötigt werden. Im Verlag Espresso Tutorials ist sogar ein Buch erschienen, das sich ausschließlich mit dem Materialstamm beschäftigt: »SAP Material Master – a Practical Guide« von Matthew Johnson.

Das Buch »Excel für Zahlenschubser« soll demnächst in den Druck gehen, weshalb Peter Plan, ein Mitarbeiter in der Arbeitsvorbereitung, über LOGISTIK • MATERIALWIRTSCHAFT • MATERIALSTAMM • ANLEGEN ALLGEMEIN • SOFORT (Transaktion MM01) einen Materialstammsatz für das Buch angelegt hat. In Abbildung 4.1 sehen Sie die Sicht BUCHHALTUNG 1 des neuen Materials.

Kirsten Lotse erkennt hier zunächst einmal, dass die BASISMENGENEINHEIT ❶ des Buches Stück ist – sämtliche Angaben in dieser Sicht beziehen sich also immer auf ein oder mehrere Stück dieses Buches. Die BEWERTUNGSKLASSE ❷ ist eine Einstellung, die Buchhalter vorgenommen haben. Das SAP-System ermittelt anhand der Bewertungsklasse automatisch, auf welche Konten eine Materialbewegung im Modul MM gebucht werden soll.

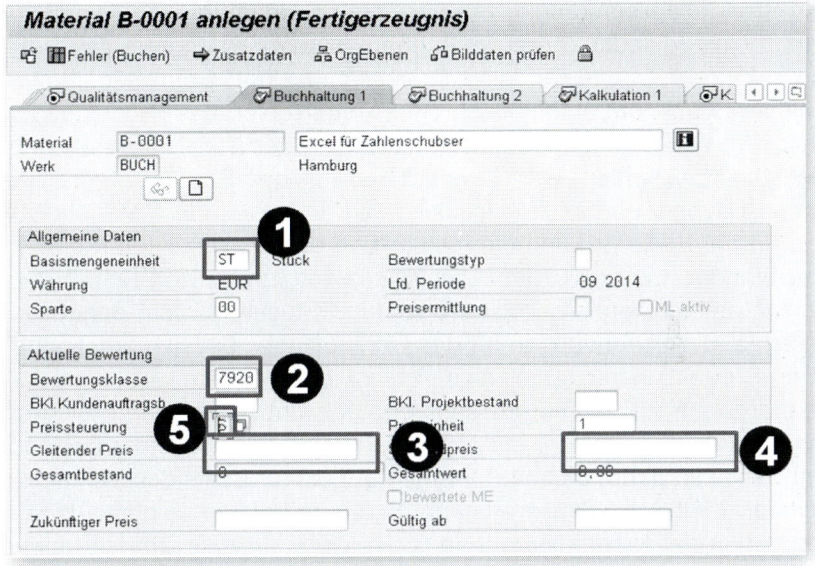

Abbildung 4.1: Materialstamm – Buchhaltungssicht 1

Im Block AKTUELLE BEWERTUNG entdeckt die Controllerin einige Einstellungen, die von großer Bedeutung für ihre Aufgabe sind, die Herstellkosten eines gedruckten Exemplars des Buches zu ermitteln: Die Felder GLEITENDER PREIS ❸, STANDARDPREIS ❹ und PREISSTEUE-RUNG ❺. Grundsätzlich ist der Preis im Materialstamm der Wert, zu dem das Material in der Bilanz bewertet ist – wann immer im SAP-System eine Bewegung zu diesem Material gebucht wird, wird der hier hinterlegte Preis herangezogen. Es handelt sich also nicht etwa um den Verkaufspreis (der wird an anderer Stelle im Vertriebsmodul SD gepflegt), sondern um den *Herstell-* bzw. *Beschaffungspreis*.

Warum aber gibt es zwei verschiedene Preise, und warum sind in den Feldern noch keine Einträge zu sehen? Dazu erläutern wir zunächst einmal die Unterschiede zwischen dem Standardpreis und dem gleitenden Durchschnittspreis.

Den **Standardpreis** können Sie über die sogenannte *Produktkostenplanung* in SAP automatisch errechnen lassen. Dabei greift das System auf einen *Arbeitsplan*, eine *Stückliste* und ggf. *Gemeinkostenzuschläge* zurück, um automatisch die Herstellkosten des Produktes zu ermitteln. Wie das genau funktioniert, erläutern wir Ihnen in den nächsten Abschnitten. Der Standardpreis für das Produkt »Excel für Zahlenschubser« ergibt sich folglich aus den Kosten für Material (Papier, Farbe, Klebstoff) und die Herstellung an sich (Drucken, Schneiden, Binden). Gemeinkostenzuschläge bilden zusätzliche Kosten ab, die sich über einen Arbeitsplan oder eine Stückliste nicht darstellen lassen, z. B. Aufwendungen für das Rohstofflager. Da sich am eigentlichen Produktionsprozess nichts Wesentliches ändern wird, wird der Standardpreis nur einmal im Jahr ermittelt und bleibt dann für den Rest des Jahres stabil. Der Vorteil des konstanten Standardpreises liegt vor allem darin, dass der Vertrieb auf dieser Basis den Verkaufspreis für das Buch kalkulieren kann. Sollte es trotzdem einmal Abweichungen in der Produktion geben (z. B., wenn für eine Charge teurere Farbe verwendet oder ein höherer Ausschuss produziert wurde), so kann das im Fertigungscontrolling analysiert werden. Es ist jedoch nicht sinnvoll, durch eine temporäre Abweichung den Herstellpreis des Produktes zu erhöhen – das Buch ist nicht mehr wert, nur weil z. B. Ausschuss produziert wurde. Es lässt sich deshalb nicht teurer verkaufen.

Preissteuerung über Standardpreis

Der Standardpreis wird üblicherweise für Produkte verwendet, die im Unternehmen hergestellt werden (also Fertigprodukte und Halbfabrikate).

Der **gleitende Durchschnittspreis** wird hingegen vom System automatisch ermittelt und ständig aktualisiert, wie in Abbildung 4.2 dargestellt. Nehmen wir an, der Anfangsbestand eines Materials ist 100 Stück bei einem gleitenden Durchschnittspreis von 10 €; der Gesamtwert des Bestandes beträgt damit 1.000 €. Werden nun 10 Stück desselben Materials mit einem Wert von 12 € pro Stück hinzugebucht, so fügt das System zunächst den Zugang von 120 € zum bisherigen Bestand, sodass dessen neuer Gesamtwert 1.000 + 120 = 1.120 € beträgt. Der neue gleitende Durchschnittspreis ergibt sich dann aus dem Quotienten des Gesamtwertes und der Gesamtmenge: 1.120/110 = 10,18 €.

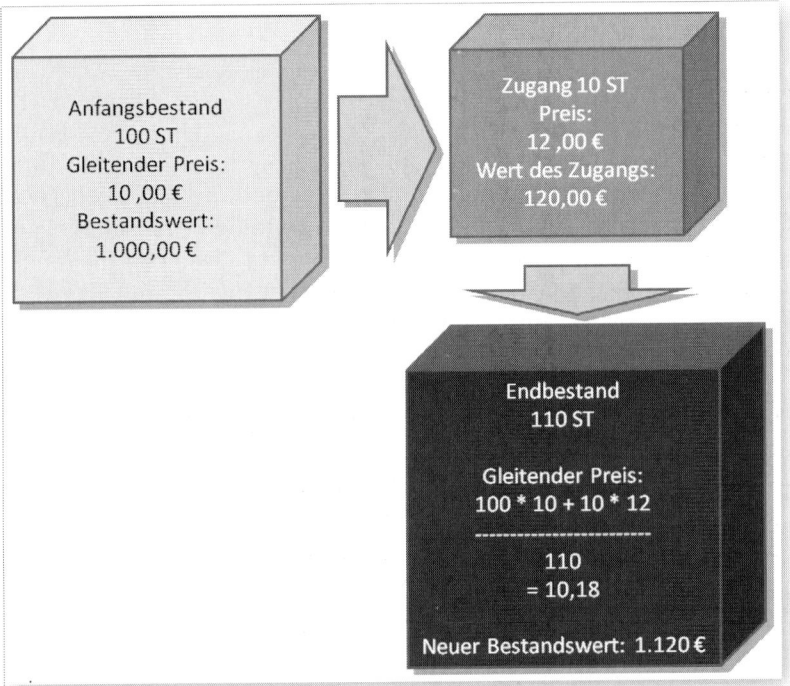

Abbildung 4.2: Ermittlung des gleitenden Durchschnittspreises

Der gleitende Durchschnittspreis liefert damit stets eine aktuelle Aussage darüber, was das Produkt tatsächlich kostet. Das ist vor allem dann sinnvoll, wenn das Unternehmen keinen direkten Einfluss auf den Preis des Produktes hat.

Preissteuerung über gleitenden Durchschnittspreis

 Die Bewertung zum gleitenden Durchschnittspreis wird vor allem für Kaufteile verwendet, also z. B. Rohstoffe und Handelsware.

Der gleitende Durchschnittspreis wird für jedes Material automatisch mitgeführt, auch wenn dieses zum Standardpreis bewertet ist. Somit kann er auch als Indikator dafür dienen, wie realistisch der Standardpreis kalkuliert ist.

Nun stellt Kirsten Lotse fest, dass für das neue Buch »Excel für Erbsenzähler« als Preissteuerung der Wert S eingetragen ist (siehe Abbildung 4.1), es also zum Standardpreis bewertet werden soll – allerdings kann sie noch gar keine Preise erkennen. Dass der gleitende Durchschnittspreis noch nicht aktualisiert ist, liegt daran, dass das Material ganz neu ist und es deshalb noch keine Materialbewegung gegeben hat. Den Standardpreis hingegen muss Kirsten Lotse erst kalkulieren. Sie sieht sich dazu zunächst die beiden Kalkulationssichten im Materialstamm an. In der Sicht KALKULATION 1 pflegt sie drei Parameter, die für die Materialkalkulation sehr wichtig sind: MIT MENGENGERÜST bedeutet, dass sie für dieses Produkt eine Kalkulation basierend auf einer Stückliste und einem Arbeitsplan durchführen kann (siehe dazu auch Abschnitt 4.2 und 4.3). HERKUNFT MATERIAL bedeutet, dass bei jeder Buchung zu diesem Material auch die Materialnummer im Buchhaltungsbeleg mit fortgeschrieben wird. Würde sie diesen Parameter nicht setzen, könnte sie später nicht erkennen, zu welchem Material eine Buchung durchgeführt wurde. Die KALKULATIONSLOSGRÖßE schließlich bestimmt, auf welche Menge sie sich später bei der Kalkulation bezieht. Hier hat sie den Wert 1 eingetragen, d. h., die Kalkulation erfolgt auf der Basis eines einzelnen Buches.

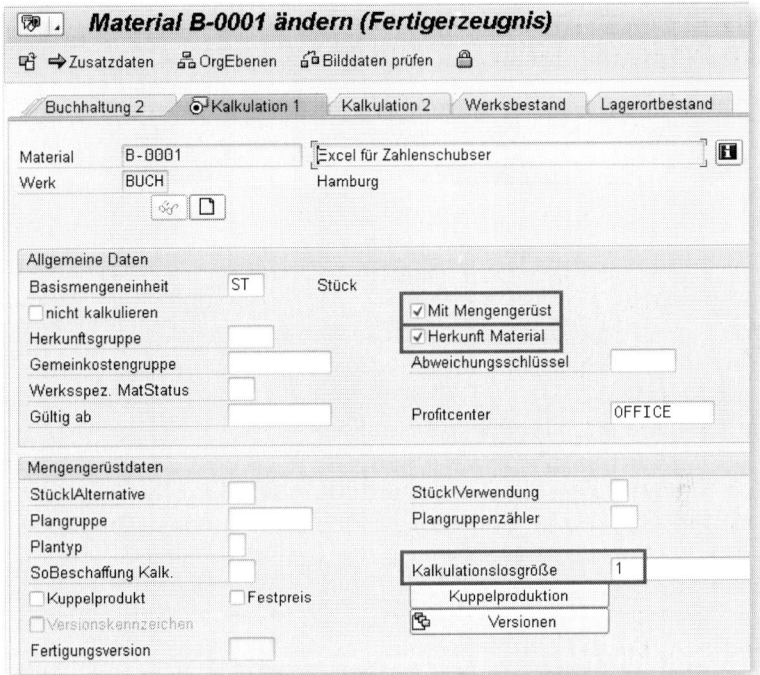

Abbildung 4.3: Materialstamm – Kalkulationssicht 1

Parameter »Herkunft Material«

Den Parameter HERKUNFT MATERIAL sollten Sie für jedes Material aktivieren, damit Sie Buchungen in der Materialwirtschaft besser analysieren können.

In der Sicht KALKULATION 2 schließlich entdeckt die Controllerin drei Felder, die ihr später bei der Materialkalkulation helfen werden. Im Feld PLANPREIS wird der errechnete Preis für zukünftige, aktuelle und vergangene Kalkulationen dargestellt. Wir werden im nächsten Abschnitt nachverfolgen, zu welchem Zeitpunkt diese Felder aktualisiert werden.

185

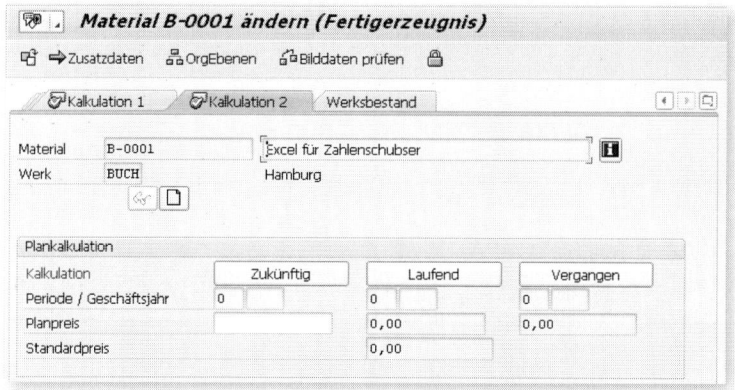

Abbildung 4.4: Materialstamm – Kalkulationssicht 2

Nachdem Kirsten Lotse sich versichert hat, dass der Materialstamm für das neue Buch korrekt angelegt ist, überprüft sie das Mengengerüst für dieses Material – die Stückliste und den Arbeitsplan.

4.2 Die Stückliste

Peter Plan aus der Arbeitsvorbereitung hat für das neue Buch bereits über LOGISTIK • PRODUKTION • STAMMDATEN • STÜCKLISTEN • STÜCKLIS-TE • MATERIALSTÜCKLISTE • ANLEGEN (Transaktion CS01) eine Stückliste angelegt. Aus dieser geht hervor, welche Materialien in welcher Menge zur Herstellung des Buches benötigt werden (siehe Abbildung 4.5). Zunächst sehen Sie in den Kopfdaten das zu fertigende MATERI-AL ❶ und, in welchem WERK die Produktion stattfinden soll. Ein *Werk* ist die oberste Organisationseinheit in der Logistik. Hier werden Materialien gefertigt bzw. Waren und Dienstleistungen bereitgestellt.

Im unteren Bildschirmbereich sehen Sie die sogenannten *Komponenten*, also die Materialien, die für die Fertigung benötigt werden. Jede KOMPONENTE wird über eine eigene Nummer identifiziert ❷; in der Spalte POSITIONSTYP (in der Abbildung als P dargestellt) ❸ wurde festgelegt, dass es sich um eine Lagerposition (L) handelt, also um ein Material, das üblicherweise am Lager liegt und nicht etwa immer extra beschafft oder gefertigt werden muss. In der Spalte KOMPONEN-

TE ❹ sehen Sie die Materialnummern der einzelnen Komponenten und rechts daneben die Bezeichnung. In der Spalte MENGE hat Herr Plan eingetragen, wie viel von jeder Komponente benötigt wird, um ein Exemplar von »Excel für Zahlenschubser« herzustellen. Eine Spalte weiter rechts sehen Sie außerdem die Mengeneinheiten (ME), in denen die jeweiligen Rohstoffe geführt werden – M2 (Quadratmeter) für Papier, ML (Milliliter) für Farbe und L (Liter) für Kleber.

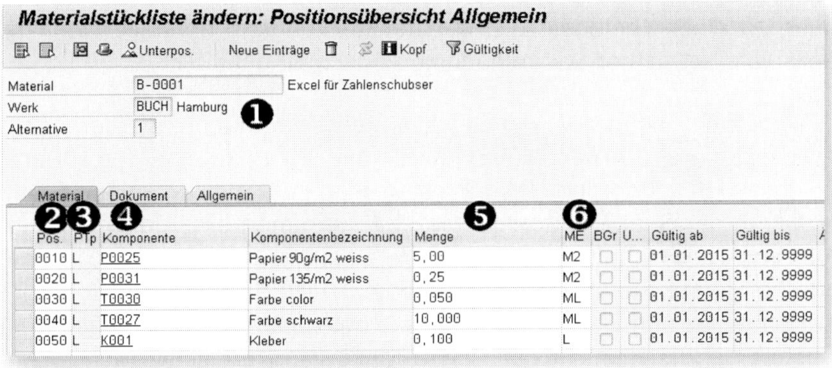

Materialstückliste ändern: Positionsübersicht Allgemein

Pos.	PTp	Komponente	Komponentenbezeichnung	Menge		ME	BGr	U...	Gültig ab	Gültig bis
0010	L	P0025	Papier 90g/m2 weiss	5,00		M2	☐	☐	01.01.2015	31.12.9999
0020	L	P0031	Papier 135/m2 weiss	0,25		M2	☐	☐	01.01.2015	31.12.9999
0030	L	T0030	Farbe color	0,050		ML	☐	☐	01.01.2015	31.12.9999
0040	L	T0027	Farbe schwarz	10,000		ML	☐	☐	01.01.2015	31.12.9999
0050	L	K001	Kleber	0,100		L	☐	☐	01.01.2015	31.12.9999

Material B-0001 Excel für Zahlenschubser
Werk BUCH Hamburg ❶
Alternative 1

Abbildung 4.5: Stückliste

Bei den Materialnummern, die Peter Plan als Komponenten angelegt hat, handelt es sich um Rohstoffe, die seit Längerem im Unternehmen verwendet werden und deshalb bereits als Materialstammsätze angelegt waren. Jeder dieser Rohstoffe ist zum gleitenden Durchschnittspreis bewertet. Die Preise sind in der Stückliste noch nicht sichtbar; an dieser Stelle geht es aus Sicht der Fertigung bzw. Arbeitsvorbereitung darum, die benötigten Komponenten rechtzeitig bereitzustellen. In der Materialkalkulation wird das System die Mengen mit den hinterlegten Preisen multiplizieren, um die Materialkosten für die Herstellung eines Buches zu errechnen.

4.3 Der Arbeitsplan

Im Arbeitsplan hat Peter Plan aus der Arbeitsvorbereitung festgelegt, welche Schritte zum Herstellen eines Buches notwendig sind. Der Menüpfad zum Anlegen eines Arbeitsplans lautet: LOGISTIK • PRODUK-

TION • STAMMDATEN • ARBEITSPLÄNE • NORMALARBEITSPLÄNE • ANLEGEN (Transaktion `CA01`). Sie sehen in Abbildung 4.6 die VORGANGSÜBERSICHT, in der insgesamt drei sogenannte *Vorgänge* eingetragen wurden: `Drucken`, `Schneiden` und `Binden`. Ein Vorgang entspricht einem Arbeitsschritt in der Produktion und wird über eine Vorgangsnummer in der ersten Spalte ❶ eindeutig identifiziert. In der nächsten Spalte ❷ sehen Sie eine Zuordnung zu einem sogenannten *Arbeitsplatz*, der die für die Materialkalkulation entscheidende Zuordnung zu einer Kostenstelle und einer Leistungsart herstellt. Den Arbeitsplatz betrachten wir im nächsten Abschnitt genauer.

Wie wir zuvor schon bei der Stückliste gesehen haben, werden auch Arbeitspläne und Arbeitsplätze jeweils mit Bezug zu einem Werk angelegt – das zugeordnete Werk sehen Sie in der gleichnamigen Spalte ❸. In der Spalte BESCHREIBUNG ❹ kann man eine Beschreibung für den Arbeitsschritt hinterlegen. Die BASISMENGE ❺ bestimmt, auf welche Herstellmenge des Fertigprodukts sich der jeweilige Vorgang bezieht – hier im Beispiel dient der Arbeitsplan dazu, ein Stück des Buches herzustellen. In der Spalte MASCHINENZEIT schließlich legen Sie fest, wie viel Arbeitszeit des jeweiligen Arbeitsplatzes für den jeweiligen Vorgang in Anspruch genommen wird ❻.

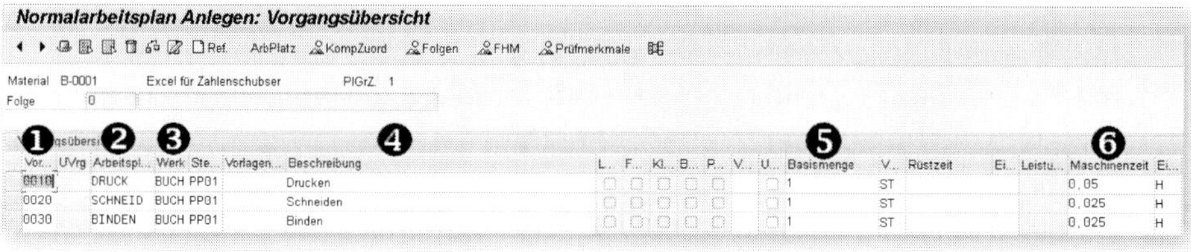

Abbildung 4.6: Arbeitsplan

Wir werfen nun einen Blick auf den Arbeitsplatz, der für die Verknüpfung zur Kostenstelle und Leistungsart notwendig ist.

4.4 Der Arbeitsplatz

In Kapitel 3.1 haben wir Ihnen bereits das Konzept der Leistungsverrechnung erläutert. Dieses wird auch in der Produktion eingesetzt, allerdings wird noch der Arbeitsplatz als zusätzliches Element benötigt, um Leistungen in einem Arbeitsplan verwenden zu können. Einen Arbeitsplatz legen Sie über den Menüpfad LOGISTIK • PRODUKTION • STAMMDATEN • ARBEITSPLÄTZE • ARBEITSPLATZ • ANLEGEN (Transaktion CR01) an. Der Arbeitsplatz enthält mehrere Sichten (siehe Abbildung 4.7), wovon die meisten vor allem für die Arbeitsvorbereitung erforderlich sind, um Produktionskapazitäten zu planen und zu terminieren. In der Sicht GRUNDDATEN müssen Sie aus der Perspektive des Controllings nur den sogenannten *Vorgabewertschlüssel* (VORGABEWERTSCHL.) beachten. Dieser legt die Dimension (Zeit, Stück, Tonne) fest, anhand derer die Leistung verrechnet werden soll. Im Beispiel wurde der Eintrag SAP1 ausgewählt.

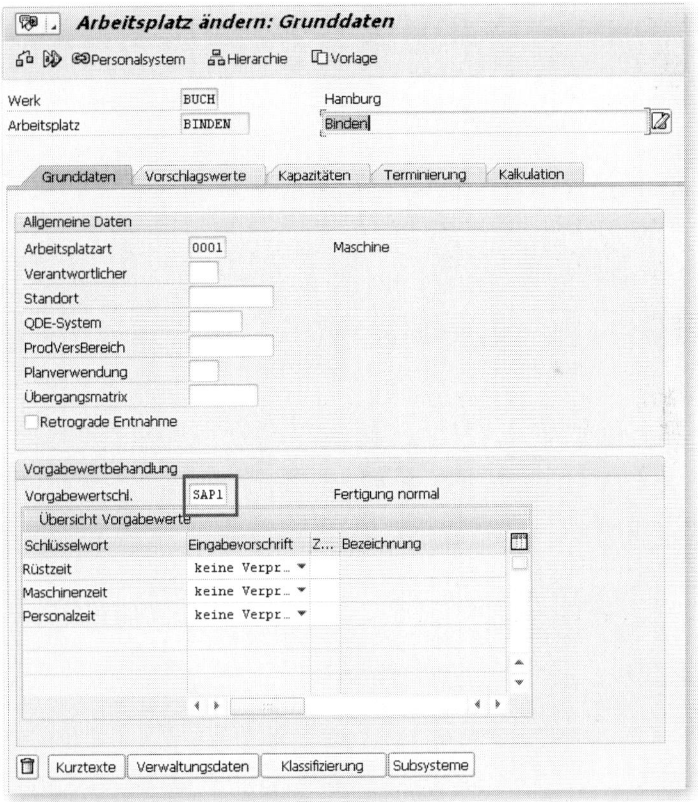

Abbildung 4.7: Arbeitsplatz – Sicht Grunddaten

Aus Sicht des Controllings ist außerdem der Reiter KALKULATION relevant (siehe Abbildung 4.8). Zunächst tragen Sie hier ein BEGINNDATUM
ein, ab dem der Arbeitsplatz mit einer Kostenstelle verknüpft werden
soll ❶. Als Nächstes ergänzen Sie die KOSTENSTELLE, deren Leistung über diesen Arbeitsplatz verrechnet werden soll ❷. Und
schließlich müssen Sie noch die LEISTUNGSART angeben, die bei der
Verrechnung herangezogen werden muss ❸. Der STEUERSCHLÜSSEL
❹ dient zur Berechnung, wie die benötigte Leistung genau zu ermitteln ist. Für Leistungen, die über die Dimension Zeit verrechnet werden sollen, bietet SAP im Standard den Steuerschlüssel SAP006.

Abbildung 4.8: Arbeitsplatz – Sicht Kalkulation

Verknüpfung von Kostenstelle und Leistungsart

 Bevor Sie eine Kostenstelle und Leistungsart mit einem Arbeitsplatz verknüpfen können, müssen Sie zuerst mithilfe der Transaktion KP26 eine Verbindung zwischen beiden Elementen hergestellt haben (siehe auch Abschnitt 3.1.6).

Nachdem Sie in der Kalkulationssicht des Arbeitsplatzes Verknüpfungen zu einer KOSTENSTELLE und einer LEISTUNGSART hergestellt haben, kann das System die Arbeitsvorgänge im Arbeitsplan zu diesem Arbeitsplatz bewerten. Dies erfolgt auf Basis des Stundensatzes, der für die Kombination aus Kostenstelle und Leistungsart hinterlegt ist.

4.5 Gemeinkostenzuschläge

Gemeinkostenzuschläge sind eine weitere Möglichkeit, Kosten an ein Produkt zu verrechnen, und werden vor allem für Arten von Kosten eingesetzt, die nicht eindeutig quantifizierbar sind – beispielsweise Vorgänge im Arbeitsplan. Kirsten Lotse will sich dafür einsetzen, die Kosten für das Rohstofflager, in dem das Papier für die Bücher gelagert wird, an die Endprodukte, also die gedruckten Bücher, zu verrechnen.

Mithilfe eines Gemeinkostenzuschlags können Sie Kosten von einer Kostenstelle (in unserem Beispiel das Rohstofflager) als prozentualen Zuschlag (beispielsweise 5 %) auf eine bestimmte Kostenart (hier den Verbrauch von Rohstoffen) an einen Empfänger (im Beispiel ein Buch) verrechnen.

Kirsten hat ausgerechnet, dass die gesamten Kosten des Rohstofflagers 10.000 € im Jahr betragen. Diese möchte sie folglich unter Verwendung von Gemeinkostenzuschlägen an die Produkte verrechnen. Außerdem hat sie festgestellt, dass der gesamte Verbrauch an Rohstoffen pro Jahr 200.000 € ausmacht. Die Kosten des Rohstofflagers entsprechen folglich 5 % der Gesamtkosten des Rohstoffverbrauchs. Sie legt daher fest, dass für jedes hergestellte Buch ein Gemeinkostenzuschlag für das Rohstofflager in Höhe von 5 % auf den Rohstoffverbrauch erhoben werden soll.

Um Gemeinkostenzuschläge einsetzen zu können, müssen sie im Customizing definiert sein. Sie werden mithilfe eines sogenannten *Kalkulationsschemas* abgebildet, das die folgenden Bestandteile enthält:

▶ eine Basis, die festlegt, auf welche Kostenarten der Zuschlag erhoben werden soll (hier also die Kostenarten für den Verbrauch von Rohstoffen),

▶ einen Zuschlagssatz, über den definiert wird, wie hoch der Zuschlag sein soll (im Beispiel 5 %),

▶ eine Entlastung, die angibt, von welcher Kostenstelle der Zuschlag entlastet werden soll (demnach das Rohstofflager).

Kirsten Lotse ruft also das Customizing ihres SAP-Systems auf und wählt dort den Pfad CONTROLLING • PRODUKTKOSTEN-CONTROLLING • PRODUKTKOSTENPLANUNG • GRUNDEINSTELLUNGEN FÜR DIE MATERIALKALKULATION • GEMEINKOSTENZUSCHLÄGE.

Um die Basis zu definieren, geht sie von hier aus zum Unterpunkt KALKULATIONSSCHEMA: BESTANDTEILE • BERECHNUNGSBASEN DEFINIEREN. Sie sieht zunächst ein Einstiegsbild mit einer Übersicht aller bereits erstellten Berechnungsbasen. Hier klickt sie auf den Button NEUE EINTRÄGE, um eine neue Basis anzulegen, die sie mit Roh benennt, und pflegt die Bezeichnung Verbrauch Rohstoffe (siehe Abbildung 4.9).

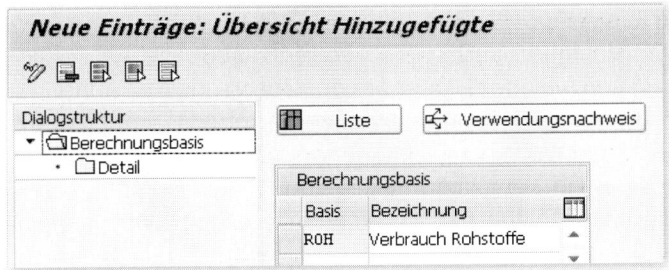

Abbildung 4.9: Berechnungsbasis anlegen

Sie wählt dann die neue Basis aus und klickt links in der DIA-LOGSTRUKTUR auf DETAIL. So gelangt sie in die Detailsicht der Be-rechnungsbasis. Nachdem sie erneut auf NEUE EINTRÄGE gedrückt hat, kann sie ein Kostenartenintervall für den Verbrauch von Rohstof-fen angeben, der die Basis für den Zuschlag bilden soll (siehe Abbil-dung 4.10).

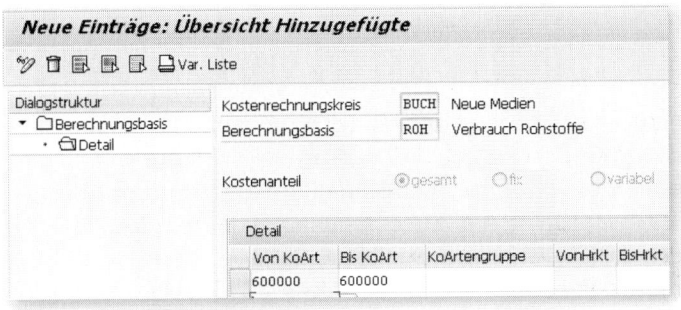

Abbildung 4.10: Kostenartenintervall eingeben

Damit hat Kirsten Lotse festgelegt, auf welche Kostenarten der Zu-schlag erfolgen soll. Im nächsten Schritt wählt sie im selben Customi-zing-Untermenü den Punkt PROZENTUALE ZUSCHLAGSSÄTZE DEFINIE-REN aus. Sie sieht daraufhin eine Liste bereits existierender Zu-schlagssätze und legt hier über den Button NEUE EINTRÄGE ebenfalls einen eigenen Eintrag an. Sie gibt dem Zuschlag den technischen Namen Z010 und hinterlegt als Bezeichnung Rohstofflager (siehe Abbildung 4.11). Sie muss außerdem noch in der Spalte ABHÄNGIG-KEIT entscheiden, von welchem Kriterium der Zuschlagssatz abhängig sein soll – sie könnte z. B. je Werk, Profitcenter oder Buchungskreis unterschiedliche Zuschlagssätze hinterlegen. Da unser Beispielunternehmen aktuell noch sehr klein ist und nur einen Buchungskreis und ein Werk umfasst, wählt sie die einfachste Möglichkeit: die ABHÄNGIGKEIT D000 von der Zuschlagsart. Wir werden gleich sehen, was das für Auswirkungen hat.

Abbildung 4.11: Zuschlagssatz anlegen

Indem die Controllerin den neuen Zuschlag auswählt und anschließend, analog zur zuvor definierten Berechnungsbasis, in der Dialogstruktur auf den Button DETAIL drückt, kann sie weitere Einstellungen vornehmen. Über NEUE EINTRÄGE definiert sie dort, dass im KOSTENRECHNUNGSKREIS BUCH ein Zuschlagssatz von 5 % gelten soll (siehe Abbildung 4.12). Über die Spalten GÜLTIG AB und BIS legt sie fest, dass der Satz zunächst nur für das Jahr 2015 gelten soll – für das nächste Geschäftsjahr wird sie den Zuschlagssatz erneut ausrechnen und ggf. anpassen. Kirsten Lotse hatte zuvor eine Abhängigkeit des Zuschlagssatzes von der ZUSCHLAGSART bestimmt. Die Zuschlagsart gibt an, ob der Zuschlag im Plan (also bei der Materialkalkulation) oder im Ist (zum Periodenabschluss im Produktkosten-Controlling) erfolgen soll. Damit für beide Fälle derselbe Zuschlagssatz gilt, nimmt sie je einen Eintrag für die Zuschlagsarten 1 (Ist) und 2 (Plan) vor.

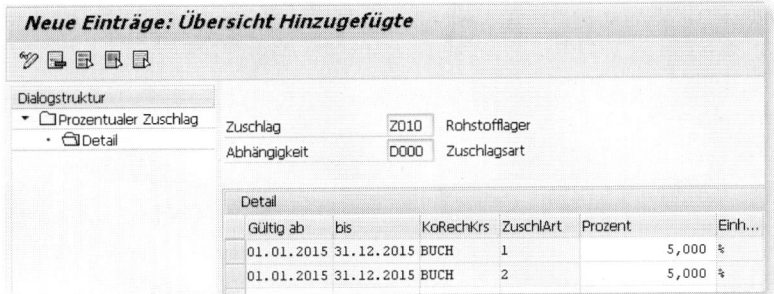

Abbildung 4.12: Zuschlagssatz – Details definieren

Nachdem Kirsten Lotse nun auch den Zuschlag festgelegt hat, erstellt sie im dritten Schritt die Entlastung. Sie wählt dazu im selben Customizing-Untermenü den Punkt ENTLASTUNGEN DEFINIEREN. Auch hier findet sie zunächst eine Übersicht aller bereits definierten Entlastungen und wählt NEUE EINTRÄGE, um eine neue anzulegen. Sie nennt diese neue Entlastung Z01 und pflegt als Bezeichnung Rohstofflager ein (siehe Abbildung 4.13).

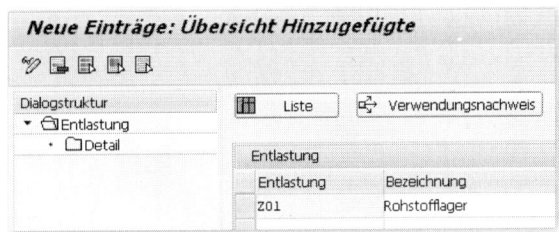

Abbildung 4.13: Entlastung anlegen

Wie bereits von den beiden vorherigen Customizing-Schritten bekannt, wählt sie die neue Entlastung aus und klickt in der Dialogstruktur auf DETAIL. Dort legt sie in der Spalte GÜLTG BIS fest, bis wann die Entlastung gültig sein soll (siehe Abbildung 4.14). In der Spalte KOSTENART hinterlegt sie eine sekundäre Kostenart vom Typ 41, die sie zuvor eigens definiert hat, wie in Abschnitt 3.1.2 beschrieben. Der Gemeinkostenzuschlag wird später unter dieser Kostenart gebucht. Unter KOSTENSTELLE trägt sie schließlich die Lagerkostenstelle ein, die durch den Gemeinkostenzuschlag entlastet werden soll.

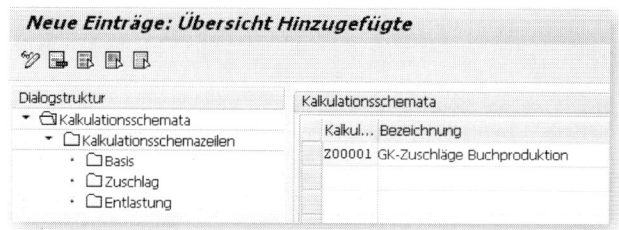

Abbildung 4.14: Entlastung – Details spezifizieren

Zum Schluss muss Kirsten Lotse die drei definierten Elemente – Berechnungsbasis, Zuschlag und Entlastung – in einem Kalkulationsschema zusammenführen. Dazu geht sie im Customizing wieder zurück zum Untermenü CONTROLLING • PRODUKTKOSTEN-CONTROLLING • PRODUKTKOSTENPLANUNG • GRUNDEINSTELLUNGEN FÜR DIE MATERIALKALKULATION • GEMEINKOSTENZUSCHLÄGE und wählt den Punkt KALKULATIONSSCHEMATA BEARBEITEN. Wie in den zuvor durchlaufenen Schritten findet sie zunächst eine Übersicht vor und erstellt einen neuen Eintrag (siehe Abbildung 4.15). Sie benennt ihr Kalkulationsschema Z00001 und hinterlegt die BEZEICHNUNG GK-Zuschläge Buchproduktion.

Abbildung 4.15: Kalkulationsschema anlegen

Anschließend wählt sie das neue Kalkulationsschema aus und drückt in der DIALOGSTRUKTUR auf KALKULATIONSSCHEMAZEILEN. Sie gelangt zu einer zunächst leeren Übersicht und legt neue Einträge an. In ihrem neuen Kalkulationsschema muss sie nun zwei Zeilen eintragen, um ihren Gemeinkostenzuschlag für das Rohstofflager umzusetzen. In ZEILE 10 fügt sie in der Spalte BASIS die zuvor erstellte Berechnungsbasis ein (siehe Abbildung 4.16). In der zweiten Zeile, die mit 20 nummeriert ist, trägt sie in der Spalte ZUSCHLAG den zuvor angelegten Zuschlag ein. In den Spalten VON und BIS ZEILE muss sie festlegen, auf welche Basis sich dieser Zuschlag beziehen soll – in diesem Fall also ZEILE 10. Schließlich fügt Kirsten Lotse die Entlastung in der entsprechenden Spalte ein, um die Verknüpfung zur entlasteten Kostenstelle herzustellen.

Einsatz von Gemeinkostenzuschlägen

 Gemeinkostenzuschläge können Sie mithilfe von Kalkulationsschemata nicht nur bei der Produktkalkulation, sondern auch für die Kostenverrechnung an Kostenstellen, Innen- oder Fertigungsaufträgen verwenden.

Neue Einträge: Übersicht Hinzugefügte

Schema Z00001 GK-Zuschläge Buchproduktion

Dialogstruktur
- ☐ Kalkulationsschemata
  - ☐ Kalkulationsschemazeilen
    - ☐ Basis
    - ☐ Zuschlag
    - ☐ Entlastung

Kalkulationsschemazeilen

Zeile	Basis	Zuschlag	Bezeichnung	von	bis Zeile	Entlastung
10	ROH		Verbrauch Rohstoffe			
20		Z010	Rohstofflager	10	10	Z01

Abbildung 4.16: Kalkulationsschemazeilen pflegen

Kirsten Lotse hat nun mit dem Materialstamm für das finale Produkt, der Stückliste, dem Arbeitsplan (inklusive den dazugehörigen Arbeitsplätzen) und dem Gemeinkostenzuschlag alle Voraussetzungen erfüllt, um eine Materialkalkulation für das Buch »Excel für Zahlenschubser« durchführen zu können..

4.6 Materialkalkulation durchführen

Die Controllerin wählt für die Materialkalkulation den Menüpfad CONTROLLING • PRODUKTKOSTEN-CONTROLLING • PRODUKTKOSTENPLANUNG • MATERIALKALKULATION • KALKULATION MIT MENGENGERÜST • ANLEGEN (Transaktion CK11N). Sie trägt im Feld MATERIAL den Titel des zu

197

produzierenden Buches ein und wählt das entsprechende WERK aus. Weiter unten muss sie eine sogenannte KALKULATIONSVARIANTE bestimmen (siehe Abbildung 4.17).

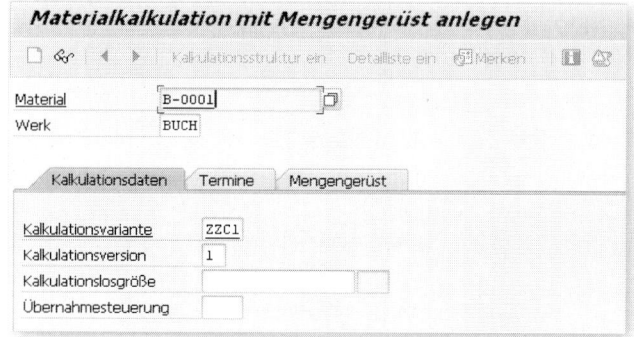

Abbildung 4.17: Materialkalkulation: Einstieg

4.6.1 Die Kalkulationsvariante

Frau Lotse fragt sich, wozu eine solche Kalkulationsvariante dient und was sie beinhaltet. Nachdem sie etwas recherchiert hat, findet sie heraus, dass es eine Fülle an Parametern gibt, die man bei der Materialkalkulation justieren sollte. Die Kalkulationsvariante dient dazu, all diese Parameter voreinzustellen, sodass man sie nicht bei jeder Kalkulation neu eingeben muss. Hinzu kommt, dass die Kalkulationsvariante auch dabei hilft, Kalkulationen zu klassifizieren. So weiß Kirsten, dass alle Kalkulationen, die mit der Kalkulationsvariante ZZC1 erstellt wurden, auf denselben Parametern beruhen und dadurch miteinander vergleichbar sind. Abbildung 4.18 zeigt einen Überblick über alle Parameter, die in einer Kalkulationsvariante enthalten sind. Wir möchten diese nicht im Detail besprechen, sondern gehen nur auf die wichtigste ein: die *Bewertungsvariante*.

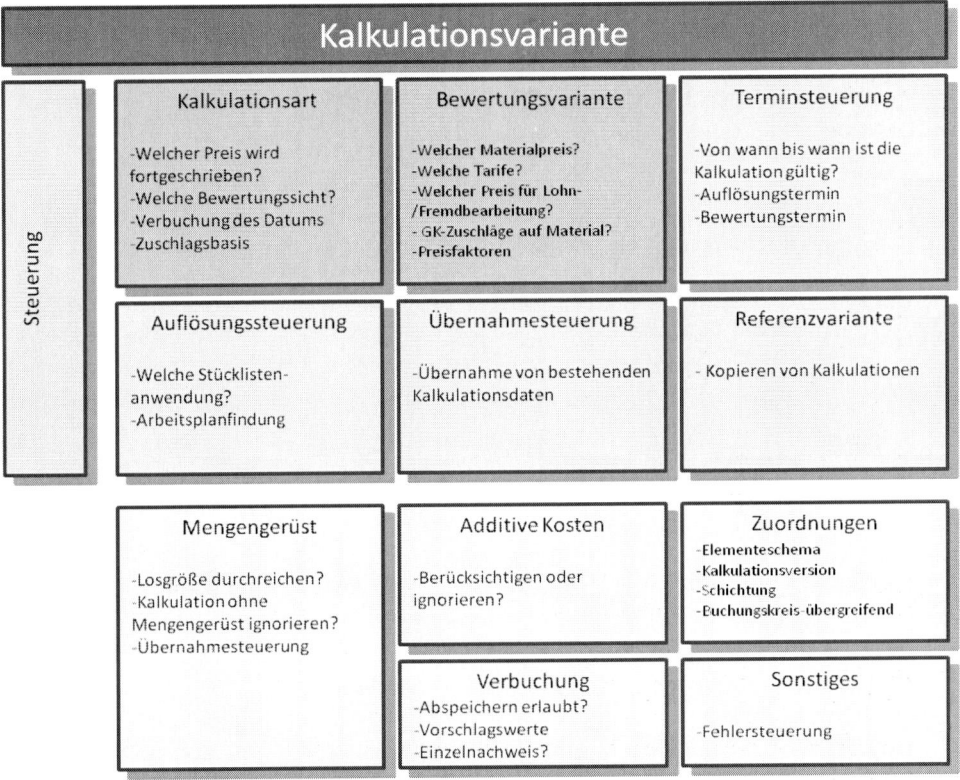

Abbildung 4.18: Überblick Kalkulationsvariante

Um nachzuprüfen, wie die Parameter der Kalkulationsvariante ZZC1 eingestellt sind, begibt sich Kirsten Lotse erneut ins Customizing und dort über den Menüpfad CONTROLLING • PRODUKTKOSTEN- CONTROLLING • PRODUKTKOSTENPLANUNG • KALKULATION MIT MENGEN- GERÜST • KALKULATIONSVARIANTEN DEFINIEREN (Transaktion OKKN). Sie wählt die KALKULATIONSVARIANTE ZZC1 aus und erhält die in Abbil- dung 4.19 dargestellte Übersicht.

199

Abbildung 4.19: Einstieg in die Pflege der Kalkulationsvariante

Die KALKULATIONSART gibt vor, zu welchem Zweck eine Kalkulation mit dieser Variante durchgeführt werden soll – in diesem Fall ist eine Plankalkulation ausgewählt; es gibt aber auch Kalkulationsarten für Fertigungsaufträge oder die Inventurkalkulation.

Die BEWERTUNGSVARIANTE enthält wichtige Einstellungen zur Bewertung der Einzelteile (Material, Fertigungskosten, Gemeinkostenzuschläge) einer Kalkulation. Um diese Einstellungen zu überprüfen, drückt Kirsten Lotse auf den Button [Bewertungsvariante]. Es werden ihr daraufhin mehrere Sichten angeboten, die unterschiedliche Aspekte der Bewertung steuern. In der ersten Sicht wird die MATERIALBEWERTUNG eingestellt (siehe Abbildung 4.20).

Mit diesem Parameter entscheiden Sie für die Zwecke der Materialkalkulation, zu welchem Preis ein Rohstoff (z. B. Papier) bewertet werden soll, der in der Stückliste eines Fertigproduktes (z. B. eines Buches) enthalten ist. Dieser Preis muss nicht zwangsläufig der aktuell gültige Preis im Materialstamm des Rohstoffs sein. Erinnern wir uns an Abschnitt 4.1, wo wir den Materialstamm vorgestellt haben. Sicher wissen Sie noch, dass ein Material entweder zum gleitenden Durchschnitts- oder zum Standardpreis bewertet werden kann. Auch wenn eine Bewertung zum Standardpreis durchgeführt wird, wird der gleitende Durchschnittspreis vom System stets fortgeführt. Darüber hinaus können Sie im Materialstamm Planpreise hinterlegen, beispielsweise als Erwartungswert für Rohstoffe im kommenden Geschäftsjahr. Jeden dieser Preise können Sie bei der Materialkalkulation heranziehen.

Preise in Stückliste und Materialstamm

 Warum sollten Sie in der Stückliste Rohstoffe zu einem anderen Preis bewerten als zu dem im Materialstamm gültigen? Die Materialkalkulation ist immer in die Zukunft gerichtet und bestimmt einen Preis, der z. B. für das kommende Jahr gültig sein soll. In unserem Beispiel weiß Frau Lotse, dass der Preis für den Rohstoff Papier jährlich um 5 % steigt. Also hinterlegt sie im Materialstamm für Papier einen Planpreis, der um 5 % über dem aktuellen gleitenden Durchschnittspreis liegt. Bei der Kalkulation aller Bücher für das kommende Geschäftsjahr wird dann das Papier bereits zum höheren, erwarteten Preis bewertet. Das Ergebnis ist damit realistischer, als wenn die Controllerin den aktuell gültigen Preis für Papier herangezogen hätte.

Sie können hier mithilfe einer sogenannten STRATEGIEFOLGE festlegen, welchen Preis das System bei der Kalkulation heranziehen soll. Im Beispiel in Abbildung 4.20 ist die sehr einfache Strategie des Verlags »Neue Medien« dargestellt, die aus nur einem Schritt besteht: Es soll der Bewertungspreis laut Preissteuerung im Materialstamm herangezogen werden. Wenn dort also z. B. das Material zum Standardpreis bewertet wurde, soll stets der Standardpreis verwendet werden.

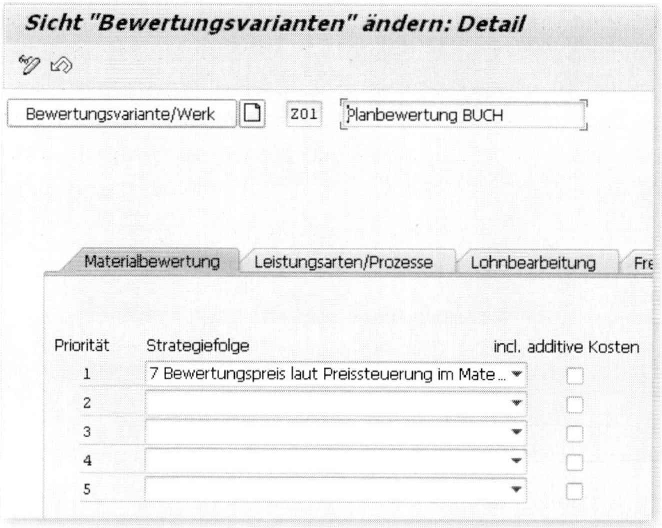

Abbildung 4.20: Bewertungsvariante – Materialbewertung

Für die Fertigungskosten, also die Tarife für Kostenstellen und Leistungsarten, hat Kirsten Lotse im Reiter LEISTUNGSARTEN/PROZESSE analog ebenfalls eine Strategiefolge definiert (siehe Abbildung 4.21). Auch hier genügt ihr ein einzelner Schritt, nämlich Plantarif als Durchschnitt über alle Geschäftsjahresperioden. Für den Fall, dass die Leistungen für die einzelnen Perioden unterschiedliche Tarife aufweisen, bewirkt dieser Parameter, dass aus allen Periodentarifen der Durchschnitt gebildet wird. Damit erreicht die Controllerin, dass bei der Kalkulation eines Produktes für den Zeitraum von einem Jahr in allen Perioden derselbe Leistungstarif herangezogen wird.

Abbildung 4.21: Bewertungsvariante – Leistungsarten/Prozesse

Im Reiter GEMEINKOSTEN schließlich hat Kirsten das Kalkulations-schema für die Berechnung der Gemeinkostenzuschläge eingetra-gen, das wir im vorangegangenen Abschnitt definiert haben (siehe Abbildung 4.22). Dies ist die entscheidende Verknüpfung, damit das SAP-System bei der Produktkalkulation weiß, welche Gemeinkosten-zuschläge es erheben soll.

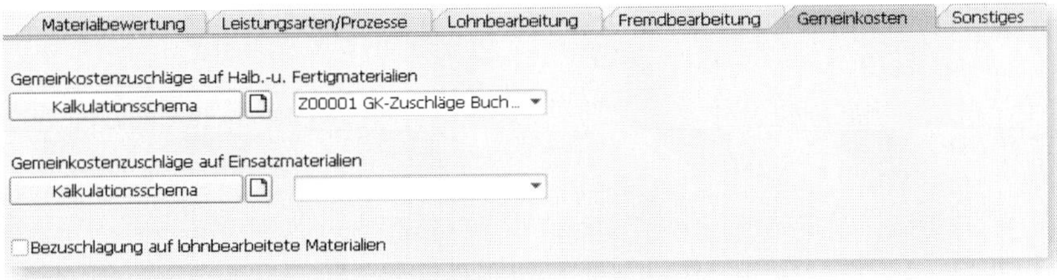

| Materialbewertung | Leistungsarten/Prozesse | Lohnbearbeitung | Fremdbearbeitung | Gemeinkosten | Sonstiges |

Gemeinkostenzuschläge auf Halb.-u. Fertigmaterialien

Kalkulationsschema — Z00001 GK-Zuschläge Buch.. ▼

Gemeinkostenzuschläge auf Einsatzmaterialien

Kalkulationsschema ▼

☐ Bezuschlagung auf lohnbearbeitete Materialien

Abbildung 4.22: Bewertungsvariante – Gemeinkosten

4.6.2 Durchführen der Materialkalkulation

Nachdem wir uns die Kalkulationsvariante im Detail angesehen ha-ben, kehren wir zurück zur Materialkalkulation. Im zweiten Reiter TERMINE möchte das System wissen, für welchen Zeitraum die Pro-duktkalkulation angelegt werden soll (siehe Abbildung 4.23). Das Buch »Excel für Zahlenschubser« soll ab Juni 2015 gedruckt werden, also wählt Kirsten Lotse den 01.06.2015 als Startdatum (im Feld KALKULATIONSDATUM AB). Im Verlag »Neue Medien« wird, wie in den meisten anderen Unternehmen auch, einmal im Jahr eine Planung durchgeführt, in deren Zuge auch die Leistungstarife überarbeitet werden. Das bedeutet, dass die Leistungstarife danach dann das ganze Jahr über konstant bleiben. Es ist in diesem Falle also sinnvoll, die Kalkulation für den Rest des laufenden Geschäftsjahres zu absol-vieren. Rechtzeitig zu Beginn des nächsten Geschäftsjahres wird die Controllerin somit eine neue Materialkalkulation durchführen.

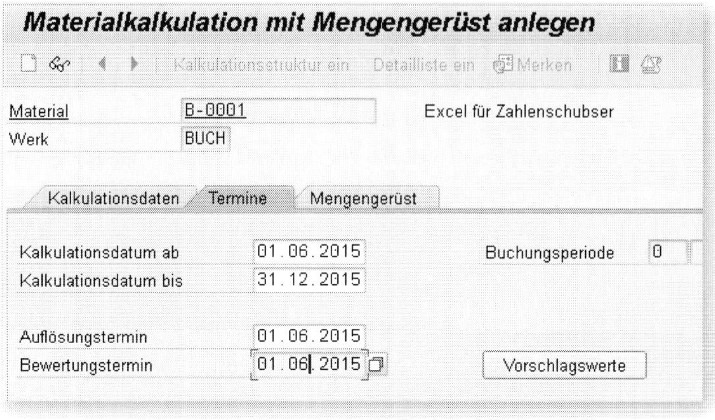

Abbildung 4.23: Materialkalkulation – Termine

Der AUFLÖSUNGSTERMIN gibt an, auf welche Version des Mengenge-
rüstes man sich bei der Kalkulation beziehen will. Da Stücklisten und
Arbeitspläne von der Arbeitsvorbereitung jederzeit überarbeitet werden können, wählt Kirsten Lotse an dieser Stelle das Mengengerüst
aus, das zum 01.06.2015 gültig sein soll.

Der BEWERTUNGSTERMIN hingegen bestimmt den Gültigkeitszeitpunkt
der Preise – Materialpreise, Leistungstarife und Gemeinkostenzuschläge. Auch hier möchte die Controllerin die zum Druckbeginn des
Buches gültigen Preise für die Kalkulation heranziehen.

Durch Betätigen der ⌊Enter⌋-Taste erstellt sie nun eine neue Materialkalkulation. Das System kalkuliert das Material auf Basis des zugrunde liegenden Mengengerüsts und stellt die Ergebnisse in einer
Zusammenfassung dar, die Sie in Abbildung 4.24 sehen können.

In der ELEMENTESICHT ❶ sehen Sie eine Zusammenfassung der
ermittelten Produktkosten, die im EINZELNACHWEIS ❷ noch einmal
detaillierter dargestellt ist. Die KALKULATIONSSTRUKTUR ❸ hingegen
dient dazu, das Mengengerüst des Produktes zu analysieren. Wir
werden uns diesen drei Sichten nun im Detail zuwenden.

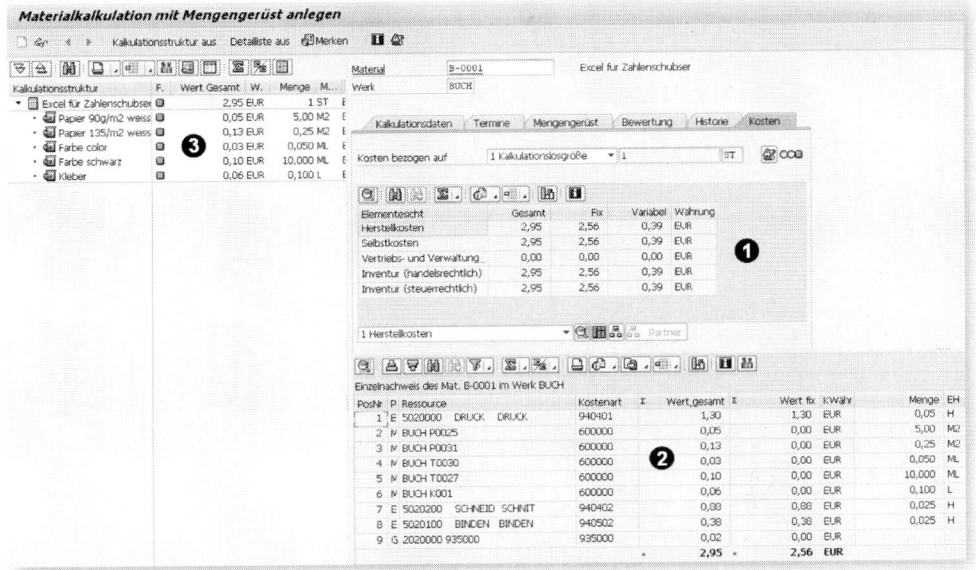

Abbildung 4.24: Materialkalkulation – Überblick

In der ELEMENTESICHT sehen Sie das Resümee der Kalkulation: Es kostet 2,95 EUR, ein Exemplar von »Excel für Zahlenschubser« herzustellen (siehe Abbildung 4.25). Die Kalkulation erfolgte für auf Basis eines Stücks, wie Sie im Feld KOSTEN BEZOGEN AUF ablesen können ❶. Die Ursache dafür ist der Parameter KALKULATIONSLOS-GRÖßE, den Kirsten Lotse in der Sicht KALKULATION 1 im Material-stamm eingestellt hatte (siehe Abbildung 4.3 in Abschnitt 4.1). Es ist aber auch möglich, sich die Herstellkosten für eine andere Menge anzeigen zu lassen, indem Sie statt KALKULATIONSLOSGRÖßE einen anderen Wert auswählen, wie z. B. PREISEINHEIT (ein weiteres Feld im Materialstamm) oder BENUTZEREINGABE – hier können Sie dann frei eingeben, für welche Menge Sie die Herstellkosten sehen möchten.

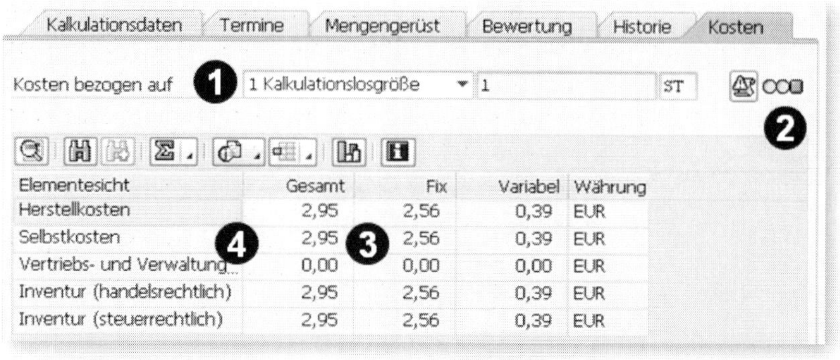

Abbildung 4.25: Elementesicht

Der Status ❷ gibt an, ob die Kalkulation erfolgreich war. Nur wenn sie ohne Fehler verlief, können Sie die Kalkulation weiterverwenden und im Materialstamm fortschreiben. Sollten Sie Fehlermeldungen erhalten, müssen Sie ggf. in den Systemeinstellungen oder Stammdaten Korrekturen vornehmen und die Kalkulation wiederholen.

In der tabellarischen Auflistung, die Sie unter ❸ sehen, findet Kirsten Lotse schließlich das Kalkulationsergebnis – allerdings nicht nur einmal, sondern gleich mehrfach! Nach etwas Recherche stellt sich heraus, dass es sich dabei um verschiedene sogenannte *Elementesichten* handelt.

Dass es in SAP verschiedene Sichten gibt, hat damit zu tun, dass die Herstellkosten eines Materials aus verschiedenen Blickwinkeln betrachtet werden können. Wie in Abschnitt 4.1 dargestellt, gibt es je Material einen gültigen Preis (Standard- oder Bewertungspreis). Dieser wird für die bilanzielle Bestandsbewertung des Materials herangezogen. Er unterliegt damit den Bilanzbewertungsrichtlinien des externen Rechnungswesens. Zudem ist gesetzlich festgelegt, welche Bestandteile in den Preis mit hineingerechnet werden dürfen und welche nicht. In der ELEMENTESICHT entspricht die Sicht Herstell-kosten den gesetzlich vorgeschriebenen Standards.

Es kann aber durchaus vorkommen, dass Unternehmen zusätzlich zu den gesetzlichen Anforderungen weitere Kosten in den Produktpreis mit aufnehmen wollen. Dies können z. B. Zuschläge für ein Fertigwarenlager, die Verwaltung oder den Vertrieb bzw. Gewinnaufschläge in den Kostenstellentarifen sein. Diese Aspekte dürfen im Herstellpreis, der in der Bilanz ausgewiesen wird, nicht enthalten sein. Es kann aus unternehmerischen Gesichtspunkten aber durchaus sinnvoll sein, sie in einer zusätzlichen Kostensicht darzustellen. Die entsprechenden Kosten könnten etwa in der Sicht Vertriebs- und Verwaltungskosten angezeigt werden, während die Summe aus Herstell-, Vertriebs- und Verwaltungskosten in der Sicht Selbstkosten zusammengeführt werden. Analog kann man in den Sichten Inventur (handelsrechtlich) und Inventur (steuerrechtlich) weitere bzw. alternative Kosten darstellen, die nicht notwendigerweise den gesetzlich vorgeschriebenen Herstellkosten entsprechen. All diese Sichten sind in Abbildung 4.25 unter ❹ aufgeführt.

Im Einzelnachweis findet Kirsten Lotse nun eine detailliertere Darstellung der Herstellkosten, die für ein Exemplar von »Excel für Zahlenschubser« notwendig sind (siehe Abbildung 4.26). In der Spalte RESSOURCE kann sie erkennen, um welchen Bestandteil es genau geht, in der Spalte mit der Überschrift P links daneben findet die Controllerin auch eine Klassifizierung der einzelnen Kosten:

▶ E: Eigenleistung (also Kostenstelle mit Leistungsart),

▶ M: Material,

▶ G: Gemeinkostenzuschlag.

Die Klassifizierung erledigt das SAP-System automatisch; es kann anhand des Mengengerüsts selbst erkennen, welche Kosten zu den Eigenleistungen, zum Material etc. gehören.

Einzelnachweis des Mat. B-0001 im Werk BUCH

PosNr	P...	Ressource	Kostenart	Σ	Wert gesamt	Σ	Wert fix	KWähr	Menge	EH
1	E	5020000 DRUCK DRUCK	940401		1,30		1,30	EUR	0,05	H
2	M	BUCH P0025	600000		0,05		0,00	EUR	5,00	M2
3	M	BUCH P0031	600000		0,13		0,00	EUR	0,25	M2
4	M	BUCH T0030	600000		0,03		0,00	EUR	0,050	ML
5	M	BUCH T0027	600000		0,10		0,00	EUR	10,000	ML
6	M	BUCH K001	600000		0,06		0,00	EUR	0,100	L
7	E	5020200 SCHNEID SCHNIT	940402		0,88		0,88	EUR	0,025	H
8	E	5020100 BINDEN BINDEN	940502		0,38		0,38	EUR	0,025	H
9	G	2020000 935000	935000		0,02		0,00	EUR		
				*	2,95	*	2,56	EUR		

Abbildung 4.26: Einzelnachweis

In der Spalte KOSTENART ist darüber hinaus die Kostenart dargestellt, unter der die Kosten anfallen. Und schließlich findet Kirsten in der Spalte WERT GESAMT die Kosten je Bestandteil und in der Spalte MENGE die jeweilige Verbrauchsmenge. Eine besser strukturierte Darstellung ruft sie auf, indem sie den Button ▦ drückt. Hier sieht sie die einzelnen Kostenbestandteile zusammengefasst nach sogenannten *Kostenelementen* (siehe Abbildung 4.27). Sie kann nun übersichtlicher analysieren, wie sich die Herstellkosten aus Material-, Fertigungs- und Gemeinkosten zusammensetzen.

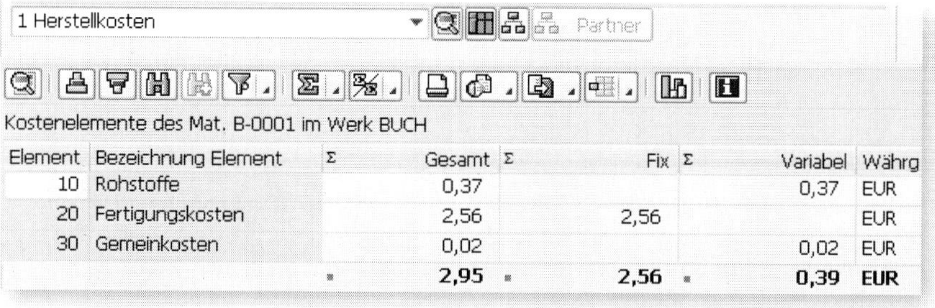

Kostenelemente des Mat. B-0001 im Werk BUCH

Element	Bezeichnung Element	Σ	Gesamt Σ	Fix Σ	Variabel	Währg
10	Rohstoffe		0,37		0,37	EUR
20	Fertigungskosten		2,56	2,56		EUR
30	Gemeinkosten		0,02		0,02	EUR
		▪	**2,95** ▪	**2,56** ▪	**0,39**	**EUR**

Abbildung 4.27: Darstellung der Kostenschichtung

4.6.3 Das Elementeschema

Die Kostenschichtung basiert auf einer Zuordnung der angefallenen Kostenarten zu sogenannten *Kostenelementen*. Diese werden im *Elementeschema* definiert. Sie pflegen es im Customizing über den Menüpfad CONTROLLING • PRODUKTKOSTEN-CONTROLLING • PRODUKT-KOSTENPLANUNG • GRUNDEINSTELLUNGEN FÜR DIE MATERIALKALKULATION • ELEMENTESCHEMA DEFINIEREN (Transaktion OKTZ). Für den Verlag »Neue Medien« hat Kirsten Lotse hier ein Elementeschema B1 definiert, das den Anforderungen eines Verlags genügt (siehe Abbildung 4.28). Für Unternehmen aus anderen Branchen kann dieses hingegen ganz anders aussehen.

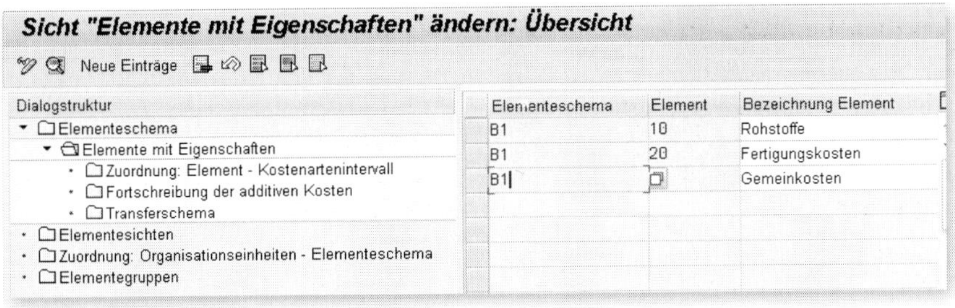

Sicht "Elemente mit Eigenschaften" ändern: Übersicht

%⁄ Qⁱ   Neue Einträge   ▦ ▨ ▤ ▥ ▦

Dialogstruktur	Elementeschema	Element	Bezeichnung Element	[
▾ ☐ Elementeschema	B1	10	Rohstoffe	
▾ ☐ Elemente mit Eigenschaften	B1	20	Fertigungskosten	
• ☐ Zuordnung: Element - Kostenartenintervall	B1		Gemeinkosten	
• ☐ Fortschreibung der additiven Kosten				
• ☐ Transferschema				
• ☐ Elementesichten				
• ☐ Zuordnung: Organisationseinheiten - Elementeschema				
• ☐ Elementegruppen				

Abbildung 4.28: Elementeschema

Das Elementeschema besteht aus einzelnen Elementen, die zur Strukturierung der Herstellkosten eines Produktes dienen, wie Sie oben gesehen haben (in diesem Beispiel: Rohstoffe, Fertigungs- und Gemeinkosten). Die Bezeichnungen der Elemente können Sie Ihren Anforderungen entsprechend anpassen. Indem Sie ein Element selektieren und dann auf ZUORDNUNG ELEMENT – KOSTENARTENINTERVALL drücken, können Sie die Kostenarten auswählen, die unter diesem Element zusammengefasst werden (siehe Abbildung 4.29).

Elementeschema	Kontenplan	Kostenart von	Herkunftsgruppe	Kostenart bis	Element	Bezeichnung Element
B1	IKR	600000		600000	10	Rohstoffe
B1	IKR	935000		935000	30	Gemeinkosten
B1	IKR	940401		949999	20	Fertigungskosten

Abbildung 4.29: Zuordnung Kostenarten zu Elementen

Zwar hat Kirsten Lotse nun eine Kalkulation zum neuen Buch durchgeführt, dadurch hat sich aber am Materialstamm noch nichts geändert: Der Standardpreis ist immer noch derselbe wie zuvor (siehe Abbildung 4.30), und auch in der Sicht KALKULATION 2 ist noch keine aktuelle Kalkulation zu sehen (siehe Abbildung 4.31). Um den kalkulierten Preis wirksam werden zu lassen, muss die Controllerin zwei weitere Schritte durchführen: die *Vormerkung* und die *Freigabe*.

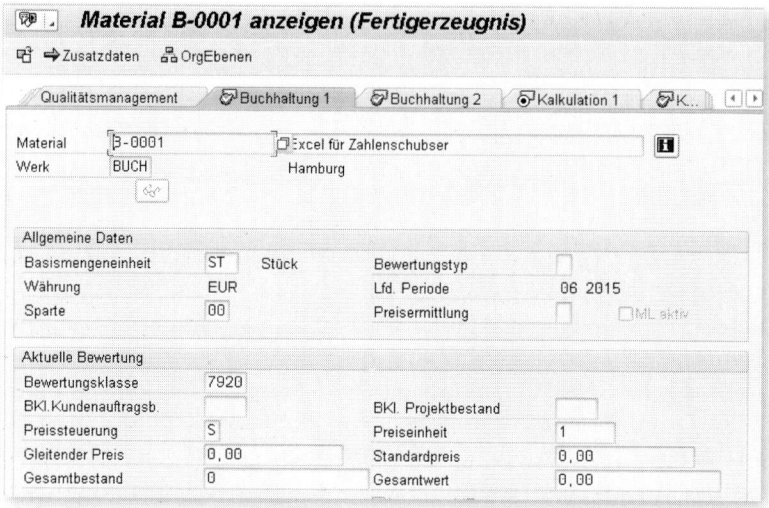

Abbildung 4.30: Sicht BUCHHALTUNG 1 im Materialstamm

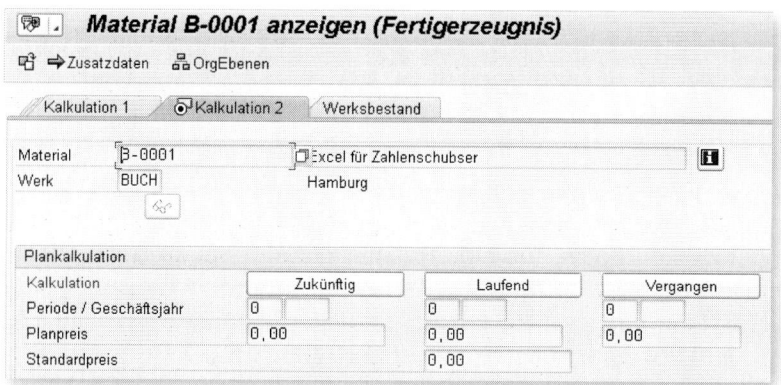

Abbildung 4.31: Sicht KALKULATION 2 im Materialstamm

4.7 Kalkulation vormerken

Eine Kalkulation kann beliebig oft wiederholt werden. Erst wenn alle eventuellen Fehler beseitigt und der kalkulierte Preis plausibel ist, schreiben Sie ihn in einem zweistufigen Verfahren fort.

Der erste Schritt ist die Vormerkung, mit der Sie den kalkulierten Preis zum zukünftigen Standardpreis erklären. Beim Verlag »Neue Medien« (wie bei vielen anderen Unternehmen auch) wird typischerweise gegen Ende eines Jahres eine neue Kalkulation für alle Produkte durchgeführt, deren Ergebnisse mit dem neuen Geschäftsjahr gültig werden. Dies liegt daran, dass die meisten Unternehmen einmal im Jahr eine Kostenstellenplanung für das nächste Jahr durchführen und sich dadurch die Plantarife der Kostenstellen ändern. Darüber hinaus berücksichtigt die neue Kalkulation auch die aktuell gültigen Rohstoffpreise, die zum gleitenden Durchschnittspreis bewertet sind.

Handelt es sich hingegen um die Einführung eines neuen Produkts, werden Sie nicht bis zum Jahresende mit der Kalkulation warten. Kirsten Lotse will daher den soeben kalkulierten Preis für »Excel für Zahlenschubser« sofort wirksam werden lassen, da das Buch bald gedruckt werden soll.

Um die Vormerkung durchzuführen, ruft die Controllerin die Preisfortschreibung auf. Dazu wählt sie den Menüpfad RECHNUNGSWESEN • CONTROLLING • PRODUKTKOSTEN-CONTROLLING • PRODUKTKOSTENPLANUNG • MATERIALKALKULATION • PREISFORTSCHREIBUNG (Transaktion CK24) auf. Als Erstes muss sie über den Button [Vormerkerlaubnis] die Vormerkung für das Werk zulassen. Dann trägt sie ein, für welche Buchungsperiode bzw. welches Geschäftsjahr sie eine Vormerkung durchführen will und wählt den entsprechenden BUCHUNGSKREIS sowie das WERK und das MATERIAL aus (siehe Abbildung 4.32).

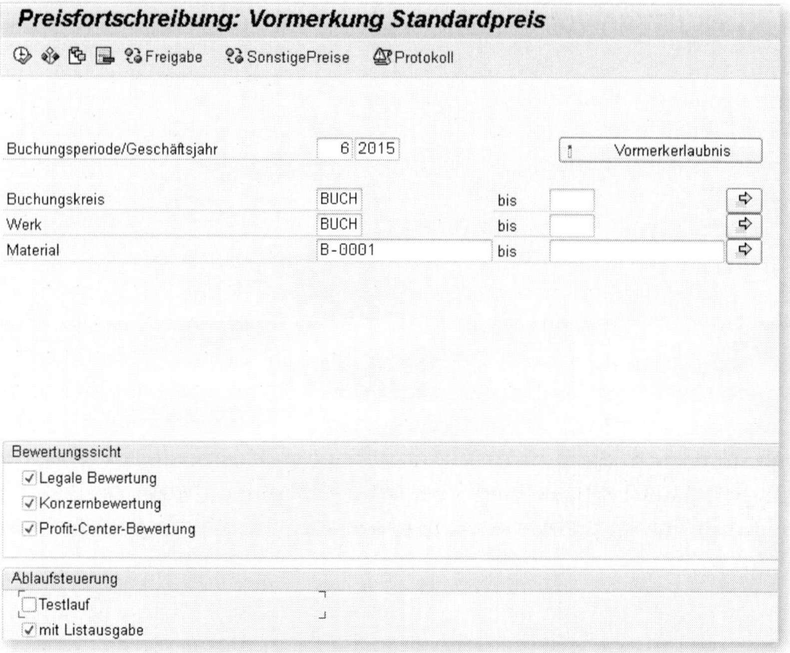

Preisfortschreibung: Vormerkung Standardpreis

⊕ ⬦ 🗗 🖨 ⛏Freigabe ⛏SonstigePreise ⚒Protokoll

| Buchungsperiode/Geschäftsjahr | | 6 | 2015 | | | ⓘ | Vormerkerlaubnis |

Buchungskreis	BUCH	bis		⇨
Werk	BUCH	bis		⇨
Material	B-0001	bis		⇨

Bewertungssicht
- ✓ Legale Bewertung
- ✓ Konzernbewertung
- ✓ Profit-Center-Bewertung

Ablaufsteuerung
- ☐ Testlauf
- ✓ mit Listausgabe

Abbildung 4.32: Vormerkung

Nach der Vormerkung können Sie sofort eine Änderung im Material-stamm erkennen: In der Sicht KALKULATION 2 ist der soeben vorge-merkte Preis als zukünftige Kalkulation eingetragen, mit dem Button ⸢ Zukünftig ⸣ können Sie die dazugehörige Kalkulation aufrufen.

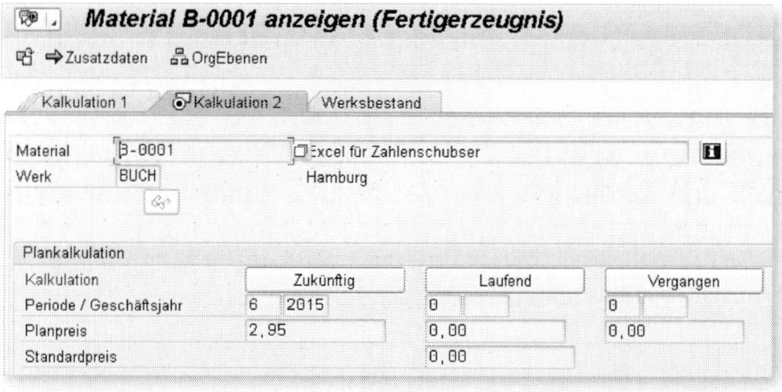

Material B-0001 anzeigen (Fertigerzeugnis)

🗗 ⇨Zusatzdaten 🗄OrgEbenen

Kalkulation 1   ⊙ Kalkulation 2   Werksbestand

| Material | B-0001 | ⏹Excel für Zahlenschubser | ⓘ |
| Werk | BUCH | Hamburg | |

Plankalkulation

Kalkulation	Zukünftig	Laufend	Vergangen
Periode / Geschäftsjahr	6 2015	0	0
Planpreis	2,95	0,00	0,00
Standardpreis		0,00	

Abbildung 4.33: Vorgemerkte Plankalkulation im Materialstamm

4.8 Kalkulation freigeben

Um die vorgemerkte Kalkulation als neuen Standardpreis wirksam werden zu lassen, kehrt Kirsten Lotse in die Preisfortschreibung zurück und schaltet über den Button ⚙Freigabe auf den zweiten Schritt um: die Freigabe. Sie wählt dazu dieselben Parameter wie bei der Vormerkung und führt die Freigabe aus. Danach versichert sich die Controllerin im Materialstamm, dass nun der neue STANDARDPREIS gültig ist (siehe Abbildung 4.34). Analog wird die Kalkulation in der Sicht KALKULATION 2 nun als laufende Kalkulation angezeigt. Hätte zu diesem Zeitpunkt bereits ein früher kalkulierter Preis existiert, so wäre dieser entsprechend in die »vergangene Kalkulation« gerutscht.

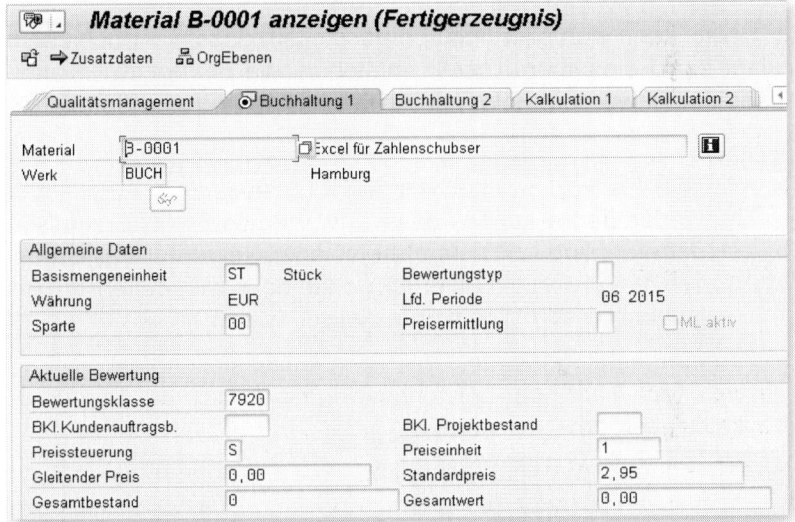

Abbildung 4.34: Materialstamm mit aktualisiertem Standardpreis

Freigabe des Standardpreises

Sie können für jedes Material nur einmal je Periode den Standardpreis freigeben. Prüfen Sie daher vorher sorgfältig, ob der Preis korrekt ist.

Nachdem Kirsten Lotse den Herstellpreis für das neue Buch »Excel für Zahlenschubser« im Materialstamm aktualisiert hat, kann das Buch in den Druck gehen.

4.9 Kostenträgerrechnung

Mit der Standardpreiskalkulation hat Frau Lotse eine realistische und nachvollziehbare Grundlage geschaffen, zu welchen Kosten das Buch »Excel für Zahlenschubser« produziert werden kann. Erfolgt jetzt der Druck des Buches, so wird es auch mit diesem Wert ans Lager gelegt und in der Bilanz als Umlaufvermögen dargestellt.

In der Praxis kann sich allerdings herausstellen, dass nicht bei jedem Drucklauf exakt dieselben Kosten entstehen, die bei der Kalkulation zugrunde gelegt wurden. Folgende Abweichungen zur Standardkalkulation sind denkbar:

▶ längere Fertigungszeiten als die veranschlagten – dies kann entweder daran liegen, dass unvorhergesehene Ereignisse eingetreten sind (z. B. eine ungeplante Reparatur der Druckmaschine oder ein Fehldruck) oder dass die Zeiten im Arbeitsplan von vornherein unrealistisch waren;

▶ andere Leistungstarife, weil die Kostenstellenplanung und damit die Tarife der Leistungsarten noch nach der Standardkalkulation erneuert wurden;

▶ ein höherer Materialverbrauch, weil z. B. ungeplanter Ausschuss anfiel oder die geplanten Mengen in der Stückliste nicht realistisch waren;

▶ andere Materialkosten, weil sich der gleitende Durchschnittspreis der Rohstoffe seit der Produktkalkulation geändert hat.

▶ Eine neue Berechnungsbasis für die Gemeinkostenzuschläge führt auch zu geänderten Zuschlägen.

In den diversen Industriebranchen kommen unterschiedliche Szenarien vor, wie Produkte gefertigt werden. Es hat sich allgemein eine Unterscheidung in die folgenden vier Szenarien etabliert:

▶ *Anonyme Lagerfertigung* (engl.: Make to Stock, MTS); Produkte werden ohne Bezug zu einer konkreten Kundenbestellung gefertigt und auf Lager gelegt. Die Produkte sind standardisiert und werden nicht verändert (Beispiele: Bücher, Zigaretten, Streichhölzer).

▶ *Kundeneinzelfertigung* (engl.: Make to Order, MTO): Erst wenn ein Kunde bestellt hat, werden die Produkte genau für diesen Kundenauftrag gefertigt und geliefert. Auch in diesem Szenario handelt es sich um standardisierte Produkte, die unverändert bleiben. Dieses Verfahren wird vor allem von Unternehmen eingesetzt, die entweder sehr hochwertige Produkte fertigen (z. B. Hochpräzisionswaagen) und ihre Kapitalbindung verringern wollen oder sehr viele Variationen ihrer Produkte herstellen, von denen jede einzelne nur selten verkauft wird (z. B. feuerfeste Steine für Zementöfen, die sehr viele unterschiedliche Formate aufweisen können).

▶ *Variantenkonfiguration* (engl.: Configure to order, CTS): Die Produkte sind bis zu einem gewissen Grad standardisiert, Kunden können aber aus verschiedenen Optionen auswählen. Es wird grundsätzlich nur auftragsbezogen gefertigt, da jedes Produkt für individuelle Kundenwünsche hergestellt wurde (Beispiele: Automobile, Flugzeuge).

▶ *Projektfertigung* (engl.: Engineer to Order, ETO): Die Produkte werden für jede Kundenbestellung neu entworfen und für den Kunden maßgeschneidert (Beispiele: Anlagenbau, Packungsbeilagen für Medikamente).

Beim Verlag »Neue Medien« findet entsprechend eine anonyme Lagerfertigung statt: Bücher werden in bestimmten Auflagen gedruckt und auf Lager gelegt. Das Drucken einer Auflage wird über einen sogenannten *Fertigungsauftrag* abgebildet. Je Fertigungsauftrag hinterlegt der Produktionsleiter Peter Plan die zu druckende Menge, welches Buch hergestellt werden und wann die Auflage fertig sein soll.

4.9.1 Der Fertigungsauftrag

Kirsten Lotse lässt sich von Peter Plan zeigen, wie er einen Fertigungsauftrag für das neue Buch anlegt. Dazu wählt er den Menüpfad LOGISTIK • PRODUKTION • FERTIGUNGSSTEUERUNG • AUFTRAG • ANLEGEN • MIT MATERIAL (Transaktion C001). Anschließend gibt er die Materialnummer des Buches an und wählt das PRODUKTIONSWERK sowie die AUFTRAGSART PP01 (siehe Abbildung 4.35).

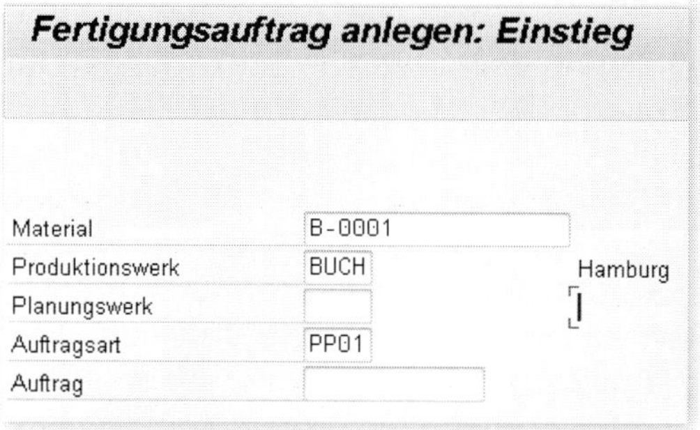

Fertigungsauftrag anlegen: Einstieg

Material	B-0001	
Produktionswerk	BUCH	Hamburg
Planungswerk		
Auftragsart	PP01	
Auftrag		

Abbildung 4.35: Fertigungsauftrag anlegen

Fertigungsaufträge sind, wie der Name schon sagt, ebenso Aufträge wie Innenaufträge, die Sie bereits in Abschnitt 2.1 kennengelernt haben. Mit den Innenaufträgen haben sie gemein, dass sie Kosten sammeln können und über eine Statusverwaltung verfügen. Fertigungsaufträge bieten jedoch eine Reihe weiterer Funktionalitäten, die auf ihren Anwendungszweck, die Fertigungssteuerung, zugeschnitten sind. In Abbildung 4.36 können Sie erkennen, dass der AUFTRAG dem MATERIAL B-0001 zugeordnet ist und eine GESAMTMENGE von 500 Stück gefertigt werden soll.

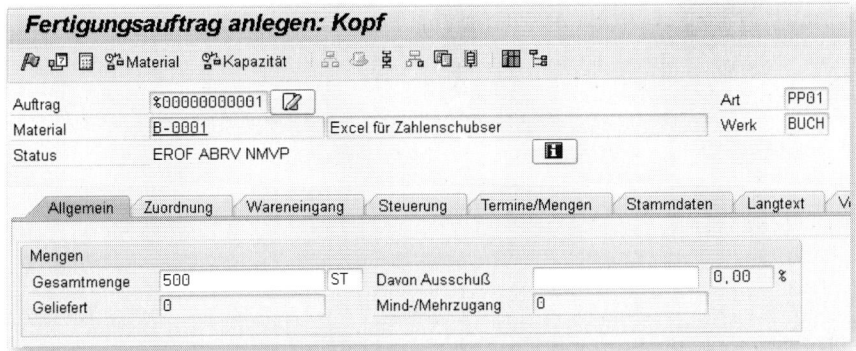

Abbildung 4.36: Fertigungsauftrag – Kopfdaten

Über den Button 🔲 können Sie die Stückliste aufrufen, die dem Material zugeordnet ist und die automatisch in den Fertigungsauftrag mit übernommen wurde (siehe Abbildung 4.37).

Fertigungsauftrag anlegen: Komponentenübersicht								
Auftrag %00000000001				Art	PP01			
Material B-0001	Excel für Zahlenschubser			Werk	BUCH			
Filter NO_FIL Kein Filter ▼	Sortierung ST_STA Standardsortie... ▼							
Po...	**Komponente**	**Bezeichnung**	**Bedarfsmenge**	**ME**	**PT**	**Vor.**	**Folge**	**Werk**
0010	P0025	Papier 90g/m2 weiss	2.500,00	M2	L	0010	0	BUCH
0020	P0031	Papier 135/m2 weiss	125,00	M2	L	0010	0	BUCH
0030	T0030	Farbe color	25,000	ML	L	0010	0	BUCH
0040	T0027	Farbe schwarz	5.000,000	ML	L	0010	0	BUCH
0050	K001	Kleber	50	L	L	0010	0	BUCH

Abbildung 4.37: Fertigungsauftrag – Stückliste

Über den Button 🔲 hingegen gelangen Sie zum Arbeitsplan, der ebenfalls automatisch übernommen wurde (siehe Abbildung 4.38).

217

Fertigungsauftrag anlegen: Vorgangsübersicht

/∂ ⏎ ☐ ⅏ Material ⅏ Kapazität ⋯ ⊕ ⌷ ⋯ 🗄 🖶 ⊞ Vorgänge 🖢

Auftrag	%00000000001								Art	PP01
Material	B-0001		Excel für Zahlenschubser						Werk	BUCH
Folge	0	0 Stammf.. ▾								

Vorgangsübersicht

Vrg	UVrg	Start	Start	Arbeitspl...	Werk	Ste...	VISchl	Kurztext Vorgang	Txt	SysStatu
0010		30.06.2015	24:00:00	DRUCK	BUCH	PP01		Drucken	☐	EROF
0020		30.06.2015	24:00:00	SCHNEID	BUCH	PP01		Schneiden	☐	EROF
0030		30.06.2015	24:00:00	BINDEN	BUCH	PP01		Binden	☐	EROF

Abbildung 4.38: Fertigungsauftrag – Arbeitsplan

Über den Button ▦ führt Kirsten Lotse eine Kalkulation für den Fertigungsauftrag durch. Im Menü wählt sie danach SPRINGEN • KOSTEN • ANALYSE, um sich die Plankosten anzusehen. Wie bei der Materialkalkulation werden die Kosten anhand der zugrunde liegenden Stückliste, des Arbeitsplans sowie der Gemeinkostenzuschlägen ermittelt und dargestellt (siehe Abbildung 4.39), basierend auf der im Fertigungsauftrag hinterlegten Gesamtmenge.

Vorgang	Kostenart	Herkunft	Herkunft (Text)	Σ	Plan ges.	Σ Istkosten ges.	Σ Abweichu.	Währung
Warenausgänge	🖉 600000	BUCH/T0030	Farbe color		12,50	0,00	12,50-	EUR
	600000	BUCH/P0031	Papier 135/m2 weiss		62,50	0,00	62,50-	EUR
	600000	BUCH/T0027	Farbe schwarz		50,00	0,00	50,00-	EUR
	600000	BUCH/K001	Kleber		30,00	0,00	30,00-	EUR
	600000	BUCH/P0025	Papier 90g/m2 weiss		25,00	0,00	25,00-	EUR
Warenausgänge				∗	180,00 ∗	0,00 ∗	180,00-	EUR
Rückmeldungen	940401	5020000/DR..	Druckmaschine / Drucken		650,00	0,00	650,00-	EUR
	940402	5020200/SC..	Schneidemaschine / Schneiden		437,50	0,00	437,50-	EUR
	940502	5020100/BI..	Binderei / Binden		187,50	0,00	187,50-	EUR
Rückmeldungen				∗	1.275,00 ∗	0,00 ∗	1.275,00-	EUR
Zuschläge	935000	2020000	Lager		9,00	0,00	9,00-	EUR
Zuschläge				∗	9,00 ∗	0,00 ∗	9,00-	EUR
Wareneingang	522000	BUCH/B-0001	Excel für Zahlenschubser		1.475,00-	0,00	1.475,00	EUR
Wareneingang				∗	1.475,00- ∗	0,00 ∗	1.475,00	EUR
				∗∗	11,00- ∗∗	0,00 ∗∗	11,00	EUR

Abbildung 4.39: Fertigungsauftrag – Kalkulation

Im oberen Block, der mit WARENAUSGÄNGE zusammengefasst ist, kann Kirsten Lotse die Plankosten für das Material ablesen. Unter RÜCKMELDUNGEN findet sie die Kosten für die Leistungen aus dem Arbeitsplan, und bei ZUSCHLÄGE stehen die Gemeinkostenzuschläge.

Schließlich erkennt die Controllerin noch eine Zeile, die mit WAREN-EINGÄNGE gekennzeichnet ist. Dahinter verbirgt sich der Wert der fertigen Ware, also der gedruckten Bücher. Wenn die Bücher fertiggestellt sind, werden sie im Modul MM (Materialwirtschaft) als Wareneingang dem Lager zugebucht. Mit dieser Buchung wird auf der einen Seite der Lagerbestand in der Bilanz erhöht; die Gegenseite dieser Buchung wird als Bestandsveränderung auf den Fertigungsauftrag gebucht. Damit erfolgt eine Kostenentlastung des Fertigungsauftrags. Die Höhe der Entlastung entspricht dem Preis der fertigen Ware – in diesem Fall dem Standardpreis, den Kirsten Lotse zuvor kalkuliert hatte.

Im Idealfall sollte der Plansaldo des Fertigungsauftrags somit Null ergeben, da die geplanten Herstellkosten der geplanten Entlastung durch den Wareneingang des Fertigproduktes gegenüberstehen. Wie Sie aber in Abbildung 4.39 in der untersten Zeile erkennen können, bleibt bei diesem Fertigungsauftrag ein Restsaldo von $11,00$ €. Ein solcher Restsaldo kommt in der Praxis in der Regel immer vor. Das liegt daran, dass der Fertigungsauftrag stets eine neue Kalkulation auslöst und damit aus folgenden Gründen von der Standardkalkulation abweichen kann, die dem Preis des Fertigproduktes zugrunde liegt:

▶ Seit der Kalkulation des Standardpreises haben sich die Preise der verwendeten Rohstoffe oder die Leistungstarife verändert.

▶ Seit der Kalkulation der Standardpreise hat sich das Mengengerüst des Produktes, also der Arbeitsplan oder die Stückliste, verändert.

▶ Es bestehen Rundungsdifferenzen, die entstehen können, wenn die Standardkalkulation mit einer geringeren Losgröße kalkuliert wurde.

Im aktuellen Beispiel liegt eine frische Standardkalkulation vor, deshalb können Modifikationen am Mengengerüst oder Preisveränderungen nicht die Ursache sein. Die 11 € stammen tatsächlich aus einer Rundungsdifferenz: Bei der Standardkalkulation wurde eine Losgröße von »1« verwendet. Der kalkulierte Preis wurde dann mit einer Genauigkeit von zwei Nachkommastellen (wie es für Währungsfelder üblich ist) im Materialstamm fortgeschrieben. Die Kalkulation des Fertigungsauftrags basiert jedoch auf 500 Stück und arbeitet mit einer Genauigkeit von 6 Nachkommastellen; dadurch ergibt sich im System ein abweichendes Ergebnis (wie dieses am Ende wieder bereinigt wird, erfahren Sie im Abschnitt 4.9.6 zum Thema »Abrechnung«).

Kirsten Lotse ist also beruhigt, dass die Plandifferenz nicht aufgrund eines Fehlers entstanden ist, und erwägt, bei der nächsten Kalkulation eine höhere Losgröße zu verwenden. Jetzt soll dieser Auftrag aber erst einmal fertiggestellt werden.

4.9.2 Warenausgang erfassen

Peter Plan gibt in der Pflegetransaktion des Fertigungsauftrags, die wir zuvor gezeigt haben, den Auftrag über den Button 🏴 frei und bucht zunächst den Verbrauch der Einsatzmaterialien für die Bücher, also Papier, Farbe und Kleber. Dazu ruft er die Transaktion MIGO über den Pfad LOGISTIK • MATERIALWIRTSCHAFT • BESTANDSFÜHRUNG • WARENBEWEGUNG • WARENBEWEGUNG (MIGO) auf. Dies ist die Universaltransaktion in der Materialwirtschaft, sie erlaubt die Buchung der meisten gängigen Materialbewegungen. Der Arbeitsvorbereiter stellt die Transaktion so ein, dass er einen Warenausgang für einen Auftrag bucht, und gibt den Fertigungsauftrag ein. Das System schlägt sodann alle Materialien aus der Stückliste des Fertigungsauftrag vor (siehe Abbildung 4.40).

Aus der Druckerei hat Peter Plan inzwischen die Nachricht erhalten, dass die Planvorgaben nicht eingehalten wurden. Es wurde erstmalig ein neuartiges Papier verwendet, das nicht die gewohnte Reißfestigkeit aufwies, sodass mehr Probedrucke durchgeführt werden mussten als geplant. Dadurch erhöhte sich der Verbrauch an 90-g-Papier um 5 % gegenüber der in der Stückliste geplanten Menge.

Durch die zusätzlichen Probedrucke wurde auch mehr schwarze Farbe verwendet als geplant, während der Verbrauch an Kleber durch das neue Papier nicht beeinträchtigt wurde.

Peter Plan bestätigt in der Spalte OK alle Positionen und bucht den Warenausgang.

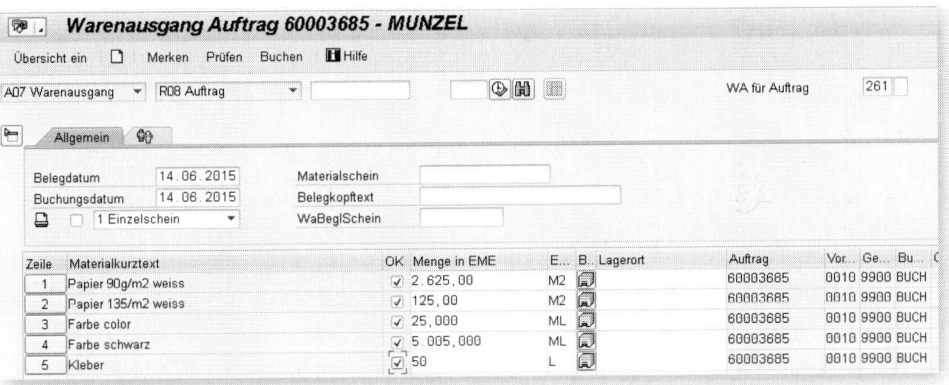

Abbildung 4.40: Warenausgang buchen

Da SAP ERP ein integriertes System ist, wird durch den soeben gebuchten Materialausgang nicht nur ein Materialbeleg erzeugt, sondern dieser auch automatisch in der Finanzbuchhaltung und im Controlling fortgeschrieben. Da ein Verbrauch von Material mit Bezug zu einem Fertigungsauftrag gebucht wurde, wird er als Kosten zu ebendiesem Fertigungsauftrag kontiert. Um die Buchung zu überprüfen, ruft Kirsten Lotse den Fertigungsauftrag im Anzeigemodus auf (Transaktion C003) und wählt dann SPRINGEN • KOSTEN • ANALYSE. Sie stellt fest, dass sie nun eine ISTMENGE sowie ISTKOSTEN für den Materialverbrauch sehen kann (siehe Abbildung 4.41). Die Istkosten wurden anhand der Verbrauchsmenge und des Preises der verbrauchten Materialien ermittelt.

Vorgang	Herkunft	Herkunft (Text)	Σ	Planmenge	Σ Istmenge gesamt	Σ Plankosten ges.	Σ Istkosten gesamt	Σ Plan/Ist-Abweichung	Währung
Warenausgänge	BUCH/T0030	Farbe color		25,000	25,000	12,50	12,50	0,00	EUR
	BUCH/P0031	Papier 135/m2 weiss		125,00	125,00	62,50	62,50	0,00	EUR
	BUCH/T0027	Farbe schwarz		5.000,000	5.005,000	50,00	50,05	0,05	EUR
	BUCH/K001	Kleber		50	50	30,00	30,00	0,00	EUR
	BUCH/P0025	Papier 90g/m2 weiss		2.500,00	2.625,00	25,00	26,25	1,25	EUR
Warenausgänge			*	50 / 2.625,00 / 5.025,000	50 / 2.750,00 / 5.030,000	180,00 *	181,30 *	1,30	EUR
Rückmeldungen	5020000/DRUCK	Druckmaschine / Drucken		25,00	0,00	650,00	0,00	650,00-	EUR
	5020200/SCHNIT	Schneidemaschine / Schneiden		12,50	0,00	437,50	0,00	437,50-	EUR
	5020100/BINDEN	Binderei / Binden		12,50	0,00	187,50	0,00	187,50-	EUR
Rückmeldungen			*	50,00 *	0,00 *	1.275,00 *	0,00 *	1.275,00-	EUR
Zuschläge	2020000	Lager				9,00	0,00	9,00-	EUR
Zuschläge			*			9,00 *	0,00 *	9,00-	EUR
Wareneingang	BUCH/B-0001	Excel für Zahlenschubser		500-	0	1.475,00-	0,00	1.475,00	EUR
Wareneingang			*	500- *	0 *	1.475,00- *	0,00 *	1.475,00	EUR
			**	50,00 **	0,00 **	11,00- **	181,30 **	192,30	EUR

Abbildung 4.41: Darstellung der Ist-Materialkosten

4.9.3 Rückmeldungen erfassen

Im nächsten Schritt erfasst Peter Plan nun die Rückmeldung der Ist-leistungen in der Druckerei. Dazu geht er zum Menüpunkt LOGISTIK • PRODUKTION • FERTIGUNGSSTEUERUNG • RÜCKMELDUNG • ERFASSEN • ZUM VORGANG • LOHN-RÜCKMELDESCHEIN (Transaktion CO11N). Er gibt den Fertigungsauftrag sowie »Drucken« als ersten Vorgang des Ar-beitsplans ein, zu dem die Rückmeldung erfasst werden soll (siehe Abbildung 4.42). Das System schlägt im Feld GUTMENGE vor, auf welche Produktionsmenge sich die Rückmeldung bezieht, wie viele Bücher demnach gedruckt worden sind – in diesem Fall 500 Stück, also die geplante Produktionsmenge für den Fertigungsauftrag. Im Feld MASCHINENZEIT bietet das System außerdem den Vorgabewert aus dem Arbeitsplan an, der für diese Menge vorgesehen war (25 Stunden). Peter Plan hat diesen Wert jedoch auf 26 Stunden ange-passt, da die Druckerei aufgrund der Probleme mit dem neuen Papier mehr Zeit als geplant benötigt hat. Anschließend bucht er die Rück-meldung.

Durch die Rückmeldung erfolgt eine Leistungsverrechnung im Ist von der Kostenstelle »Druckerei« an den Fertigungsauftrag. Die Kosten-stelle wurde vom System automatisch ermittelt, weil sie mit dem Ar-beitsplatz verknüpft ist, der im Arbeitsplan für diesen Vorgang hinter-legt war (siehe auch Abschnitt 4.3).

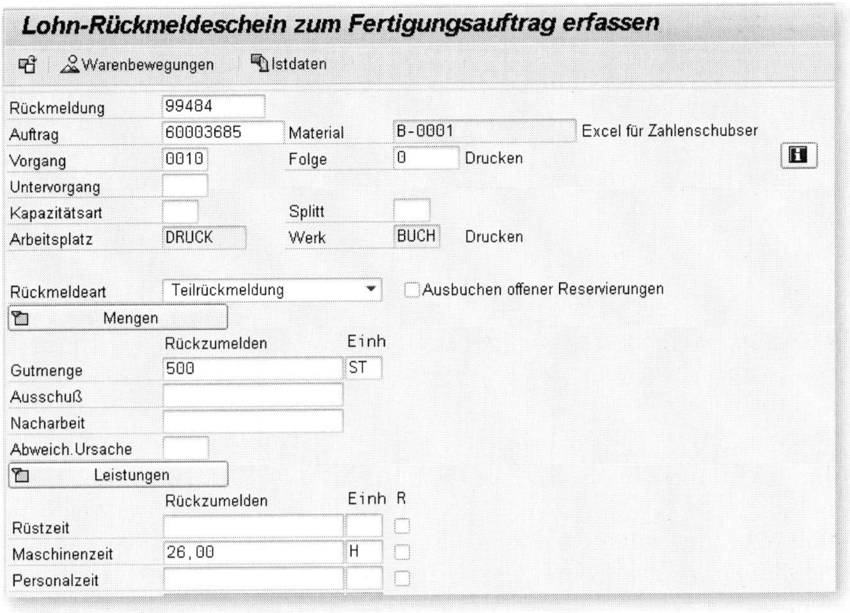

Lohn-Rückmeldeschein zum Fertigungsauftrag erfassen

🖳 ⚲ Warenbewegungen   🗐 Istdaten

Rückmeldung	99484			
Auftrag	60003685	Material	B-0001	Excel für Zahlenschubser
Vorgang	0010	Folge	0	Drucken **ℹ**
Untervorgang				
Kapazitätsart		Splitt		
Arbeitsplatz	DRUCK	Werk	BUCH	Drucken

Rückmeldeart   Teilrückmeldung ▼   ☐ Ausbuchen offener Reservierungen

🗀 **Mengen**

	Rückzumelden	Einh
Gutmenge	500	ST
Ausschuß		
Nacharbeit		
Abweich.Ursache		

🗀 **Leistungen**

	Rückzumelden	Einh	R
Rüstzeit			☐
Maschinenzeit	26,00	H	☐
Personalzeit			☐

Abbildung 4.42: Rückmeldung zum Fertigungsauftrag erfassen

Peter Plan führt analog die Rückmeldungen für die weiteren Schritte im Fertigungsauftrag durch: das Schneiden und Binden (jeweils mit der Vorgabezeit, da die Mehrarbeit nur beim Drucken notwendig war). Anschließend prüft Kirsten Lotse wieder mithilfe der Transaktion C003 die Istkosten, die im Fertigungsauftrag aufgelaufen sind (siehe Abbildung 4.43). Neben den Ist-Materialkosten sind nun auch die Fertigungskosten im Ist zu sehen. In der Spalte SOLL/IST-ABWEICHUNG kann die Controllerin in der Zusammenfassung außerdem sehen, inwieweit die Ist- von den Plankosten abweichen: Der Mehrverbrauch an Material hat zu zusätzlichen Kosten von 1,30 € geführt, die Mehrarbeit beim Druck schlägt mit höheren Kosten von 26,00 € zu Buche.

Vorgang	Herkunft	Herkunft (Text)	Σ	Planmenge	Σ	Istmenge gesamt	Σ	Plankosten ges.	Σ	Istkosten gesamt	Σ	Plan/Ist-Abweichung	Währung
Warenausgänge	BUCH/T0030	Farbe color		25,000		25,000		12,50		12,50		0,00	EUR
	BUCH/P0031	Papier 135/m2 weiss		125,00		125,00		62,50		62,50		0,00	EUR
	BUCH/T0027	Farbe schwarz		5.000,000		5.005,000		50,00		50,05		0,05	EUR
	BUCH/K001	Kleber		50		50		30,00		30,00		0,00	EUR
	BUCH/P0025	Papier 90g/m2 weiss		2.500,00		2.625,00		25,00		26,25		1,25	EUR
Warenausgänge			»	50	»	50	»	180,00	»	181,30	»	1,30	EUR
				2.625,000		2.750,000							
				5.025,000		5.030,000							
Rückmeldungen	5020000/DRUCK	Druckmaschine / Drucken		25,00		26,00		650,00		676,00		26,00	EUR
	5020200/SCHNIT	Schneidemaschine / Schneiden		12,50		12,50		437,50		437,50		0,00	EUR
	5020100/BINDEN	Binderei / Binden		12,50		12,50		187,50		187,50		0,00	EUR
Rückmeldungen			»	50,00	»	51,00	»	1.275,00	»	1.301,00	»	26,00	EUR
Zuschläge	2020000	Lager						9,00		0,00		9,00-	EUR
Zuschläge			»				»	9,00	»	0,00	»	9,00-	EUR
Wareneingang	BUCH/B-0001	Excel für Zahlenschubser		500-		0		1.475,00-		0,00		1.475,00	EUR
Wareneingang			»	500-	»	0	»	1.475,00-	»	0,00	»	1.475,00	EUR
			»»	50,00	»»	51,00	»»	11,00-	»»	1.482,30	»»	1.493,30	EUR

Abbildung 4.43: Darstellung der Istkosten zu Material und Fertigungsrückmeldungen

4.9.4 Gemeinkostenzuschläge im Ist durchführen

Nun fehlt noch eine Kategorie von Istkosten, die im Plan bereits ermittelt wurde: die Gemeinkostenzuschläge. Diese werden nicht automatisch bezuschlagt, sondern müssen durch eine eigene Transaktion im Ist angestoßen werden. Eigentlich erfolgt dies immer erst zum Periodenabschluss; für diesen neuen Fertigungsauftrag möchte Kirsten Lotse die gesamten Kosten aber schon vorher sehen. Sie wählt also im Menü den Pfad RECHNUNGSWESEN • CONTROLLING • PRODUKT-KOSTEN-CONTROLLING • KOSTENTRÄGERRECHNUNG • AUFTRAGSBEZOGE-NES PRODUKT-CONTROLLING • PERIODENABSCHLUß • EINZELFUNKTIONEN • ZUSCHLÄGE • EINZELVERARBEITUNG (Transaktion KGI2). Sie gibt den entsprechenden FertigungsAUFTRAG, die aktuelle PERIODE sowie das aktuelle GESCHÄFTSJAHR ein (siehe Abbildung 4.44) und führt die Transaktion aus.

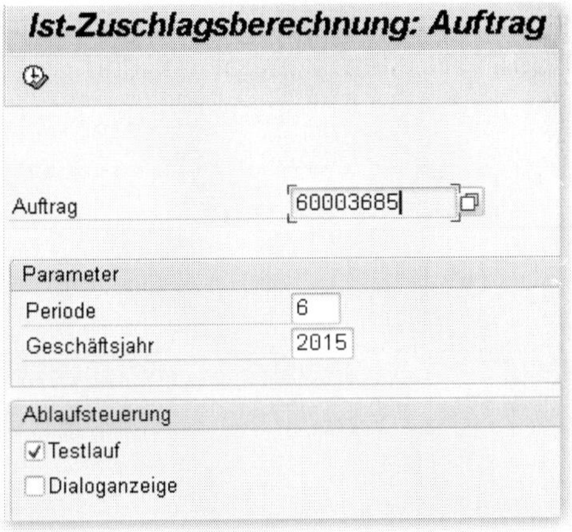

Abbildung 4.44: Gemeinkostenzuschlag im Ist durchführen

Das System hat einen Zuschlag von $9,07$ € ermittelt und gebucht (siehe Abbildung 4.45). Wie in Abschnitt 4.5 dargestellt, soll ein Zuschlag von 5 % auf die Materialkosten erhoben werden. Die Materialkosten für diesen Fertigungsauftrag betragen $181,30$ € (vgl. Abbildung 4.43). 5 % davon ergeben genau $9,07$ € – die Bezuschlagung hat also korrekt funktioniert. Der Gemeinkostenzuschlag war mit 9,00 € auf Basis der geplanten Materialkosten vorgesehen; dadurch, dass sich die Materialkosten im Ist erhöht haben, wird nun auch ein höherer Gemeinkostenzuschlag erhoben.

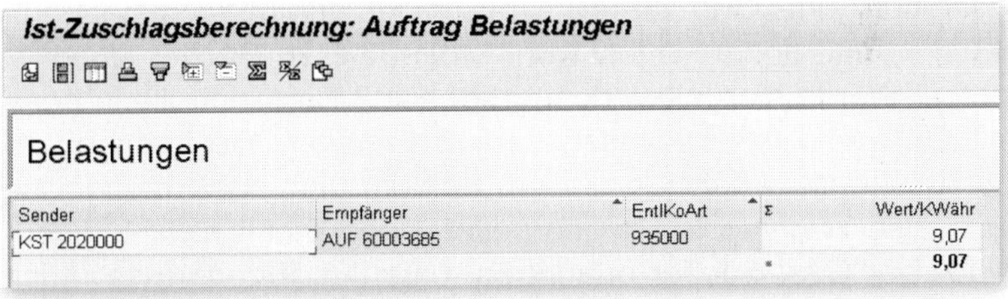

Abbildung 4.45: Ergebnis der Gemeinkostenzuschläge

225

Kirsten Lotse prüft sofort im Fertigungsauftrag nach, ob der gebuchte Gemeinkostenzuschlag auch in den Istkosten sichtbar ist, und stellt fest, dass alles korrekt dargestellt wird (siehe Abbildung 4.46).

Vorgang	Herkunft	Herkunft (Text)	Σ	Planmenge	Σ	Istmenge gesamt	Σ	Plankosten ges.	Σ	Istkosten gesamt	Σ	Plan/Ist-Abweichung	Währung
Warenausgänge	BUCH/T0030	Farbe color		25,000		25,000		12,50		12,50		0,00	EUR
	BUCH/P0031	Papier 135/m2 weiss		125,00		125,00		62,50		62,50		0,00	EUR
	BUCH/T0027	Farbe schwarz		5.000,000		5.005,000		50,00		50,05		0,05	EUR
	BUCH/K001	Kleber		50		50		30,00		30,00		0,00	EUR
	BUCH/P0025	Papier 90g/m2 weiss		2.500,00		2.625,00		25,00		26,25		1,25	EUR
Warenausgänge			*	50 *		50 *		180,00 *		181,30 *		1,30	EUR
				2.625,00		2.750,00							
				5.025,000		5.030,000							
Rückmeldungen	5020000/DRUCK	Druckmaschine / Drucken		25,00		26,00		650,00		676,00		26,00	EUR
	5020020/SCHNIT	Schneidemaschine / Schneiden		12,50		12,50		437,50		437,50		0,00	EUR
	5020100/BINDEN	Binderei / Binden		12,50		12,50		187,50		187,50		0,00	EUR
Rückmeldungen			*	50,00 *		51,00 *		1.275,00 *		1.301,00 *		26,00	EUR
Zuschläge	2020000	Lager								9,00		0,07	EUR
Zuschläge							*	9,00 *		9,07 *		0,07	EUR
Wareneingang	BUCH/B-0001	Excel für Zahlenschubser		500-		0		1.475,00-		0,00		1.475,00	EUR
Wareneingang			*	500- *		0 *		1.475,00- *		0,00 *		1.475,00	EUR
			**	50,00 **		51,00 **		11,00- **		1.491,37 **		1.502,37	EUR

Abbildung 4.46: Darstellung der Istkosten nach Gemeinkostenzsuchlag

4.9.5 Ermittlung von Ware in Arbeit

Zu diesem Zeitpunkt sind bereits alle Kosten, die für diesen Fertigungsauftrag anfallen werden, gebucht. Die Bücher sind aber noch nicht fertig gedruckt und daher noch nicht am Lager angekommen. Es ist Monatsende, und Kirsten Lotse arbeitet gerade zusammen mit ihren Kollegen aus der Finanzbuchhaltung am Periodenabschluss. Wenn sie nun eine GuV erstellt, so schlägt der betrachtete Fertigungsauftrag mit einem Verlust von 1.491,37 € zu Buche. Doch ist das richtig? Wurde hier mit Verlust gearbeitet? Die Controllerin berät sich mit Günther Pfennigfuchser, dem Buchhalter. Sie kommen zu dem Schluss, dass es sich in diesem Fall um unfertige Erzeugnisse handelt – also Waren, die »angearbeitet«, aber noch nicht fertiggestellt sind. Der Gesetzgeber erlaubt es, unfertige Erzeugnisse (auch *Ware in Arbeit* genannt) in Höhe der bisher angefallenen Kosten als *Vorräte* im Bestand zu aktivieren. Das bedeutet, dass die auf dem Fertigungsauftrag aufgelaufenen Kosten in den Bestand unfertiger Erzeugnisse umgebucht werden müssen.

In diesem Zusammenhang hat Kirsten Lotse eine sehr praktische Funktion in SAP ERP entdeckt: die automatische Ermittlung von Ware in Arbeit zu einem Fertigungsauftrag. Sie wählt dafür den Menüpfad RECHNUNGSWESEN • CONTROLLING • PRODUKTKOSTEN-CONTROLLING • KOSTENTRÄGERRECHNUNG • AUFTRAGSBEZOGENES PRODUKT-CONTROLLING • PERIODENABSCHLUß • EINZELFUNKTIONEN • WARE IN ARBEIT • EINZELVERARBEITUNG • ERMITTELN (Transaktion KKAX) und gibt hier den zuvor betrachteten Fertigungsauftrag, die abzuschließende Buchungsperiode sowie das Geschäftsjahr ein. Die Ware in Arbeit kann in verschiedenen sogenannten *Abgrenzungsversionen* ermittelt werden (z. B. nach unterschiedlichen Gesetzesrichtlinien) – im Verlag »Neue Medien« wird die Version »0« verwendet.

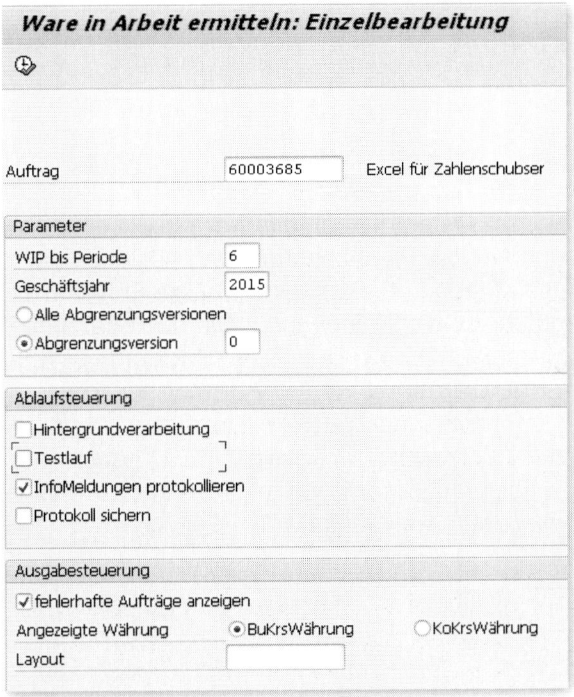

Abbildung 4.47: Ware in Arbeit ermitteln

Abbildung 4.48 zeigt, welches Ergebnis Kirsten aus der Ermittlung von Ware in Arbeit erhält. Das System hat hierfür einen Betrag in Höhe von 1.491,37 € ermittelt, also die gesamten aufgelaufenen Kosten.

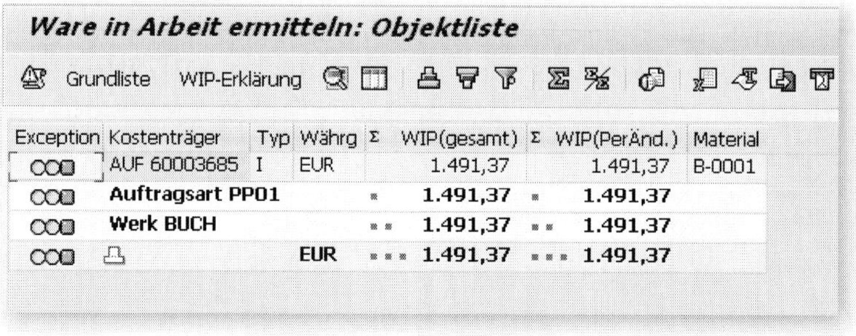

Abbildung 4.48: Ergebnis der Ermittlung von Ware in Arbeit

4.9.6 Abrechnung

Zu diesem Zeitpunkt hat das System jedoch die Ware in Arbeit lediglich ermittelt. Eine Buchung in der Finanzbuchhaltung hat noch nicht stattgefunden. Dazu muss Kirsten Lotse erst eine weitere Funktion im Periodenabschluss durchführen: die *Abrechnung*. Sie nutzt dazu den Menüpfad RECHNUNGSWESEN • CONTROLLING • PRODUKTKOSTEN-CONTROLLING • KOSTENTRÄGERRECHNUNG • AUFTRAGSBEZOGENES PRODUKT-CONTROLLING • PERIODENABSCHLUß • EINZELFUNKTIONEN • ABRECHNUNG • EINZELVERARBEITUNG (Transaktion K088). Auch hier gibt sie wieder den Fertigungsauftrag, die abzuschließende Periode und das Geschäftsjahr ein (siehe Abbildung 4.49).

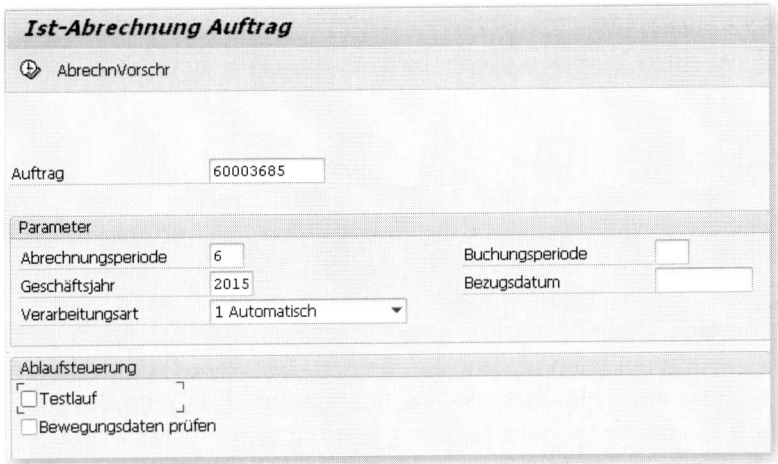

Abbildung 4.49: Abrechnung durchführen

Sie erhält einen Übersichtsreport, wie in Abbildung 4.50 dargestellt, der lediglich anzeigt, ob die Abrechnung erfolgreich war.

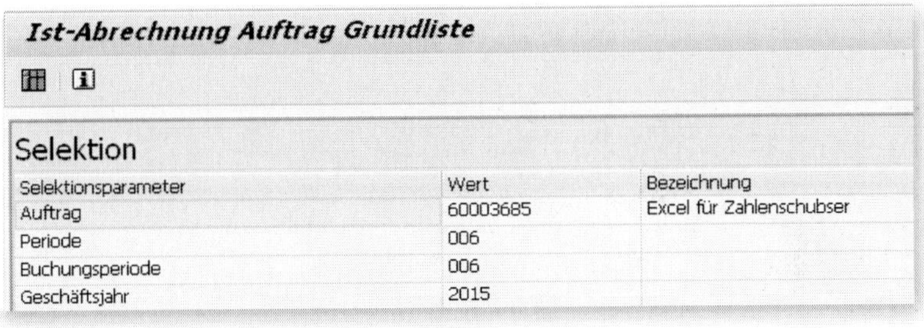

Ist-Abrechnung Auftrag Grundliste

Selektion

Selektionsparameter	Wert	Bezeichnung
Auftrag	60003685	Excel für Zahlenschubser
Periode	006	
Buchungsperiode	006	
Geschäftsjahr	2015	

Abbildung 4.50: Bericht zur Abrechnung

Indem Kirsten Lotse auf den Button ▦ drückt, erhält sie weitere Informationen zur Abrechnung. Wie in Abbildung 4.51 zu sehen ist, zeigt das System an, in welcher Höhe eine Abgrenzung für die Ware in Arbeit erfolgte – Sie erkennen, dass es sich um denselben Betrag handelt, der auch in der Ermittlung von Ware in Arbeit berechnet wurde.

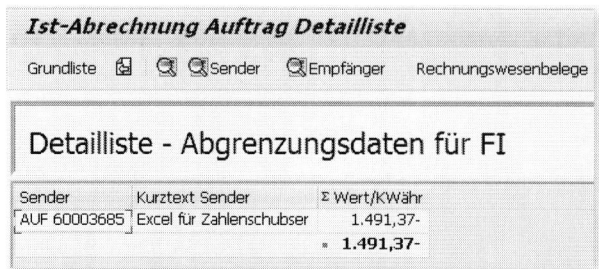

Abbildung 4.51: Abgrenzungsdaten

Kirsten Lotse drückt nun auf den Button `Rechnungswesenbelege`, um sich den gebuchten Beleg anzusehen. Sie kann erkennen, dass eine Buchung zwischen einem Sachkonto für `Bestandsveränderungen` und einem für `Unfertige Erzeugnisse` stattgefunden hat (siehe Abbildung 4.52). Wie sie bei weiterer Analyse feststellt, handelt es sich bei ersterem um ein GuV-Konto, auf das im Haben gebucht wird. Das andere Konto ist ein Bilanzkonto, auf das im Soll gebucht wird.

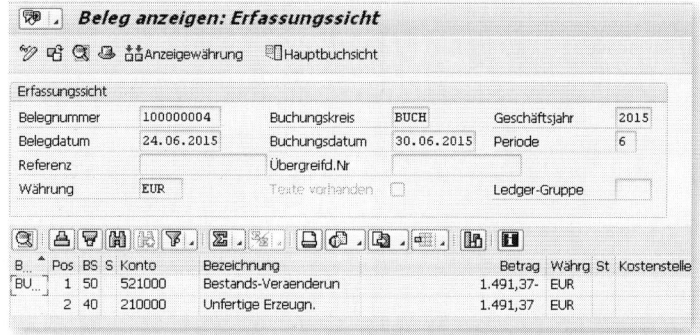

Abbildung 4.52: Buchhaltungsbeleg zur Ware in Arbeit

Die Logik dieses Buchungsvorgangs können Sie in Abbildung 4.53 nachvollziehen: Die Buchung auf dem Bestandsveränderungskonto gleicht die gesamten aufgelaufenen Kosten des Fertigungsauftrag aus. Würde man eine GuV nur für den Fertigungsauftrag erstellen, so wäre das Ergebnis Null. Die Buchung auf dem Bestandskonto hingegen sorgt dafür, dass alle bisherigen Kosten im Bestand dargestellt werden.

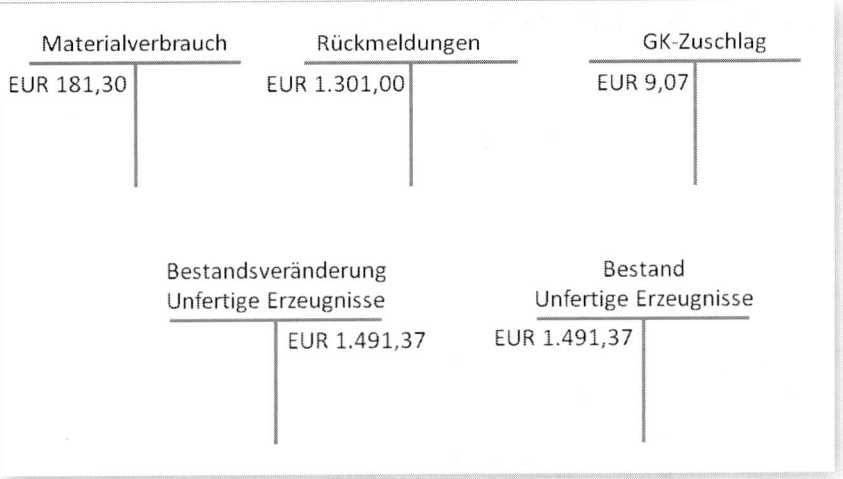

Abbildung 4.53: Buchungslogik der Ware in Arbeit

Der Zweck der Ermittlung von Ware in Arbeit besteht somit darin, zum Periodenabschluss das Ergebnis von nicht fertiggestellten Fertigungsaufträgen neutral darzustellen.

Periodenabschlusstätigkeiten

 Die hier kurz dargestellten Tätigkeiten zum Ermitteln von Gemeinkostenzuschlägen und von Ware in Arbeit sowie die Abrechnung gehören im Controlling zu den typischen Tätigkeiten zum Periodenabschluss. Üblicherweise werden diese nicht für einzelne Aufträge durchgeführt, sondern für alle auf einmal. Es gibt auch weitere Vorgänge, die wir im Rahmen dieses Buches nicht ansprechen. Eine ausführliche Beschreibung aller Periodenabschlusstätigkeiten im Controlling finden Sie im Buch »SAP-Controlling Abschlüsse« von Martin Munzel, das im Verlag SAP PRESS erschienen ist.

4.9.7 Wareneingang buchen

Im nächsten Monat werden die Bücher fertiggestellt und ans Lager gelegt. Dafür führt Peter Plan wieder eine Warenbewegung über LOGISTIK • MATERIALWIRTSCHAFT • BESTANDSFÜHRUNG • WARENBEWEGUNG • WARENBEWEGUNG (MIGO) durch. Er bucht die volle Menge von 500 Stück (siehe Abbildung 4.54).

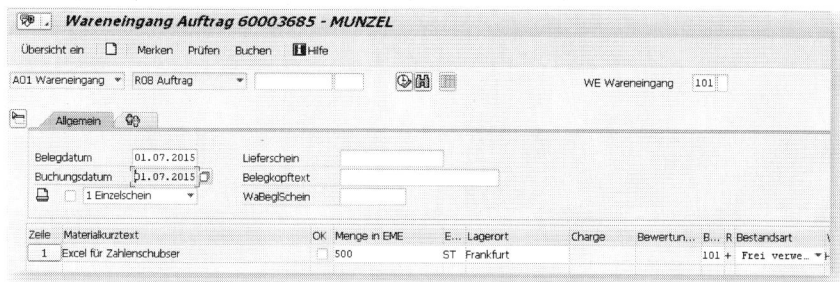

Abbildung 4.54: Wareneingang buchen

Kirsten Lotse prüft sofort den Fertigungsauftrag und stellt fest, dass die Buchung zu einer Kostenentlastung des Auftrags in der Zeile WARENEINGANG geführt hat (siehe Abbildung 4.55).

Vorgang	Herkunft	Herkunft (Text)	Σ	Planmenge	Σ Istmenge gesamt	Σ Plankosten ges.	Σ Istkosten gesamt	Σ Plan/Ist-Abweichung	Währung
Warenausgänge	BUCH/T0030	Farbe color		25,000	25,000	12,50	12,50	0,00	EUR
	BUCH/P0031	Papier 135/m2 weiss		125,00	125,00	62,50	62,50	0,00	EUR
	BUCH/T0027	Farbe schwarz		5.000,000	5.005,000	50,00	50,05	0,05	EUR
	BUCH/K001	Kleber		50	50	30,00	30,00	0,00	EUR
	BUCH/P0025	Papier 90g/m2 weiss		2.500,00	2.625,00	25,00	26,25	1,25	EUR
Warenausgänge			*	50 *	50 *	180,00 *	181,30 *	1,30	EUR
				2.625,00	2.750,00				
				5.025,000	5.030,000				
Rückmeldungen	5020000/DRUCK	Druckmaschine / Drucken		25,00	26,00	650,00	676,00	26,00	EUR
	5020200/SCHNIT	Schneidemaschine / Schneiden		12,50	12,50	437,50	437,50	0,00	EUR
	5020100/BINDEN	Binderei / Binden		12,50	12,50	187,50	187,50	0,00	EUR
Rückmeldungen			*	50,00 *	51,00 *	1.275,00 *	1.301,00 *	26,00	EUR
Zuschläge	2020000	Lager					9,00	0,07	EUR
Zuschläge			*				9,00 *	9,07 *	0,07	EUR
Wareneingang	BUCH/B-0001	Excel für Zahlenschubser		500-	500-	1.475,00-	1.475,00-	0,00	EUR
Wareneingang			*	500- *	500- *	1.475,00- *	1.475,00- *	0,00	EUR
			* *	50,00 * *	51,00 * *	11,00- * *	16,37 * *	27,37	EUR

Abbildung 4.55: Darstellung der Istkosten nach Wareneingang

Der Fertigungsauftrag ist damit komplett. Es sind alle notwendigen Kosten sowie der Wareneingang gebucht. Der Auftrag weist jetzt einen Restsaldo von 16,37 € auf (zu erkennen in der Summe der Spalte ISTKOSTEN GESAMT): Der Entlastung von 1.475,00 € stehen

Kosten von insgesamt $1.491,37$ € gegenüber. Dieser Restsaldo ist durch die Abweichungen im Produktionsprozess entstanden:

▶ es wurde Material im Wert von 1,30 € mehr verbraucht als geplant,

▶ bei den Rückmeldungen wurde ein Mehraufwand von € 26,00 erfasst und

▶ durch den größeren Materialverbrauch fiel der Gemeinkostenzuschlag um 0,07 € höher als geplant aus.

Die Istkosten sind damit insgesamt um $27,37$ € höher als veranschlagt (wie auch in der Spalte PLAN/IST-ABWEICHUNG zu erkennen). Sie erinnern sich vielleicht, dass der Fertigungsauftrag bereits mit einer Planabweichung von 11,00 € startete, die durch Rundungsdifferenzen entstanden war.

4.9.8 Abschluss des Fertigungsauftrags

Kirsten Lotse fragt Peter Plan, ob nun noch etwas zu tun sei, um den Fertigungsauftrag abzuschließen. Der Arbeitsvorbereiter zeigt ihr den Kopf des Fertigungsauftrags, an dem zu erkennen ist, dass die gelieferte Menge der Gesamtmenge des Auftrags entspricht und dass der Auftrag außerdem den STATUS »Endgeliefert« (GLFT) aufweist (siehe Abbildung 4.56). Dieser Status wird automatisch gesetzt, sobald die gelieferte Menge der Gesamtmenge entspricht. Aus logistischer Sicht ist dieser Auftrag damit abgeschlossen.

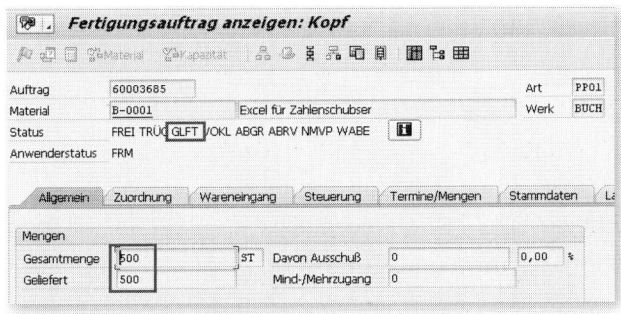

Abbildung 4.56: Auftragskopf nach Endlieferung

233

Aus Sicht des Controllings stellt sich Kirsten Lotse jedoch die Frage, was mit dem Restsaldo und der noch offenen Ware in Arbeit passiert, die im Vormonat ermittelt wurde. Sie findet heraus, dass diese Sachverhalte beim nächsten Monatsabschluss bereinigt werden. Sie führt also die Ermittlung von Ware in Arbeit für die neue Periode durch und bemerkt, dass die in der Vorperiode gebuchte Abgrenzung nun wieder rückgängig gemacht (die Controller sagen auch *aufgelöst*) wird (siehe Abbildung 4.57). Analog wird auch in der Finanzbuchhaltung ein entsprechender Auflösungsbeleg gebucht.

Ware in Arbeit ermitteln: Objektliste

Grundliste   WIP-Erklärung

Exception	Kostenträger	Typ	Währg	Σ	WIP	Σ	WIP(PerÄnd.)	Material
	AUF 60003685	I	EUR		0,00		1.491,37-	B-0001
	Auftragsart PP01			▪	**0,00**	▪	**1.491,37-**	
	Werk BUCH			▪▪	**0,00**	▪▪	**1.491,37-**	
			EUR	▪▪▪	**0,00**	▪▪▪	**1.491,37-**	

Abbildung 4.57: Ware in Arbeit aufgelöst

Anschließend führt Kirsten Lotse die Abrechnung für die neue Periode durch, wie bereits in Abschnitt 4.9.6 dargestellt. Sie erhält nun einen Buchhaltungsbeleg, der zwei zusätzliche Zeilen enthält (siehe Abbildung 4.58). Während die beiden unteren Zeilen die Umkehrbuchung zur Ware in Arbeit aus dem Vormonat enthalten, dienen die beiden oberen Zeilen zur Entlastung des Fertigungsauftrags um die genannten 16,37 €. Wie Sie erkennen können, ist die obere Zeile auf den Fertigungsauftrag kontiert; die Gegenbuchung dazu erfolgt auf ein Preisdifferenzenkonto.

Kontierung von Preisdifferenzen

In diesem Beispiel erfolgt die Kontierung der Preisdifferenzenbuchung auf ein Ergebnisobjekt. Was das ist und wie diese Buchung aussieht, erläutern wir im Rahmen der Ergebnis- und Marktsegmentrechnung im nächsten Kapitel.

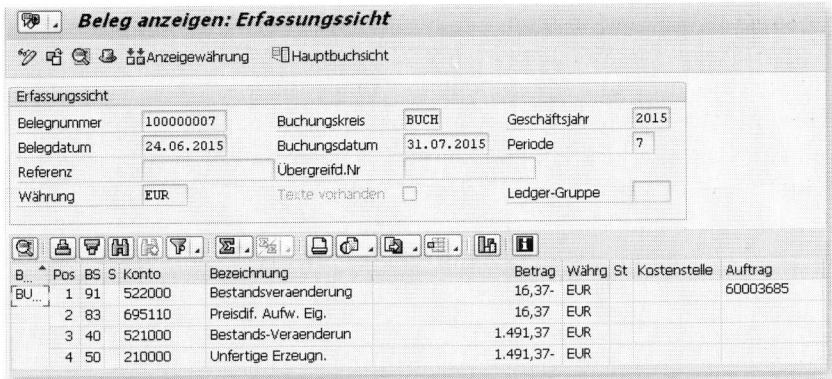

Abbildung 4.58: Abrechnung inklusive Preisdifferenzen

Die entsprechende Buchungslogik folgt dem Schema, wie es in Abbildung 4.59 dargestellt ist: Da das Fertigerzeugnis zum Standardpreis bewertet ist, erfolgt auch der Wareneingang auf dem Bestandskonto zum Standardpreis. Der Wert der Wareneingangsbuchung sollte sich eigentlich mit den aufgelaufenen Kosten ausgleichen – wenn es keine Abweichungen gegeben hätte. Da diese jedoch nur in der GuV und nicht in den Bestand gebucht werden, sind sie zwar ergebniswirksam, haben aber keinen Einfluss auf die Bestandsbewertung.

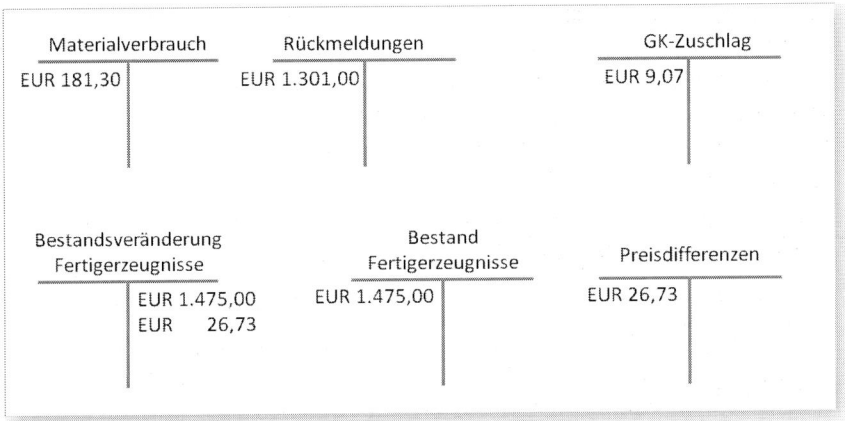

Abbildung 4.59: Buchungslogik Preisdifferenzen

Sie haben nun zusammen mit Kirsten Lotse ein Fertigprodukt auf dem Weg von der Kalkulation über die Abwicklung eines Fertigungsauftrags bis zur Auftragsabrechnung begleitet. Sie haben gesehen, dass die Bewertung von Fertigprodukten zum Standardpreis erfolgt, welche Kosten im Fertigungsauftrag entstehen können, was Ware in Arbeit ist und wie Preisdifferenzen behandelt werden. Im folgenden Kapitel zur Ergebnis- und Marktsegmentrechnung erfahren Sie, wie der Verkauf eines Fertigproduktes in SAP abgebildet und Schritt für Schritt eine Deckungsbeitragsrechnung aufgebaut wird.

5 Ergebnisrechnung

Nun ist es endlich so weit: Das frisch gedruckte Buch »Excel für Zahlenschubser« soll verkauft werden. Begleiten Sie die Controllerin in diesem Kapitel dabei, wie sie nicht nur den Um- und Absatz, sondern auch die direkten und indirekten Kosten für ein Produkt zu einer Deckungsbeitragsrechnung zusammenführt.

Sie haben bisher mitverfolgen können, wie die Projektkosten für das neue Buch »Excel für Zahlenschubser« auf einen Innenauftrag erfasst wurden und wie das Buch selbst kalkuliert und gefertigt wurde. Nun ist es bereit für den Verkauf. Für die Controller stellen sich ab Verkaufsstart periodisch wiederkehrend die folgenden Fragen:

▶ »Wie hoch ist der Absatz für das Produkt?«

▶ »Wie hoch ist der Umsatz des Produktes?«

▶ »Welche direkten Kosten (Kosten des Umsatzes) sind beim Verkauf des Buches angefallen?«

▶ »Welchen Deckungsbeitrag hat das Buch erwirtschaftet, wenn man auch die initialen Projektkosten mit einbezieht?«

▶ »Wie sieht der Deckungsbeitrag aus, wenn man zusätzlich auch die anteiligen Vertriebskosten mit berücksichtigt?«

Für diese Fragestellungen ist das SAP-Modul CO-PA (»PA« steht für »Profitability Analysis«, zu Deutsch: Ergebnis- und Marktsegmentrechnung) besonders geeignet. Wir stellen Ihnen zunächst vor, wie das Konzept von CO-PA aussieht, und zeigen dann, wie der Verlag »Neue Medien« es für seine Anforderungen einsetzt.

5.1 Konzept der Ergebnis- und Marktsegmentrechnung

Die Ergebnis- und Marktsegmentrechnung (im Folgenden kurz »Ergebnisrechnung« genannt) ist ein flexibles Werkzeug, um den kommerziellen Erfolg eines Produktes zu ermitteln. Zum einen können Sie anhand sogenannter *Merkmale* den Umsatz und die direkten Kosten eines Produktes nach verschiedenen betriebsexternen Kriterien auswerten, wie z. B.:

▶ Kunde,

▶ Region,

▶ Land,

▶ Vertriebskanal und

▶ Vertreter.

Darüber hinaus steht Ihnen eine Vielzahl sogenannter *Wertfelder* zur Verfügung, mit deren Hilfe Sie Schritt für Schritt eine Deckungsbeitragsrechnung mit unterschiedlichen Kostenbestandteilen aufbauen können. Typische Beispiele für häufig verwendete Wertfelder sind:

▶ Umsatz,

▶ Absatz (in diesem Fall ein Mengenfeld),

▶ direkte Kosten bzw. Kosten des Umsatzes,

▶ F&E-Kosten bzw. beim Verlag »Neue Medien« Projektkosten,

▶ Vertriebskosten sowie

▶ Administrationskosten.

Was ist eine Deckungsbeitragsrechnung?

»Der *Deckungsbeitrag* (engl. contribution margin) ist in der Kosten- und Leistungsrechnung die Differenz zwischen den erzielten Erlösen (Umsatz) und den variablen Kosten. Es handelt sich also um den Betrag, der zur Deckung der Fixkosten zur Verfügung steht.« (Quelle: Gablers Wirtschaftslexikon: *http://wirtschaftslexikon.gabler.de/Definition/deckungsbeitrag.html*)

In der Ergebnisrechnung können Sie bis zu 40 verschiedene Merkmale definieren. Einige davon, wie Kunde, Produkt oder Buchungskreis, sind bereits fest vorgegeben. Sie können weitere Merkmale aus SAP-Standardmodulen wie CO, FI, SD oder MM hinzufügen oder auch ganz eigene Merkmale definieren. Diese werden in den meisten Fällen vom System automatisch mit Werten gefüllt. Wenn Sie beispielsweise, wie in Abbildung 5.1 dargestellt, das Produkt »Excel für Zahlenschubser« an den Großhändler Müller in Deutschland verkaufen, dann werden diese Werte aus den im SD-Kundenauftrag verfügbaren Informationen abgeleitet. Die individuelle Kombination aus »Excel für Zahlenschubser«, »Großhändler Müller« und »Deutschland« steht dann als Kontierungsobjekt in SAP zur Verfügung, Sie können also darauf buchen wie auf eine Kostenstelle oder einen Innenauftrag. Ein Kontierungsobjekt in CO-PA heißt *Ergebnisobjekt*.

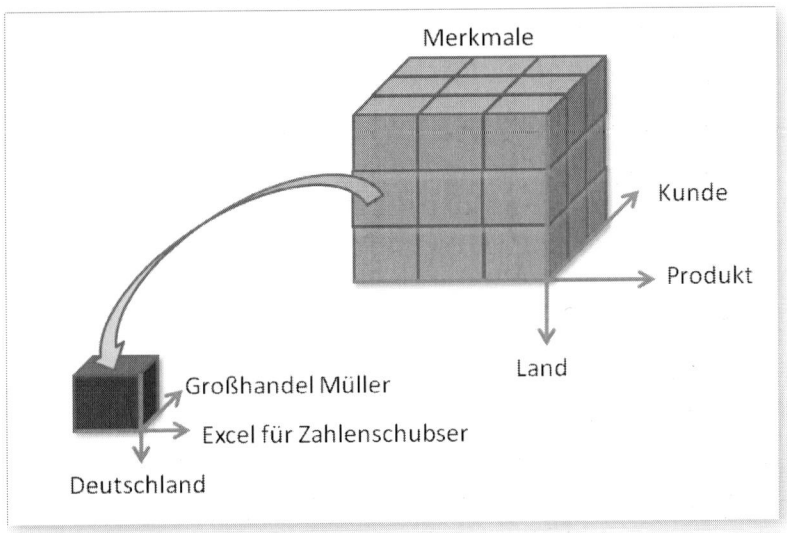

Abbildung 5.1: Merkmale in CO-PA

Wenn Sie wie im konkreten Beispiel 10 Stück des neuen Buches verkaufen, dienen Ihnen die Wertfelder dazu, die unterschiedlichen Kosten- und Erlösbestandteile zu erfassen. Auch die Wertfelder werden vom System automatisch gefüllt, sofern die entsprechenden Systemeinstellungen im Customizing vollständig sind. Für unser Beispiel könnte das dann aussehen wie in Tabelle 5.1.

Kunde	Produkt	Land	Absatz (St.)	Umsatz (€)	Kosten des Umsatzes (€)
Groß-handel Müller	Excel für Zahlen-schubser	Deutsch-land	10	179,70	29,50

Tabelle 5.1: Wertfelder in CO-PA

Haben Sie erst einmal eine Reihe von Produkten verkauft, ergibt sich ein Bild, wie in Tabelle 5.2 dargestellt. Durch jeden Kundenauftrag entsteht eine neue Zeile in der Tabelle.

Kunde	Produkt	Land	Absatz (St.)	Umsatz (€)	Kosten des Umsatzes (€)
Groß-handel Müller	Excel für Zahlen-schubser	Deutsch-land	10	179,70	29,50
Schmidt	Excel für Zahlen-schubser	Öster-reich	1	29,95	2,95
Big Brain Consult	Excel für Zahlen-schubser	Deutsch-land	100	2995,00	295,00
Groß-handel Schulz	Excel für Zahlen-schubser	Schweiz	20	359,40	59,00
Groß-handel Müller	Schnellein-stieg in SAP Controlling	Deutsch-land	50	898,50	175,00
Groß-handel Schulz	Schnellein-stig in SAP Controlling	Schweiz	100	1797,00	350,00

Tabelle 5.2: Belege nach mehreren Verkäufen

Wenn Sie bereits einige Daten gesammelt haben, können Sie z. B. anhand der in CO-PA aufgelaufenen Daten die folgenden Fragen beantworten:

▶ »Welches ist das absatzstärkste Produkt?«
  (Schnelleinstieg in SAP Controlling)

▶ »Mit welchem Produkt wurde am meisten Umsatz erzielt?«
  (Excel für Zahlenschubser)

▶ »Wer ist der Kunde mit dem höchsten Umsatz?«
  (Big Brain Consult)

▶ »In welchem Land wurde am meisten Umsatz erzielt?«
  (Deutschland)

▶ »Welches Buch hat den höchsten Nettoerlös (also Umsatz minus Kosten des Umsatzes) erbracht?«
  (Excel für Zahlenschubser)

Darüber hinaus versetzt Sie die Datenstruktur des CO-PA in die Lage, eine mehrstufige Deckungsbeitragsrechnung durchzuführen. Diese sieht von Unternehmen zu Unternehmen unterschiedlich aus; beim Verlag »Neue Medien« hat man die in Tabelle 5.3 abgebildete Struktur entwickelt:

Umsatz
abzgl. Fertigungskosten
abzgl. Materialeinsatz
abzgl. Materialgemeinkosten
abzgl. Preisabweichungen
= Deckungsbeitrag 1
abzgl. Projektkosten
= Deckungsbeitrag 2
abzgl. Gemeinkosten
= Deckungsbeitrag 3

Tabelle 5.3: Schema Deckungsbeitragsrechnung

Nach dieser Logik kann das Unternehmen am Deckungsbeitrag 1 erkennen, wie viel Erlös vom Umsatz nach Abzug der Fertigungs- und Material übrig bleibt, ob also die Produkte überhaupt ihre Herstellkosten decken. Der Deckungsbeitrag 2 nimmt die Projektkosten hinzu, gibt also Auskunft darüber, ob durch den Verkauf eines Produktes auch schon die initialen Kosten für Lektorat, Korrektorat etc. gedeckt wurden. Im dritten Schritt schließlich werden noch die nicht direkt zuordenbaren Unternehmenskosten wie Vertrieb und Verwaltung in die Rechnung eingebracht, um festzustellen, ob das Unternehmen als Ganzes profitabel ist bzw. welchen Beitrag jedes Produkt dazu leistet, das Unternehmen zu tragen.

5.2 Notwendige Customizing-Einstellungen

Das CO-PA umfasst eine eigene Organisationseinheit, den *Ergebnisbereich*, der alle benötigten Merkmale und Wertfelder enthält. Kirsten Lotse überprüft die Einstellungen im Customizing, die für den Verlag »Neue Medien« vorgenommen werden. Dazu wählt sie im Customizingmenü den Pfad CONTROLLING • ERGEBNIS- UND MARKTSEGMENTRECHNUNG • STRUKTUREN • ERGEBNISBEREICH DEFINIEREN • ERGEBNISBEREICH PFLEGEN (Transaktion KEA0). Um die verwendeten Merkmale und Wertfelder zu überprüfen, drückt die Controllerin auf den Button ⇨ Anzeigen (siehe Abbildung 5.2).

Hier findet sie auf den ersten Blick eine leere Liste vor. Das liegt daran, dass es zwei Arten von Merkmalen gibt: feste und freie. Erstere werden aus technischer Sicht immer benötigt und sind deshalb von SAP fest vorgegeben. Die freien Merkmale können von SAP-Kunden zusätzlich hinzugefügt werden, wenn die festen nicht ausreichen.

Da die Anforderungen des Verlags »Neue Medien« nicht besonders komplex sind, war die Vergabe freier Merkmale nicht notwendig. Deren Liste ist also leer (wie in Abbildung 5.3 links zu erkennen). Um die fest eingestellten Merkmale anzuzeigen, drückt Kirsten im Menü auf ZUSÄTZE • FESTE FELDER ANZEIGEN (siehe Abbildung 5.3).

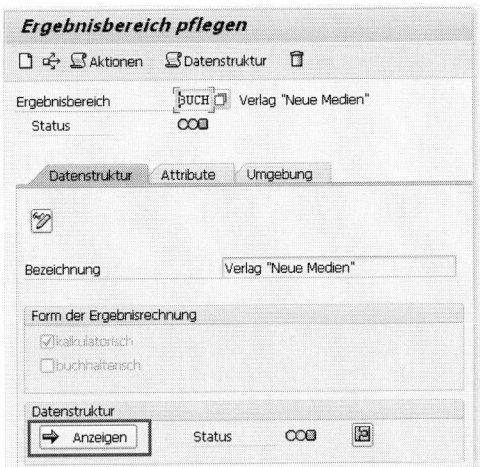

Abbildung 5.2: Ergebnisbereich pflegen

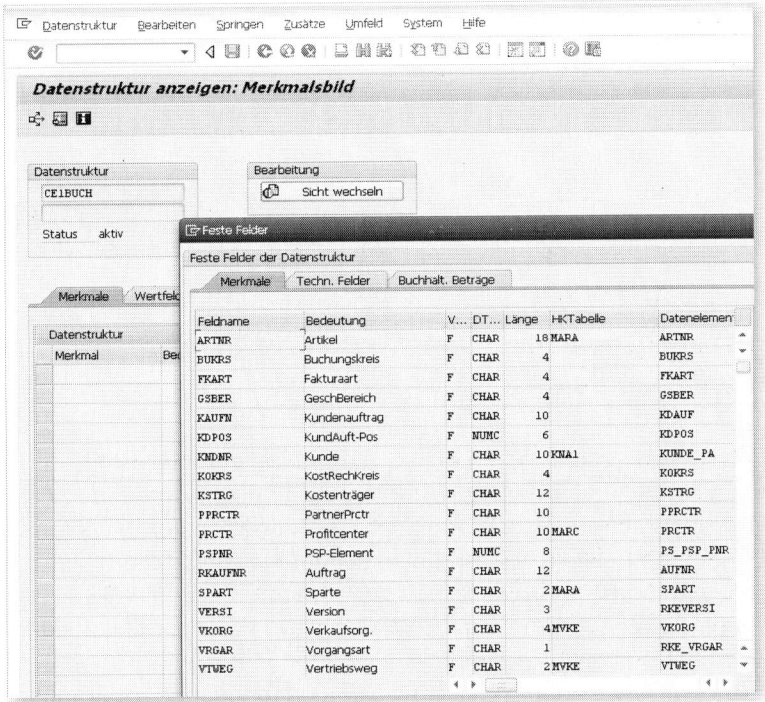

Abbildung 5.3: Merkmale zum Ergebnisbereich

Dann schließt sie die Sicht für die festen Felder wieder und wählt den Reiter WERTFELDER, um abzufragen, welche Wertfelder für ihren Verlag angelegt wurden (siehe Abbildung 5.4).

Abbildung 5.4: Wertfelder zum Ergebnisbereich

5.3 Deckungsbeitragsstufe 1: Wertefluss im Kundenauftrag

Nun geht es endlich daran, die ersten Exemplare von »Excel für Zahlenschubser« zu verkaufen und analog dazu den Aufbau der Deckungsbeitragsrechnung zu verfolgen. Der Großhändler Müller hat zehn Exemplare bestellt. Kirsten Lotse schaut nun dem Mitarbeiter im Vertriebsinnendienst über die Schulter, während er in SAP ERP einen Kundenauftrag anlegt, um diese Bestellung zu bedienen. Dazu wählt er im Menü LOGISTIK • VERTRIEB • VERKAUF • AUFTRAG • ANLEGEN (Transaktion VA01). Dann bestimmt er eine passende Auftragsart (wie im Controlling existieren auch im Vertrieb unterschiedliche Auftragsarten) und gibt die relevanten Organisationseinheiten des Vertriebs ein: die VERKAUFSORGANISATION, den VERTRIEBSWEG und die SPARTE.

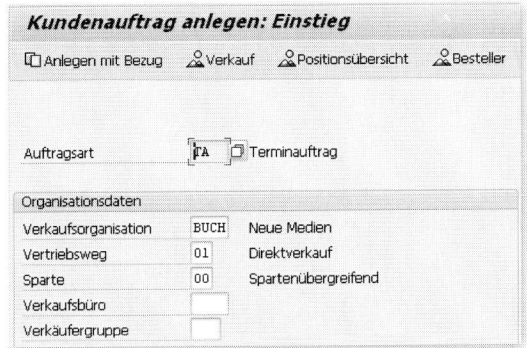

Abbildung 5.5: Kundenauftrag – Einstieg

Im nächsten Bildschirm werden die weiteren Details zum Kundenauftrag erfasst: der KUNDE ❶, das WUNSCHLIEFERDATUM ❷ und, über dessen MATERIALnummer, das zu verkaufende Produkt inklusive Verkaufsmenge ❸. Der Verkaufspreis wird automatisch anhand einer im System hinterlegten Preisliste ermittelt ❹.

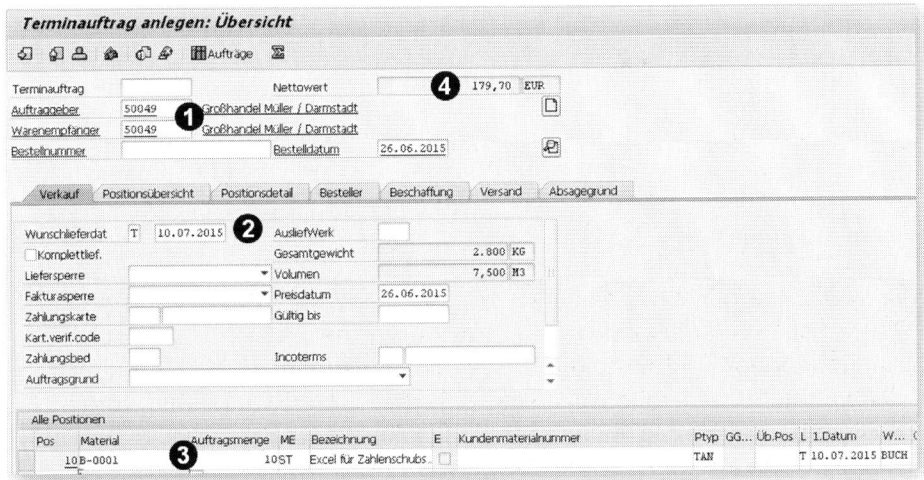

Abbildung 5.6: Details zum Kundenauftrag

Nun möchte die Controllerin wissen, ob das Ergebnisobjekt für die Verrechnung ins CO-PA korrekt ermittelt wurde. Sie führt dazu einen Doppelklick auf die MATERIALposition ❸ durch und wählt den Reiter KONTIERUNG (siehe Abbildung 5.7). Hier kann sie erkennen, dass aus dem Materialstamm das PROFITCENTER ❶, und – am Icon 🔁 ❷, dass ein ERGEBNISOBJEKT abgeleitet wurden (weitere Informationen zu Profitcentern finden Sie im nächsten Kapitel). Um die Details zu sehen, drückt sie auf das Icon.

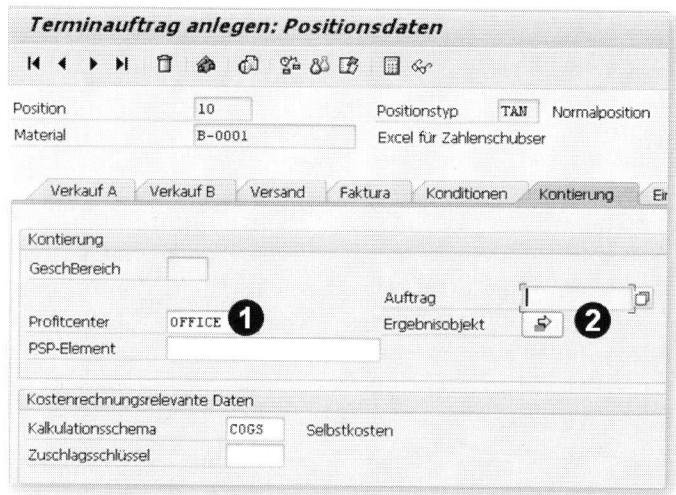

Abbildung 5.7: Details zur Kontierung

In der Detailansicht erkennt die Controllerin, dass alle wesentlichen Merkmale wie KUNDE, ARTIKEL, BUCHUNGSKREIS etc. aus den Informationen im Kundenauftrag abgeleitet wurden – ohne dass ihr Kollege eingreifen musste.

Im Anschluss führt dieser über LOGISTIK • VERTRIEB • VERSAND UND TRANSPORT • AUSLIEFERUNG • ANLEGEN • EINZELBELEG • MIT BEZUG AUF KUNDENAUFTRAG (Transaktion VL01N) eine Lieferung zu diesem Kundenauftrag durch (siehe Abbildung 5.9). Die LIEFERMENGE wird vom System bereits vorgeschlagen, der Innendienstler muss nur noch die KOMMISSIONIERTE MENGE eingeben ❶ und den WARENAUSGANG BUCHEN ❷.

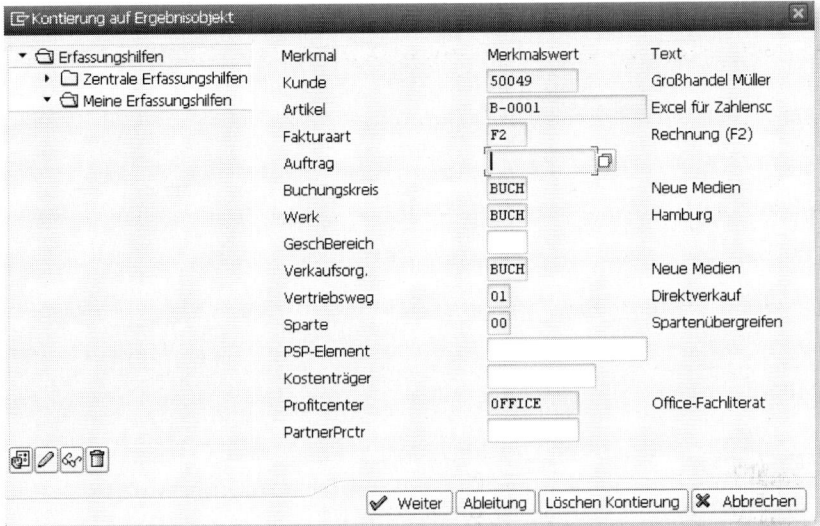

Abbildung 5.8: Details zum Ergebnisobjekt

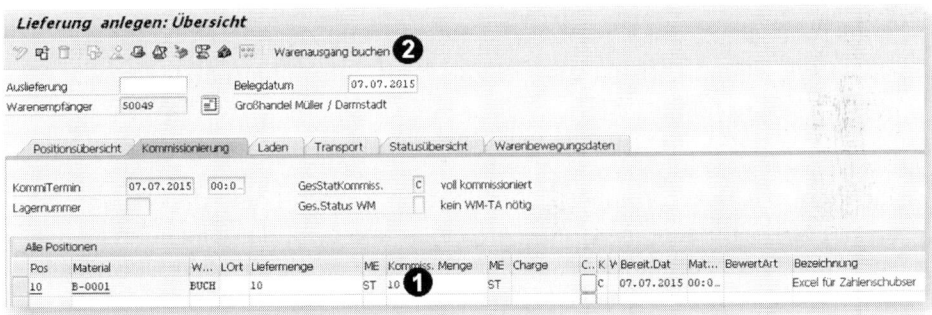

Abbildung 5.9: Lieferung anlegen

Die Buchungslogik in SAP ERP sieht vor, dass mit der Lieferung noch kein Beleg in CO-PA erzeugt wird; dies geschieht erst mit der Faktura. Der Innendienstler erzeugt über LOGISTIK • VERTRIEB • FAKTURIE-RUNG • FAKTURA • ANLEGEN (Transaktion VF01) eine Faktura zum Lieferbeleg (siehe Abbildung 5.10).

Faktura anlegen

🖊 ✏️ 👤Bearb.Fakturavorrat   👤Übersicht Fakt.   🔲 📋Positionsauswahl   ⊕ 📑

Vorgabedaten			
Fakturaart	▼	LeistErstDat	
Fakturadatum		Preisdatum	

Zu verarbeitende Belege			
Beleg	Pos.	Vertriebsbelegtyp	Bearbeitungsstatus
90015262	🗇		

Abbildung 5.10: Faktura anlegen

Buchungslogik in CO-PA

Dass mit der Lieferung noch kein CO-PA-Beleg erzeugt wird, hat folgenden Hintergrund: Werden beispielsweise die Kosten, die aus der Lieferung entstehen, ins CO-PA überführt, ohne dass diesen Erlöse gegenüberstehen, so würde ein Verlust ausgewiesen, der nicht der Realität entspricht. SAP hat dieses Dilemma dadurch gelöst, dass sowohl die Kosten aus der Lieferung als auch die Erlöse erst mit der Faktura ins CO-PA übergeben werden.

Nachdem die Faktura erstellt ist, sieht sich Kirsten Lotse den Beleg an. Sie wählt im Menü FAKTURA • ANZEIGEN und sieht daraufhin den in Abbildung 5.11 dargestellten Bildschirm. Dort drückt sie den Button 👤Rechnungswesen.

Faktura anzeigen

🖊 📄 🔧 👤Fakturapositionen   👤Rechnungswesen   🗐 📑

Faktura	90036355	🗇

Abbildung 5.11: Faktura anzeigen

Die Controllerin erhält eine Liste der erstellten Rechnungswesenbelege und wählt daraus den Ergebnisrechnungsbeleg. Im Reiter MERKMALE sieht sie, dass alle Merkmale aus dem Kundenauftrag übernommen wurden (siehe Abbildung 5.12).

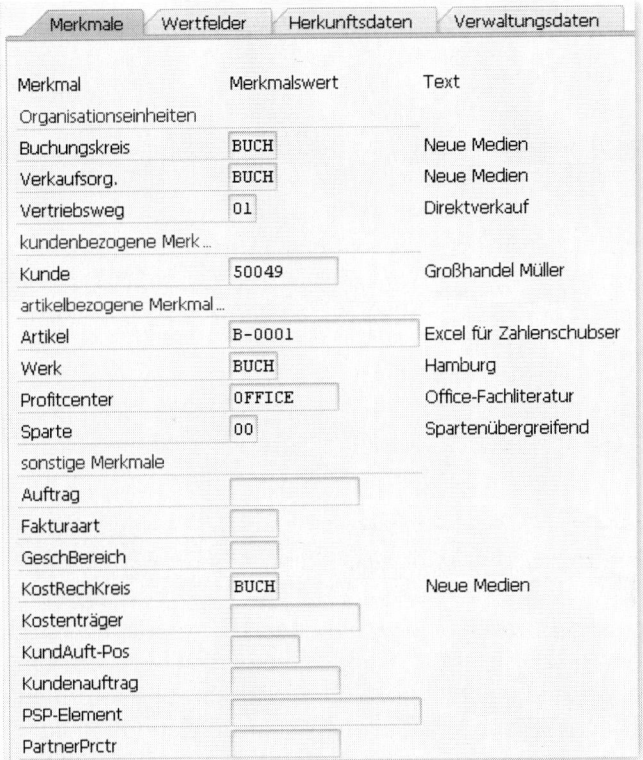

Abbildung 5.12: CO-PA-Beleg: Merkmale

Dann klickt sie den Reiter WERTFELDER an und stellt fest, dass bei der Übernahme nicht nur die ABSATZMENGE und der UMSATZ (siehe Abbildung 5.13), sondern auch die Herstellkosten berücksichtigt wurden – entsprechend der Kostenschichtung aus der Materialkalkulation, die Sie in Abschnitt 4.6 kennengelernt haben. Die Ergebnisrechnung ist nämlich in der Lage, über die sogenannte *Bewertung* auf die Materialkalkulation zurückzugreifen und die einzelnen Kostenbestandteile auf unterschiedliche Wertfelder zu steuern. So können Sie die Herstellkosten nach Material-, Fertigungs- und Gemeinkosten getrennt auswerten.

Merkmale	Wertfelder	Herkunftsdaten	Verwaltungsdaten

Fremdwährung

Fremdwährungsschl.	EUR	Euro
Umrechnungskurs	1,00000	

Legale Sicht (Ergebnisbereichswährung)

Wertfeld	Betrag	Eht
Absatzmenge	10,000	ST
All. Verwaltungskost		EUR
Erloes		EUR
Fertigungskosten	25,60	EUR
Materialeinsatz	3,70	EUR
Materialgemeinkosten	0,20	EUR
Preisabweichungen		EUR
Projektkosten		EUR
Umsatz	179,70	EUR
Vertriebskosten		EUR

Abbildung 5.13: CO-PA-Beleg: Wertfelder

Nachdem Sie sich die Einzelbelege angesehen hat, erzeugt Kirsten Lotse einen ersten Bericht in CO-PA und führt diesen aus, um das Ergebnis des soeben fertiggestellten Kundenauftrags zu überprüfen. Sie kann erkennen, dass neben den soeben über den Kundenauftrag gebuchten Werten auch die Preisabweichungen aus der Produktion auftauchen, die durch die Abrechnung des Fertigungsauftrags (siehe Abschnitt 4.9.8) verrechnet wurden. Das Buch »Excel für Zahlenschubser« hat somit bisher einen Nettoerlös (DECKUNGSBEITRAG 1) von $117,46$ € erwirtschaftet (siehe Abbildung 5.14).

Schlüsselspalte	Gesamt
Absatzmenge	10,000
Umsatz	179,70

Fertigungskosten	25,60
Materialeinsatz	3,70
Materialgemeinkosten	0,20
Preisabweichungen	32,74

Deckungsbeitrag 1	117,46

Abbildung 5.14: Deckungsbeitragsbericht

Weiterführende Informationen zu CO-PA

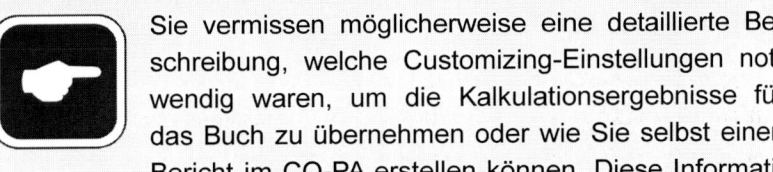 Sie vermissen möglicherweise eine detaillierte Beschreibung, welche Customizing-Einstellungen notwendig waren, um die Kalkulationsergebnisse für das Buch zu übernehmen oder wie Sie selbst einen Bericht im CO-PA erstellen können. Diese Informationen würden den Rahmen dieses Buches sprengen, dessen Intention es ja ist, Ihnen einen Überblick über alle Teilmodule des CO zu verschaffen. Detaillierte Informationen zu CO-PA finden Sie im Buch »Schnelleinstieg in die SAP-Ergebnisrechnung (CO-PA)« von Stefan Eifler, das ebenfalls bei Espresso Tutorials erschienen ist.

5.4 Deckungsbeitragsstufe 2: Auftragsabrechnung

Damit hat Kirsten Lotse schon einmal eine Deckungsbeitragsrechnung bis zur Nettomarge realisiert. Nun möchte sie jedoch im Bericht zusätzlich noch die bisher aufgelaufenen Projektkosten aus der Entstehungsphase des Buches sehen, um den Gesamterfolg des Produktes bewerten zu können. Sie erinnern sich: In Abschnitt 2.1 hatten wir Ihnen gezeigt, wie Sie einen Innenauftrag anlegen können. Beim Verlag »Neue Medien« werden Innenaufträge u. a. dafür genutzt, die Kosten für Buchprojekte zu sammeln, so auch für »Excel für Zahlenschubser«. Diese Kosten möchte Kirsten nun ins CO-PA verrechnen.

Sie prüft zunächst noch einmal die Gesamtkosten des zugeordneten Innenauftrags. Aus Abschnitt 2.6 wissen wir, dass der Innenauftrag für dieses Projekt die Nummer 40200001 hat und dass Sie mit der Transaktion KOB1 die Einzelposten zum Auftrag aufrufen können. Die Controllerin stellt fest, dass die gesamten Projektkosten 3.900 € betragen (siehe Abbildung 5.15).

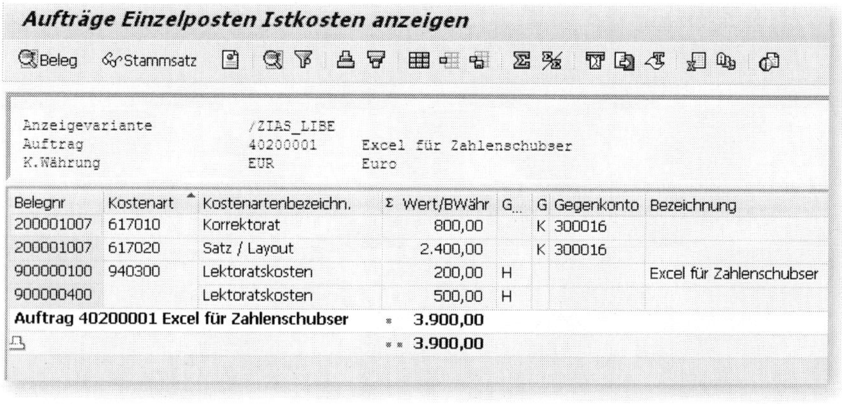

Aufträge Einzelposten Istkosten anzeigen

Beleg Stammsatz

Anzeigevariante	/ZIAS_LIBE	
Auftrag	40200001	Excel für Zahlenschubser
K.Währung	EUR	Euro

Belegnr	Kostenart	Kostenartenbezeichn.	Σ Wert/BWähr	G...	G Gegenkonto	Bezeichnung
200001007	617010	Korrektorat	800,00	K	300016	
200001007	617020	Satz / Layout	2.400,00	K	300016	
900000100	940300	Lektoratskosten	200,00	H		Excel für Zahlenschubser
900000400		Lektoratskosten	500,00	H		
Auftrag 40200001 Excel für Zahlenschubser			**= 3.900,00**			
			**** 3.900,00**			

Abbildung 5.15: Bericht zum Innenauftrag

Um den Auftrag ins CO-PA zu verrechnen, muss sie eine sogenannte *Abrechnungsvorschrift* anlegen. Dazu geht sie in die Stammdatenpflege des Innenauftrags (Transaktion K002, siehe Abbildung 5.16) und drückt den Button AbrechnVorschr .

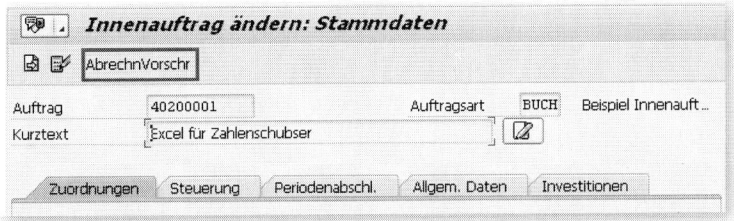

Abbildung 5.16: Abrechnungsvorschrift zum Innenauftrag pflegen

Ursprünglich war für diesen Auftrag eine Abrechnung an zwei Kostenstellen vorgesehen. Kirsten Lotse löscht diese Regeln jedoch und erfasst eine neue Abrechnung. Dazu gibt sie zunächst als Empfängertyp ERG für Ergebnisobjekt ein (siehe Abbildung 5.17).

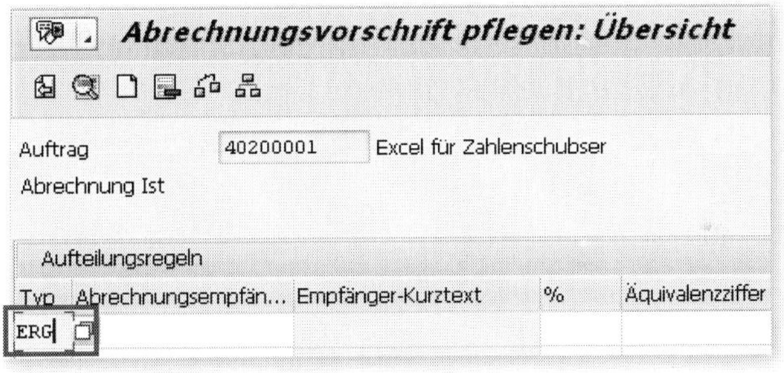

Abbildung 5.17: Abrechnungsempfängertyp eintragen

Sobald sie die Enter -Taste betätigt, erscheint ein Pop-up, in das sie die gewünschten Merkmalswerte eintragen kann, an die sie abrechnen will (siehe Abbildung 5.18). Im CO-PA werden Produkte nicht »Material«, sondern »Artikel« genannt; es verbirgt sich dahinter aber noch immer der Materialstamm, den wir Ihnen in Abschnitt 4.1 vorgestellt haben. Hier gibt Frau Lotse den Artikel B-0001 für »Excel für Zahlenschubser« ein.

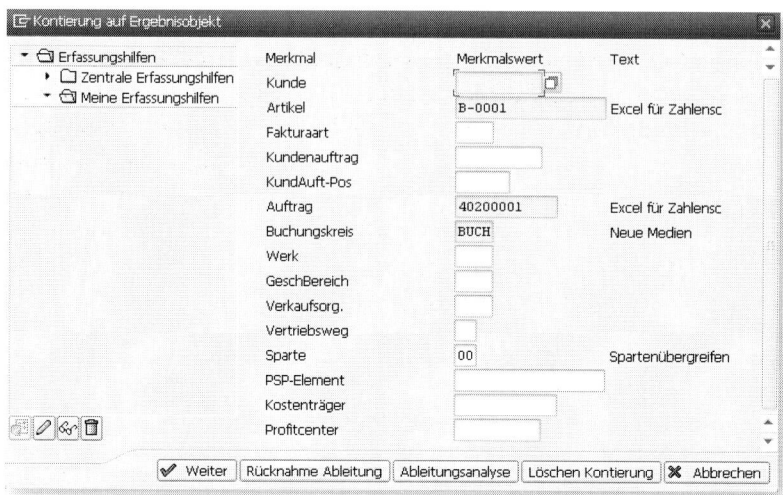

Abbildung 5.18: Abrechnungsvorschrift – Merkmalswerte eintragen

Nachdem sie ihre Angaben gesichert hat, führt Kirsten die Abrechnung für den Innenauftrag durch. Sie verwendet dafür dieselbe Transaktion (K088), wie wir sie Ihnen schon für die Abrechnung von Fertigungsaufträgen in Abschnitt 4.9.6 gezeigt haben (siehe Abbildung 5.19).

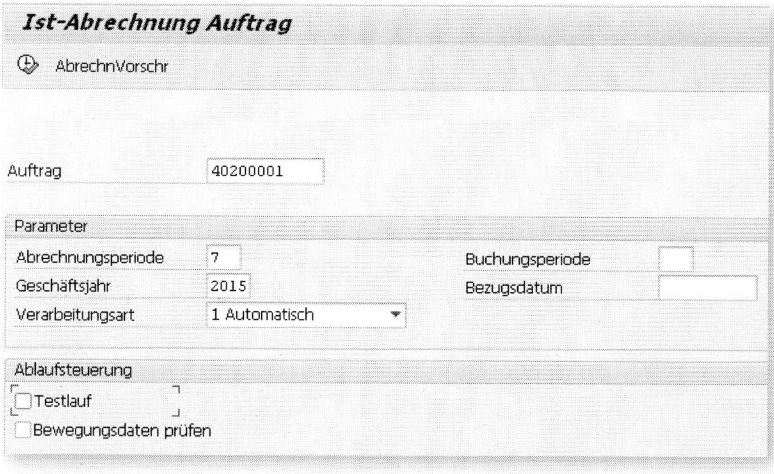

Abbildung 5.19: Innenauftrag abrechnen

Damit hat Kirsten Lotse jetzt ihren Ergebnisbericht mit der Deckungs-
beitragsstruktur um die Projektkosten erweitert. Sie nutzt diesen Bericht, um zu prüfen, ob auch die Kosten aus dem Innenauftrag korrekt
verrechnet wurden (siehe Abbildung 5.20). Dieses Ergebnis sieht
ganz anders aus: Es muss noch ein zusätzlicher Deckungsbeitrag
von mindestens $3782,54$ € erwirtschaftet werden, damit das Buchprojekt insgesamt seine Kosten gedeckt hat.

Schlüsselspalte	Gesamt
Absatzmenge	10,000
Umsatz	179,70

Fertigungskosten	25,60
Materialeinsatz	3,70
Materialgemeinkosten	0,20
Preisabweichungen	32,74

Deckungsbeitrag 1	117,46
Projektkosten	3.900,00
Deckungsbeitrag 2	3.782,54-

Abbildung 5.20: Deckungsbeitragsbericht mit Projektkosten

5.5 Deckungsbeitragsstufe 3: Übernahme von Gemeinkosten

Nun fehlt der Controllerin noch die dritte Stufe ihrer Deckungsbeitragsrechnung. Neben den direkt zuordenbaren Kosten zu ihrem
Buchprojekt möchte sie auch die Vertriebs- und Verwaltungskosten
anteilig auf die Produkte aufteilen. Dazu setzt sie die Kostenstel-
lenumlage ein, wie Sie sie bereits in Abschnitt 3.2.6 kennengelernt
haben. Eine Umlage ins CO-PA wird jedoch über eine andere Transaktion angelegt als eine Umlage zwischen Kostenstellen. Kirsten
wählt den Menüpfad RECHNUNGSWESEN • CONTROLLING • ERGEBNIS-
UND MARKTSEGMENTRECHNUNG • ISTBUCHUNGEN • PERIODENABSCHLUß •

KOSTENSTELLEN-/PROZEßKOSTEN ÜBERNEHMEN • UMLAGE (Transkation KEU5), und dort im Menü den Punkt ZUSÄTZE • ZYKLUS • ANLEGEN. Sie benennt den ZYKLUS Buch und trägt ein ANFANGSDATUM ein (siehe Abbildung 5.21), das bestimmt, ab wann der Zyklus frühestens verwendet werden darf.

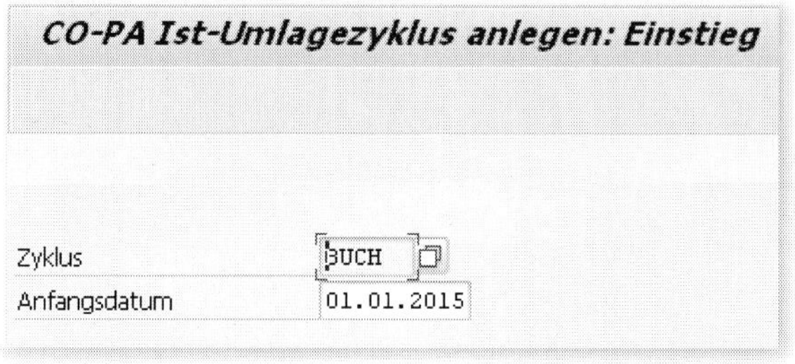

Abbildung 5.21: Umlagezyklus im CO-PA anlegen

Als Nächstes pflegt sie die Kopfdaten des Zyklus (siehe Abbildung 5.22) und legt im Block KENNZEICHEN die SENDERSELEKTIONSART ❶ fest. Dieser Parameter bestimmt, ob fixe und variable Kosten einzeln oder separat verrechnet werden sollen. Da beim Verlag »Neue Medien« aktuell nur Gesamtkosten betrachtet werden, wählt die Controllerin hier den dafür vorgesehenen Wert 1.

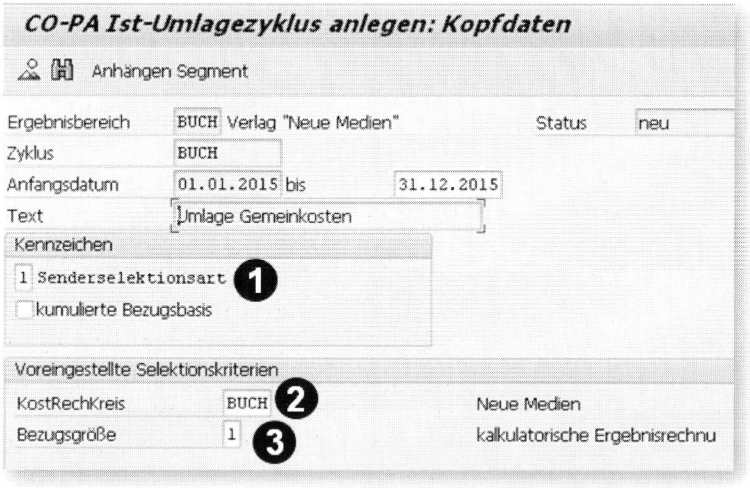

Abbildung 5.22: Umlagezyklus – Kopfdaten pflegen

Außerdem muss sie noch den KOSTENRECHNUNGSKREIS ❷ sowie die BEZUGSGRÖßE ❸ auswählen. Die Bezugsgröße entscheidet, ob die Umlage auf Basis der *kalkulatorischen* oder der *buchhalterischen Ergebnisrechnung* erfolgen soll.

Kalkulatorische vs. buchhalterische Ergebnisrechnung

 Die Ergebnis- und Marktsegmentrechnung wird von SAP in zwei Versionen ausgeliefert: der kalkulatorischen und der buchhalterischen Ergebnisrechnung. Wir haben Ihnen in diesem Kapitel bisher ausschließlich die kalkulatorische Form vorgestellt. Ein Hauptunterschied besteht darin, dass in der buchhalterischen nicht mit Wertfeldern, sondern mit Kostenarten gebucht wird. Diese Ergebnisrechnung ist dadurch leichter mit der Finanzbuchhaltung abzustimmen. Auf der anderen Seite bietet die kalkulatorische Ergebnisrechnung Funktionalitäten, die in der buchhalterischen Form nicht zur Verfügung stehen. Dazu gehören die bereits in diesem Kapitel beschriebene Übernahme von Kalkulationsdaten, aber auch die Verarbeitung von Kennzahlen zum Auftragseingang oder kalkulatorische Ansätze wie z. B. prozentuale Zuschläge. Da die kalkulatorische Ergebnisrechnung in der Praxis wesentlich weiter verbreitet ist als die buchhalterische, beschränken wir uns im Weiteren auf diese Form.

Über den Button `Anhängen Segment` legt Kirsten Lotse nun das erste Segment an. Im SEGMENTKOPF ❶ hinterlegt sie eine UMLAGEKOSTENART, die Sie bereits aus Abschnitt 3.2.6 kennen (siehe Abbildung 5.23). Bei der Umlage ins CO-PA muss zusätzlich ein WERTFELD angegeben werden, auf das verrechnet werden soll – in diesem Fall das Wertfeld für `Vertriebskosten`. Im Block EMPFÄNGERBEZUGSBASIS wählt Kirsten aus, nach welchem Kriterium die Aufteilung der Vertriebskosten auf die einzelnen Produkte erfolgen soll. Eine wirklich ursachengerechte Aufteilung von Vertriebskosten ist in den seltensten Fällen möglich. Beim Verlag »Neue Medien« hat sich das Controlling entschieden, die `Absatzmenge` als Verteilungskriterium heranzuziehen.

Entsprechend hat die Controllerin hier das passende Wertfeld ausgesucht **❸**.

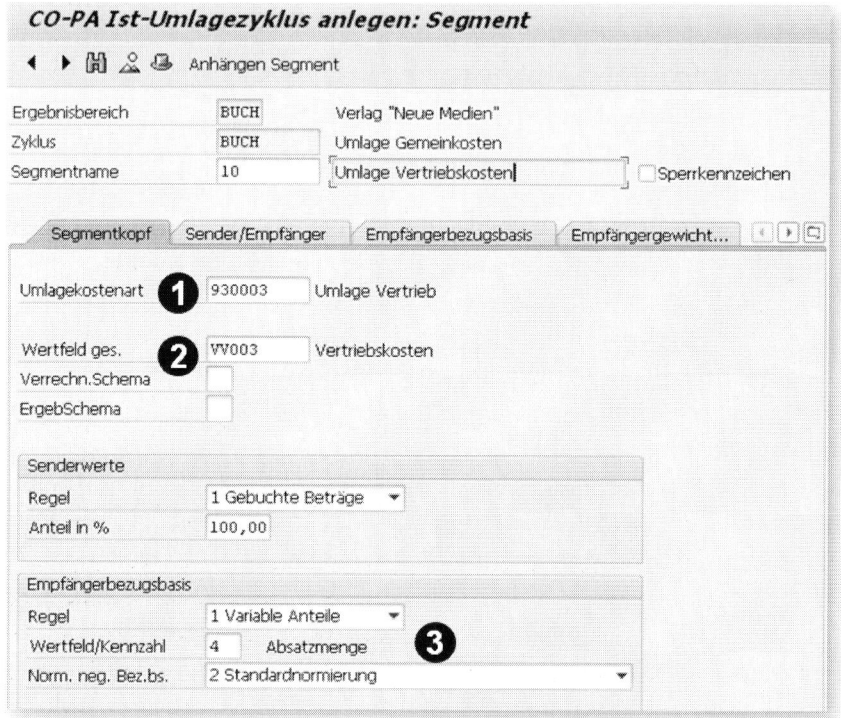

Abbildung 5.23: Umlagezyklus: Segmentkopf pflegen

Im Reiter SENDER/EMPFÄNGER (siehe Abbildung 5.24) wählt Kirsten Lotse aus, von welchen Senderkostenstellen (hier die Kostenstellengruppe VERTRIEB **❶**, die die Vertriebskostenstellen enthält, vgl. Abschnitt 1.2.2) und welche Kostenarten überhaupt verrechnet werden sollen. Die Controllerin hat hier alle Kostenarten von 600000 bis 999999 ausgewählt **❷**; damit hat sie sämtliche Aufwandskostenarten selektiert, siehe auch Abschnitt 1.1.1. Als Empfänger hat sie jeden relevanten Artikel, also die Materialnummern von B-0001 bis B-9999 **❸**, angegeben. Damit stellt sie sicher, dass die auf den Vertriebskostenstellen gebuchten Kosten an alle Produkte verrechnet werden.

Abbildung 5.24: Umlagezyklus: Sender/Empfänger-Regel

Im letzten Schritt nimmt die Controllerin Einträge im Reiter EMPFÄN-
GERBEZUGSBASIS vor (siehe Abbildung 5.25). Die Einstellung aus dem
Segmentkopf, welches Wertfeld als Bezugsbasis verwendet werden
soll, wurde bereits übernommen ❶. Kirsten Lotse wählt außerdem
aus, mit welcher VORGANGSART der Absatz gebucht sein muss, um für
die Umlage herangezogen zu werden ❷. Die Vorgangsart kenn-
zeichnet in CO-PA den Geschäftsvorgang, über den ein Beleg gebucht wurde – der hier gewählte Wert F steht für »Faktura« und betrifft alle Vorgänge, die über eine Faktura in SD erfasst werden. Das
Plan-/Istkennzeichen (PLAN-/ISTKENNZE) unterscheidet, ob Plan- oder
Istwerte als Grundlage für die Umlage verwendet werden sollen – der
Wert 0 steht für »Istwerte«.

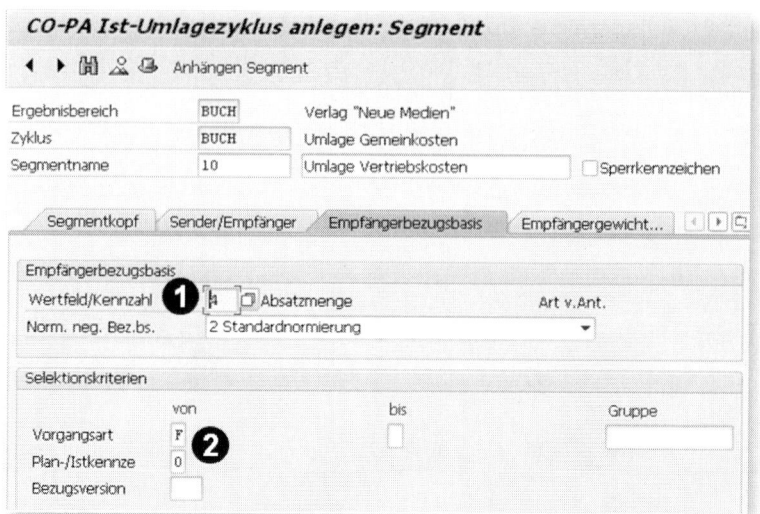

Abbildung 5.25: Umlagezyklus – Empfängerbezugsbasis

Kirsten Lotse legt nun ein weiteres Segment an, um die Verwaltungskosten analog zu den Vertriebskosten von den relevanten Kostenstellen an die Produkte in CO-PA auf Basis der Absatzmenge umzulegen.
Anschließend sichert sie die Umlage und kehrt zurück in die Transaktion KEU5, um diese Umlage auszuführen (siehe Abbildung 5.26),
indem sie die aktuelle PERIODE, das GESCHÄFTSJAHR sowie die
soeben erstellte Umlage auswählt und mit der Enter-Taste bestätigt. Dadurch werden die Kostenstellen im Vertrieb und in der Verwaltung entlastet. Die daraus resultierenden Beträge werden an alle
Produkte verrechnet, die in der eingegebenen Periode einen Ist-
Absatz hatten. Die Aufteilung der Kosten erfolgt im Verhältnis des Ist-
Absatzes.

Um auch die Vertriebs- und Verwaltungskosten darzustellen, hat Kirsten Lotse den Deckungsbeitragsbericht erweitert. Sie ruft ihn auf, um
zu prüfen, ob die Umlage korrekt verrechnet wurde. Weiterhin stellt
sie fest, dass die Kosten richtig umgelegt wurden und kann erkennen,
dass das Buch »Excel für Zahlenschubser« einen negativen DE-
CKUNGSBEITRAG 3 aufweist (siehe Abbildung 5.27). Der Absatz des
Buches muss also weiter vorangetrieben werden, um die bisher in-
vestierten wie auch die laufenden Kosten zu decken.

Abbildung 5.26: Umlage ins CO-PA durchführen

Schlüsselspalte	Gesamt
Absatzmenge	10,000
Umsatz	179,70

Fertigungskosten	25,60
Materialeinsatz	3,70
Materialgemeinkosten	0,20
Preisabweichungen	32,74

Deckungsbeitrag 1	117,46
Projektkosten	3.900,00
Deckungsbeitrag 2	3.782,54-
Vertriebskosten	1.542,68
All. Verwaltungskost	589,22
Deckungsbeitrag 3	5.914,44-

Abbildung 5.27: Deckungsbeitragsbericht mit Vertriebs- und Verwaltungskosten

Sie haben nun einen kurzen Einblick in die Ergebnis- und Marktseg-mentrechnung erhalten. Im Verlag »Neue Medien«, wie auch in vielen anderen Betrieben, die SAP ERP einsetzen, wird dieses Werkzeug dazu genutzt, eine stufenweise Deckungsbeitragsrechnung für ein-zelne Produkte aufzubauen. Die flexible Struktur des Moduls gestattet alternativ auch eine Deckungsbeitragsrechnung nach Kunde, Land etc. Die Ergebnis- und Marktsegmentrechnung kann somit dabei helfen, den Erfolg von Produkten am Markt unter verschiedenen Ge-sichtspunkten zu beurteilen.

6 Profitcenter-Rechnung

Der Verlag »Neue Medien« hat inzwischen ein so umfangreiches Sortiment mit unterschiedlichen Leser-Zielgruppen aufgebaut, dass der Geschäftsführer Felix Buchmacher beschlossen hat, die Firma in autonome, ergebnisverantwortliche Teilbereiche aufzuteilen. Die Profitcenter-Rechnung ist ein geeignetes Modul, um dieses Vorhaben systemtechnisch zu unterstützen.

Ursprünglich hatte sich der Verlag darauf spezialisiert, technische Handbücher zu Softwareprodukten wie Microsoft Office oder SAP herauszubringen. Inzwischen finden sich im Programm aber auch zahlreiche Bücher, die sich eher mit der Theorie der Betriebswirtschaftslehre auseinandersetzen. Alle drei Themen – Office, SAP und BWL – entwickeln sich, bezogen auf die Autorenakquise wie auch die Ansprache der Kunden, in unterschiedliche Richtungen. Deshalb möchte Felix Buchmacher drei autonom agierende Unternehmensbereiche ins Leben rufen, die jeweils von einem Bereichsleiter verantwortlich geführt werden.

Um den Erfolg der jeweiligen Bereichsleiter messen zu können, benötigt Felix eine GuV für jeden Verlagsteil. Dabei stellt sich die Frage, mit welcher SAP-Funktionalität es möglich ist, die Gesamt-GuV in Bereiche aufzuteilen. Er beauftragt die Controllerin Kirsten Lotse damit, eine Lösung für diese Fragestellung zu finden.

Nach einiger Analyse hat Frau Lotse herausgefunden, dass die *Profitcenter-Rechnung* das geeignete Werkzeug für diese Aufgabenstellung ist. Dieses Modul erlaubt es, Unternehmen in eigenverantwortliche Teilbereiche zu gliedern und die GuV entsprechend zu splitten. Es ist mit der Profitcenter-Rechnung sogar möglich, eine komplette Bilanz für einzelne Teilbereiche aufzustellen; dies soll aber zum aktuellen Zeitpunkt noch nicht realisiert werden.

Geschäftsbereiche nicht mehr verwenden!

Neben der Profitcenter-Rechnung können auch Geschäftsbereiche im Modul FI dazu verwendet werden, Teilbilanzen zu erstellen. Beide Funktionalitäten wurden eine Zeit lang von SAP parallel entwickelt, inzwischen setzt SAP aber voll auf die Profitcenter. Sie können die Geschäftsbereiche zwar weiterhin nutzen, neue Funktionalität wird aber nur noch für Profitcenter entwickelt. Wenn Sie also vor der Wahl stehen, welches der beiden Module Sie neu einführen, sollten Sie sich für die Profitcenter entscheiden.

6.1 Konzept der Profitcenter-Rechnung

Die Profitcenter-Rechnung war ursprünglich ein eigenständiges Untermodul im CO – mit eigenen Customizing-Einstellungen und Menüpfaden –, wurde aber mit der Entwicklung des neuen Hauptbuchs ab ERP-Release 6.0 zu einem Teil der Finanzbuchhaltung.

EC-PCA vs. neues Hauptbuch

Die Funktionalitäten der klassischen Profitcenter-Rechnung (EC-PCA) und der Profitcenter-Rechnung im neuen Hauptbuch weisen einige Unterschiede auf. In diesem Buch sind wir davon ausgegangen, dass Ihr Unternehmen das neue Hauptbuch einsetzt und gehen daher nicht auf die Einstellungen für das alte EC-PCA ein.

Um Profitcenter einsetzen zu können, müssen Sie zunächst ein paar Einstellungen im Customizing vornehmen. Darüber hinaus benötigen Sie Stammdaten für die Profitcenter. Diese besitzen eine sehr ähnliche Struktur wie die Kostenstellen, die Sie bereits aus Abschnitt 1.2 kennen. Um schließlich sicherzustellen, dass die gesamte GuV nach

Profitcentern aufgeteilt wird, müssen Sie die relevanten Kontierungs-objekte jeweils einem Profitcenter zuordnen. Die Profitcenter laufen dann im Hintergrund als statistische Kontierungsobjekte mit – jede Buchung auf einem Kontierungsobjekt, das einem Profitcenter zuge-ordnet ist, wird somit automatisch auf genau diesem Profitcenter kon-tiert.

Komplette Bilanz nach Profitcentern

Es ist auch möglich, die komplette Bilanz nach Pro-fitcentern aufzuteilen. Dazu sind jedoch weitere Ein-stellungen im Customizing notwendig, die wir im Rahmen dieses Buches nicht erläutern werden. Eine ausführliche Beschreibung zum Customizing der Profitcenter-Rechnung im neuen Hauptbuch finden Sie im Buch »SAP-Finanzwesen – Customizing« von Renata und Martin Mun-zel, erschienen im Verlag SAP PRESS.

6.2 Notwendige Customizing-Einstellungen

Um die Profitcenter-Rechnung im neuen Hauptbuch für den Verlag »Neue Medien« nutzen zu können, muss Kirsten Lotse zunächst im Customizing das entsprechende *Szenario* aktivieren. Dazu wählt sie den Menüpfad FINANZWESEN (NEU) • GRUNDEINSTELLUNGEN FINANZWE-SEN (NEU) • BÜCHER • LEDGER • SZENARIOS UND KUNDENEIGENE FELDER LEDGERN ZUORDNEN. Anschließend bestimmt sie das führende Ledger für ihr System (in der Regel heißt dieses »0L«) und drückt in der Dia-logstruktur auf SZENARIOS. Sofern noch nicht geschehen, fügt sie hier das Szenario Profitcenter-Fortschreibung hinzu (siehe Ab-bildung 6.1).

Sicht "Szenarios" ändern: Übersicht

✐ Neue Einträge 🗋 🖳 🖎 🖫 🖫 🖫

Dialogstruktur	Ledger	GL
▼ ☐ Ledger		
· 🗐 Szenarios	Szenarios	
· ☐ Kundenfelder	Szenario fü...	Langtext
· ☐ Versionen	FIN_CCA	Kostenstellen-Fortschreibung
	FIN_CONS	Konsolidierungsvorbereitung
	FIN_GSBER	Geschäftsbereich
	FIN_PCA	Profitcenter-Fortschreibung
	FIN_SEGM	Segmentberichterstattung
	FIN_UKV	Umsatzkostenverfahren

Abbildung 6.1: Profitcenter-Fortschreibung aktivieren

Was sind Ledger?

 Mit dem neuen Hauptbuch hat SAP das Konzept der *Ledger* eingeführt. Diese dienen dazu, mehrere Rechnungslegungsvorschriften parallel abzubilden. Ein Ledger entspricht dabei einer Rechnungslegungsvorschrift (wie z. B. HGB, IAS oder US-GAAP). Für jedes Sachkonto legen Sie fest, in welches Ledger bzw. welchen Ledgern es fortgeschrieben werden soll. Die Ledger werden so nur mit den jeweils erlaubten bzw. erforderlichen Geschäftsvorfällen versorgt. Beispielsweise dürfen immaterielle Vermögensgegenstände im HGB nicht als Anlagevermögen aktiviert werden, in IAS und US-GAAP aber sehr wohl. Eines der Ledger ist stets führend, d. h., es wird in der Regel dasjenige sein, das Sie für Ihren Konzernabschluss verwenden. Wenn Sie nur mit einer Rechnungslegungsfortschrift arbeiten, benötigen Sie nur ein Ledger, das dann automatisch das führende ist.

Mit *Szenarien* können Sie festlegen, welche Zusatzfelder in den FI-Belegen verwendet werden sollen, um detailliertere Auswertungen zu ermöglichen. Wenn Sie beispielsweise nach dem Umsatzkostenverfahren berichten, können Sie dieses Szenario aktivieren, um ein zusätzliches Feld FUNKTIONSBEREICH zu führen. Entsprechend bedeutet das Aktivieren der Profitcenter-Fortschreibung, dass das Feld PROFITCENTER in den FI-Belegen gefüllt werden kann, um dann später eine (Teil-)Bilanz und GuV je Profitcenter zu ermöglichen.

Als Nächstes muss Kirsten Lotse im Customizing die Profitcenter-Standardhierarchie definieren. Sie erinnern sich vielleicht noch an unsere Ausführungen zur Kostenstellen-Standardhierarchie aus Abschnitt 1.2.1. Die Standardhierarchie für Profitcenter funktioniert analog. Über FINANZWESEN (NEU) • HAUPTBUCHHALTUNG (NEU) • STAMMDATEN • PROFITCENTER • PROFITCENTER-STANDARDHIERARCHIE IM KOSTRECHKREIS ANLEGEN definiert Kirsten Lotse für den Kostenrechnungskreis BUCH den Namen der Standardhierarchie (ebenfalls BUCH, siehe Abbildung 6.2).

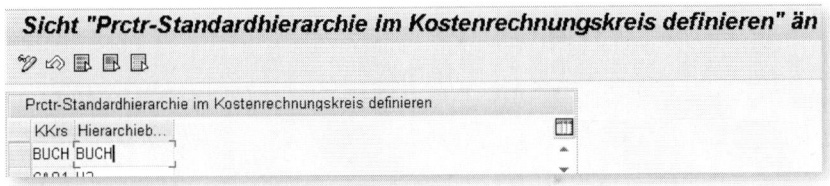

Abbildung 6.2: Profitcenter-Standardhierarchie definieren

Nun muss die Controllerin die Standardhierarchie mit Leben füllen. Da der Verlag »Neue Medien« nach wie vor ein verhältnismäßig kleines Unternehmen ist, fällt die Standardhierarchie sehr einfach aus. Laut der Vorgaben von Felix Buchmacher soll Kirsten Lotse die in Abbildung 6.3 dargestellte Struktur übertragen. Diese besteht lediglich aus dem Top-Knoten der Standardhierarchie; weitere Unterknoten werden aktuell nicht benötigt. Die Controllerin legt die vier Profitcenter direkt unter diesem Knoten an.

Knoten, Unterknoten und Blätter

Die Standardhierarchie der Profitcenter wie auch der Kostenstellen besteht aus Knoten, die zur Gruppierung dienen, selbst aber keine Kontierungsobjekte sind. Die Profitcenter stellen die untersten Elemente der Hierarchie dar und können selbst keine Knoten sein, also keine untergeordneten Elemente besitzen. Man nennt Elemente einer (Teil-)Hierarchie, die deren Ende bilden, auch *Blätter*.

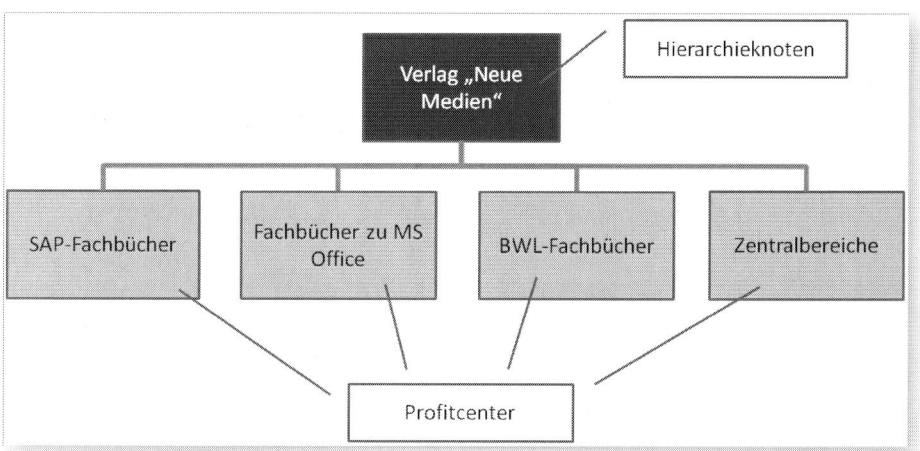

Abbildung 6.3: Profit-Center-Standardhierarchie für den Verlag »Neue Medien«

6.3 Stammdaten

Um die Profitcenter anzulegen, kehrt Kirsten zurück ins Anwendungsmenü und wählt den Menüpfad RECHNUNGSWESEN • FINANZWESEN • HAUPTBUCH • STAMMDATEN • PROFITCENTER • EINZELBEARBEITUNG • ANLEGEN (Transaktion KE51). Wie bei einer Kostenstelle pflegt sie dazu einen NAMEN, den BETRACHTUNGSZEITRAUM, die BEZEICHNUNG

268

und den LANGTEXT (siehe Abbildung 6.4). Außerdem wählt sie einen VERANTWORTLICHEN und ordnet das Profitcenter einem Knoten der Standardhierarchie (HIERARCHIEBEREICH) zu, in diesem Fall dem obersten Knoten. Das Feld SEGMENT kann dazu verwendet werden, mehrere Profitcenter zu einer Gruppe zusammenzufassen; dies wird beim Verlag »Neue Medien« jedoch nicht benötigt, sodass dieses Feld leer bleibt. Anschließend sichert Kirsten das Profitcenter und aktiviert es über den Button ▮. Änderungen am Profitcenter werden erst dann aktiv, wenn Sie diese auch aktiviert haben.

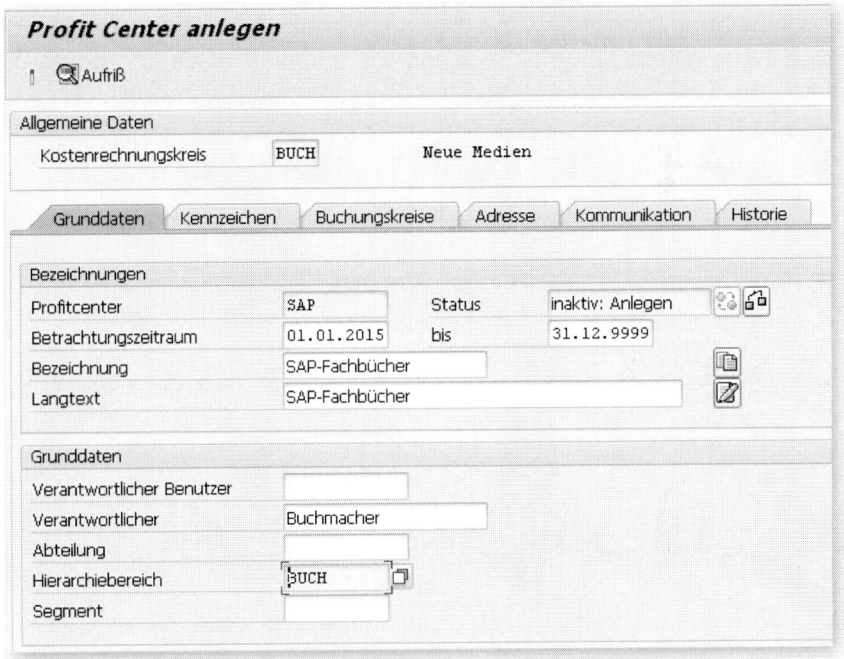

Abbildung 6.4: Profitcenter anlegen

Nachdem die Controllerin alle benötigten Proficenter angelegt hat, muss sie diesen die verwendeten Kontierungsobjekte zuordnen. Sie beginnt mit den Kostenstellen.

Durch die neue Organisationsstruktur hat sich auch die Kostenstellenhierarchie geändert, die wir Ihnen in den Abschnitten 1.2.1 und

1.2.2 dargestellt hatten. Für jeden der neuen Teilbereiche wurde ein eigener Teilbaum in der Hierarchie gebildet, dem eigene Bereiche für Redaktion und Vertrieb untergeordnet sind; alle weiteren Funktionen verbleiben im Zentralbereich.

Kirsten Lotse nutzt die zentrale Pflege der Kostenstellenstandardhierarchie (Transaktion OKEON), um die Profitcenter den Kostenstellen zuzuordnen; was aber auch über die Einzelbearbeitung der Kostenstellen möglich wäre (Transaktion KS02) – diese hatten wir bereits in Abschnitt 1.2.2 vorgestellt und festgestellt, dass das System eine Warnmeldung ausgibt, wenn bei aktivierter Profitcenter-Rechnung eine Kostenstelle ohne Zuordnung zu einem Profitcenter angelegt wird. Das Ergebnis der Umstrukturierung können Sie in Abbildung 6.5 sehen.

Standardhierarchie	Bezeichnung	Aktivierungss...	Buchungskreis	Profit Center
▾ 品 BUCH	Verlag "Neue Medien"			
▾ 品 100	SAP-Fachbücher			
▾ 品 1006	Vertrieb SAP-Fachbücher			
▾ 品 10061	Verkauf SAP-Fachbücher			
• 6010000	Verkauf	▣	BUCH	SAP
▸ 品 10065	Kundenservice			
▾ 品 1004	Redaktion SAP-Fachbücher			
▾ 品 10041	Onlineredation SAP			
• 4010000	Onlineredaktion SAP	▣	BUCH	SAP
▾ 品 10042	Printredaktion SAP			
• 4020000	Printredaktion	▣	BUCH	SAP
▾ 品 10043	Lektorat SAP			
• 4030001	Lektorat	▣	BUCH	SAP
▾ 品 200	Office-Fachbücher			
▾ 品 2004	Redaktion Office-Fachbücher			
▾ 品 20041	Onlineredation Office			
• 4010010	Onlineredaktion Office	▣	BUCH	OFFICE
▾ 品 20042	Printredaktion Office			
• 4020010	Printredaktion Offic	▣	BUCH	OFFICE
• 品 20043	Printredaktion BWL			
• 品 2006	Vertrieb Office-Fachbücher			

Abbildung 6.5: Kostenstellenhierarchie nach Reorganisation, mit Profitcentern

Nach den Kostenstellen trägt Kirsten Lotse auch für alle Innenaufträge ein Profitcenter ein. Diese Änderung erfolgt über die Pflegetransaktion für Innenaufträge KO02 (siehe Abbildung 6.6).

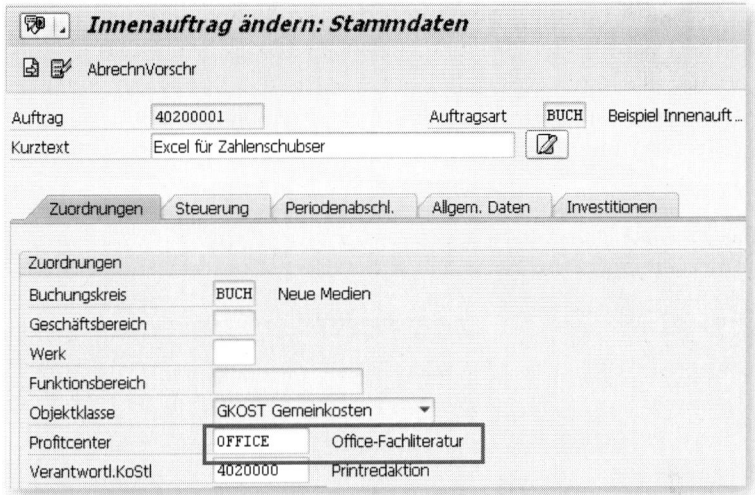

Abbildung 6.6: Innenauftrag mit Profitcenter

Nachträgliche Änderung des Profitcenters

 Wenn Sie das neue Hauptbuch einsetzen, ist eine nachträgliche Änderung der Zuordnung zwischen Profitcenter und Kontierungsobjekt streng genommen nicht erlaubt. Beim Versuch, dies zu tun, erscheint eine Fehlermeldung. Über den Langtext zu dieser Fehlermeldung erhalten Sie einen Hinweis, wie Sie die Änderung dennoch vornehmen können, indem Sie die Fehlermeldung in eine Warnmeldung umwandeln oder sogar ganz ausblenden.

Das ändert jedoch nichts daran, dass Sie Auswertungen nach Profitcentern nicht mehr rückwirkend, sondern nur für zukünftige Buchungen durchführen können. Da die Profitcenter-Rechnung ins neue Hauptbuch und somit in die externe Rechnungslegung integriert ist, ist es nicht erlaubt, Belege nachträglich zu ändern, und sei es nur, um das Profitcenter anzupassen. Machen Sie sich also bei einer SAP-Einführung frühzeitig Gedanken darüber, ob Sie eine Aufteilung nach Profitcentern benötigen!

Schließlich ändert Kirsten Lotse auch das Profitcenter für alle Fertig-produkte, um diese einem Teilunternehmen zuzuordnen. Die Materi-alstämme für alle existierenden Bücher erhalten somit ein entspre-chendes Profitcenter. Diese Zuordnung erfolgt mithilfe der Transakti-on MM02 in der Materialstammsicht KALKULATION 1 (siehe Abbildung 6.7).

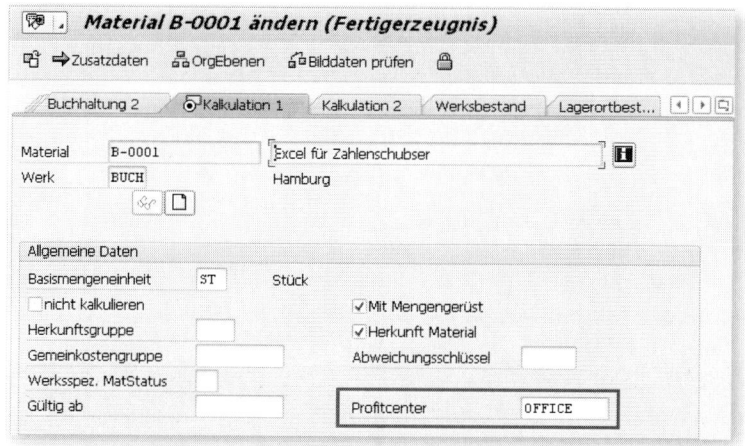

Abbildung 6.7: Materialstamm mit Profitcenter

6.4 Wertefluss in die Profitcenter-Rechnung

Profitcenter sind keine Kontierungsobjekte wie Kostenstellen oder Innenaufträge; sie werden nur indirekt über die ihnen zugeordneten Kontierungsobjekte mit Werten versorgt. Wann immer also eine Bu-chung auf eine Kostenstelle oder einen Innenauftrag erfolgt, wird automatisch auch das Profitcenter mitgebucht.

Beim Anlegen eines Kundenauftrags wird das Profitcenter für das verkaufte Produkt anhand des Materialstamms abgeleitet. In Abbil-dung 6.8 können Sie erkennen, dass in der Kundenauftragsposition das PROFITCENTER angezeigt wird.

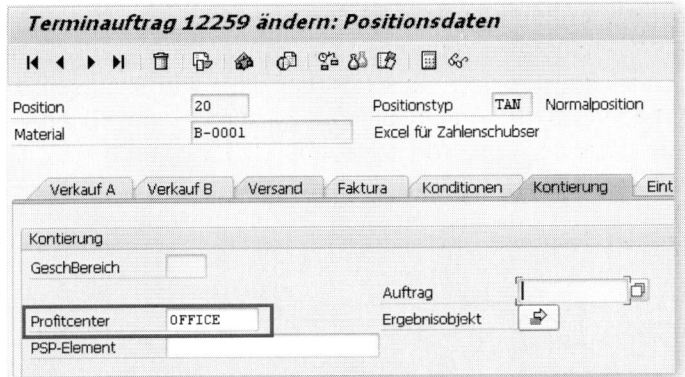

Abbildung 6.8: Profitcenter in der Kundenauftragsposition

Durch einen Klick auf das ERGEBNISOBJEKT können Sie überprüfen, ob das Profitcenter auch im zugeordneten Ergebnisobjekt abgeleitet wird (siehe Abbildung 6.9).

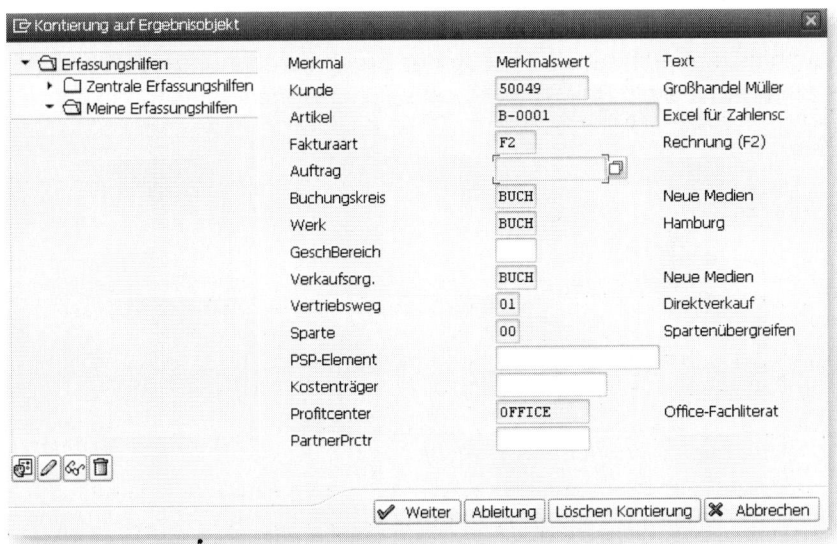

Abbildung 6.9: Profitcenter im Ergebnisobjekt

273

Bei allen Folgebelegen zum Kundenauftrag, wie etwa dem Material-verbrauch mit Warenausgang oder der Faktura, wird die Kontierung aus dem Kundenauftrag kopiert, es wird also dasselbe Profitcenter gebucht. In Abbildung 6.10 können Sie als Beispiel einen Buchhal-tungsbeleg sehen, der mit dem Warenausgang erzeugt wurde.

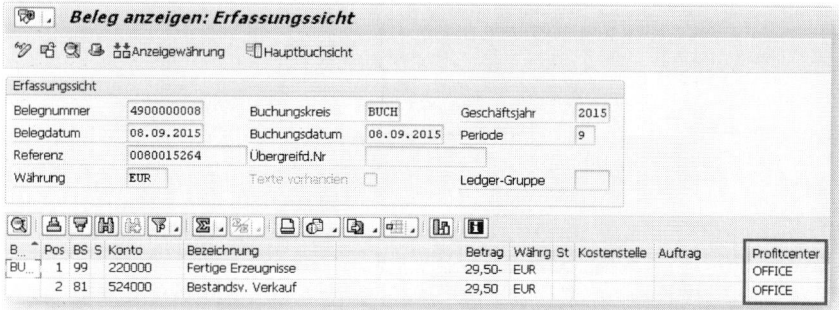

Abbildung 6.10: Buchhaltungsbeleg mit Profitcenter

Für die Profitcenter-Rechnung können Sie eigene Berichte entwerfen, die ähnlich aufgebaut sind wie in der Ergebnisrechnung. In Abbildung 6.11 sehen Sie ein Beispiel, wie ein solcher Bericht aussehen könnte.

Navigation	v. n	Bil/GuV-Pos/Konto	SAP	Office	BWL	Zentral
• Kostenart		• Handelsbilanz Deutschland	0,00	0,00	0,00	0,00
• Bil/GuV-Pos/l		• A K T I V A	257.229,00	235.998,00	259.664,00	0,00
		• P A S S I V A	237.871,00-	218.416,00-	245.678,00-	43.846,00-
		• Gewinn- und Verlust-Rechnung	19.358,00-	17.582,00-	13.986,00-	43.846,00-
		• Umsatzerloese	254.338,00-	235.998,00-	259.664,00-	0,00
		• Bestands-Veraenderung	229.242,00	211.873,00	241.805,00	0,00
		• Personalaufwand	5.738,00	6.543,00	3.873,00	43.846,00

Abbildung 6.11: Profitcenter-Bericht

Die Profitcenter-Rechnung erlaubt Ihnen somit, den Erfolg einzelner Unternehmensbereiche zu analysieren. Die Profitcenter sind wie die Kostenstellen hierarchisch gegliedert, und über die Zuordnung sämt-licher Kontierungsobjekte können Sie gewährleisten, dass die gesam-te GuV nach Profitcentern aufgeteilt wird.

Der Unterschied der Profitcenter-Rechnung zur Ergebnis- und Markt-segmentrechnung ist der Blickwinkel: Die Ergebnisrechnung ist nach außen auf den Markt gerichtet: Beim Verlag »Neue Medien« wird sie dazu eingesetzt, den Verkaufserfolg von Produkten am Markt anhand von Kunden und Ländern zu beurteilen. Die Profitcenter-Rechnung hingegen schaut nach innen auf die einzelnen Unternehmensberei-che: Bei unserem Beispielunternehmen dient das Modul dazu, das Ergebnis der einzelnen Unternehmensbereiche zu ermitteln. Außer-dem bietet die Ergebnisrechnung eine Vielzahl an verschiedenen Merkmalen zur Auswertung, während Ihnen in der Profitcenter-Rechnung lediglich das Profitcenter sowie das Segment als Auswer-tungskriterien zur Verfügung stehen.

Fazit

Mit der Lektüre dieses Buches sind Ihnen nun die wichtigsten Grund-funktionen des SAP-Moduls Controlling (CO) vertraut. Sie wissen jetzt, welche Werkzeuge Ihnen für das Überwachen von Gemeinkos-ten zur Verfügung stehen – Kostenstellen und Innenaufträge – und kennen den Unterschied zwischen beiden. Sie konnten außerdem verfolgen, wie eine Materialkalkulation abläuft und welche Vorausset-zungen dafür in den Logistikmodulen gegeben sein müssen. Beim anschließenden Ausflug in die Ergebnis- und Marktsegmentrechnung haben wir Ihnen den schrittweisen Aufbau einer Deckungsbeitrags-rechnung illustriert. Den Abschluss des Buches bildete die Profitcen-ter-Rechnung, die zur Aufteilung des Unternehmens in eigenverant-wortliche Teilbereiche dient.

Wir hoffen, dass wir Ihnen damit auch die Vielfalt der Anwendungs-möglichkeiten im Controlling mit SAP nahebringen konnten. Hier gibt es wesentlich mehr zu entdecken als nur die Kostenstellenrechnung. Um z. B. die Werteflüsse (im Controlling) abzubilden, steht Ihnen im CO ein umfangreicher Baukasten zur Verfügung.

Wir möchten Ihnen daher für Ihre künftigen Projekte in SAP CO fol-gende Ratschläge mitgeben:

▶ Prüfen Sie eingehend, welches CO-Modul Ihren Anforderun-gen entspricht. Versuchen Sie nicht, alles in der Kostenstel-lenrechnung abzubilden, auch wenn dies das am schnellsten zu verstehende Modul ist.

▶ Missbrauchen Sie die Module nicht für Sachverhalte, für die sie nicht geeignet sind. Kostenstellen sind beispielsweise weder für einmalige Maßnahmen noch für Erlösbuchungen oder gar Kundenprojekte vorgesehen.

▶ Definieren Sie Ihre Prozesse und Werteflüsse genau, bevor Sie mit der Einführung von SAP CO anfangen. Sie können Werte auf vielfältige Weise zwischen den Teilmodulen hin-

und herbuchen, aber nicht jede Methode erfüllt den Zweck, den Sie eigentlich im Sinn haben.

Wenn Sie diese Punkte beherzigen und die einzelnen Module sach- und fachgerecht einrichten, sind wir uns sicher, dass Sie viel Erfolg und Freude mit Ihrer CO-Lösung haben werden. Und falls Sie noch Fragen haben, diskutieren Sie doch Ihre Anforderungen mit uns auf *www.fico-forum.de*. Wir sind dort aktiv und helfen Ihnen gern weiter.

Die E-Book-Flatrate für unsere
digitale SAP-Bibliothek

Mobil, flexibel und praxisnah!

Mehr Informationen unter:
http://onleihe.espresso-tutorials.com

Sie haben das Buch gelesen und sind mit unserem Werk zufrieden? Bitte schreiben Sie uns eine Rezension!

A Über die Autoren

Martin Munzel ist seit mehr als 18 Jahren im SAP-Umfeld tätig und hat in verschiedenen Positionen als Berater und Inhouse-Berater einen breiten praktischen Erfahrungsschatz erworben. Er hat erfolgreich SAP-Projekte in Europa, Asien und Nordamerika durchgeführt und hält regelmäßig Vorträge bei internationalen SAP-Konferenzen. Martin Munzel ist Mitgründer und Geschäftsführer von Espresso Tutorials, einem jungen Verlag für SAP-Fachbücher. Vor seiner beruflichen Laufbahn studierte er Betriebswirtschaftslehre und Wirtschaftsinformatik in Göttingen, Paderborn und Nottingham.

Andreas Unkelbach studierte Betriebswirtschaftslehre an der FH Gießen Friedberg (heute: Technische Hochschule Mittelhessen [THM]) mit den Schwerpunkten Wirtschaftsrecht und Wirtschaftsinformatik. Von 2005 bis 2011 war er an der THM als Controller beschäftigt. Anschließend wechselte er in den Bereich Ressourcencontrolling der Justus-Liebig-Universität Gießen, wo bis heute sein Tätigkeitsschwerpunkt im Hochschulberichtswesen mit SAP liegt.

Seit seinem Studium betreibt er unter *andreas-unkelbach.de* einen Blog, in dem er regelmäßig Artikel aus seinen Arbeitsbereichen – insbesondere Controlling, SAP (mit Schwerpunkt auf den Modulen CO, PSM, FI und BC), aber auch zu anderen meist IT-nahen Themen – veröffentlicht.

B Index

C Disclaimer

Die in diesem Werk wiedergegebenen Gebrauchsnamen, Handelsnamen, Warenbezeichnungen usw. können auch ohne besondere Kennzeichnung Marken sein und als solche den gesetzlichen Bestimmungen unterliegen. Sämtliche in diesem Werk abgedruckten Bildschirmabzüge unterliegen dem Urheberrecht der SAP SE, Dietmar-Hopp-Allee 16, 69190 Walldorf.

In dieser Publikation wird auf Produkte der SAP SE Bezug genommen. SAP, R/3, SAP NetWeaver, Duet, PartnerEdge, ByDesign, SAP BusinessObjects Explorer, StreamWork und weitere im Text erwähnte SAP-Produkte und Dienstleistungen sowie die entsprechenden Logos sind Marken oder eingetragene Marken der SAP SE in Deutschland und anderen Ländern. Business Objects und das Business-Objects-Logo, BusinessObjects, Crystal Reports, Crystal Decisions, Web Intelligence, Xcelsius und andere im Text erwähnte Business-Objects-Produkte und Dienstleistungen sowie die entsprechenden Logos sind Marken oder eingetragene Marken der Business Objects Software Ltd. Business Objects ist ein Unternehmen der SAP SE. Sybase und Adaptive Server, iAnywhere, Sybase 365, SQL Anywhere und weitere im Text erwähnte Sybase-Produkte und -Dienstleistungen sowie die entsprechenden Logos sind Marken oder eingetragene Marken der Sybase Inc. Sybase ist ein Unternehmen der SAP SE. Alle anderen Namen von Produkten und Dienstleistungen sind Marken der jeweiligen Firmen. Die Angaben im Text sind unverbindlich und dienen lediglich zu Informationszwecken. Produkte können länderspezifische Unterschiede aufweisen.

Der SAP-Konzern übernimmt keinerlei Haftung oder Garantie für Fehler oder Unvollständigkeiten in dieser Publikation. Der SAP-Konzern steht lediglich für Produkte und Dienstleistungen nach der Maßgabe ein, die in der Vereinbarung über die jeweiligen Produkte und Dienstleistungen ausdrücklich geregelt ist. Aus den in dieser Publikation enthaltenen Informationen ergibt sich keine weiterführende Haftung.

Weitere Bücher von Espresso Tutorials

Stefan Eifler:

Schnelleinstieg in die SAP®-Ergebnisrechnung (CO-PA)

▶ Deckungsbeitragsrechnung erfolgreich aufbauen

▶ Wertefluss definieren, Planung optimieren

▶ Inklusive 5 Video-Tutorials

http://5001.espresso-tutorials.com

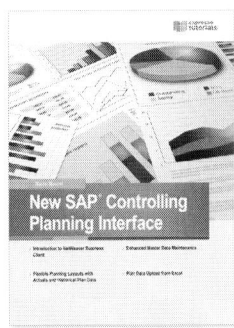

Martin Munzel:

New SAP® Controlling Planning Interface

▶ Introduction to Netweaver Business Client

▶ Flexible Planning Layouts

▶ Plan Data Upload from Excel

http://5011.espresso-tutorials.com

Michael Esser:

Investment Project Controlling with SAP®

▶ SAP ERP functionality for investment controlling

▶ Concepts, roles and different scenarios

▶ Effective planning and reporting

http://5008.espresso-tutorials.com

Robin Schneider:

Investitionsmanagement mit SAP®

▶ Planung, Budgetierung und Reporting

▶ Integration mit anderen SAP-ERP-Komponenten

▶ Investitionsmaßnahmen abrechnen

▶ Übersicht über das Customizing im Modul IM

http://5002.espresso-tutorials.com

Peter Niemeier:

Schnelleinstieg ins SAP®-Finanzwesen (FI)

▶ Grundlagen der Buchhaltung

▶ Buchungsbeispiele für Haupt-, Debitoren und Kreditorenbuchhaltung

▶ Organisationseinheiten in der Anlagenbuchhaltung

▶ Zahlreiche Übungsaufgaben

http://5041.espresso-tutorials.com

Jürgen Noe:

Schnelleinstieg in SAP® Business Warehouse (BW)

▶ Grundlagen von Business Intelligence (BI)

▶ Data Warehouse Workbench und Business Explorer Suite

▶ Extraktion, Transformation und Laden von Daten

▶ Durchgängiges Fallbeispiel

http://5038.espresso-tutorials.com

Thomas Bauer, Ralf Pieper-Kaplan, Martin Munzel, Christian Sass, Eckhard Moos:

Planung mit SAP ERP, BW und BPC – das richtige Werkzeug auswählen

► Möglichkeiten der klassischen Planung in SAP ERP

► Renovierte Planung (EHP6) und Express Planning

► Gegenüberstellung von BW-IP und BPC

► Planung unter HANA mit PAK und Simple Finance

http://4038.espresso-tutorials.com

Paul Ovigele:

Reconciling SAP® CO-PA to the General Ledger

► Learn the Difference between Costing-based and Accounting-based CO-PA

► Walk through Various Value Flows into CO-PA

► Match the Cost-of-Sales Account with Corresponding Value Fields in CO-PA

http://5040.espresso-tutorials.com

Tanya Duncan:

Practical Guide to SAP® CO-PC (Product Cost Controlling)

► Cost Center Planning Process and Costing Run Execution

► Actual Cost Analysis & Reporting

► Controlling Master Data

► Month End Processes in Details

http://5064.espresso-tutorials.com

Ulrich Fahrnschon:

Kundenauftrags-Controlling in SAP® ERP CO-PC

▶ Anlage und Kalkulation eines Kundenauftrags

▶ Mehrstufige Fertigung und Lieferung in den Kundenauftragsbestand

▶ Belieferung des Kundenauftrags

▶ Periodenabschluss im SAP Controlling

http://5083.espresso-tutorials.com

Mehr Wert für Ihr SAP®!

Was unsere Arbeit auszeichnet, ist die Fähigkeit, uns in die Situation jedes Kunden hineinzudenken.

Nach 15 Jahren Projektarbeit stehen wir an fünf Standorten in der Schweiz und Deutschland unseren Kunden mit »congenialen« Lösungen für den gesamten Lebenszyklus ihrer SAP®-Systeme zur Verfügung.

Spezialisten sind wir für die Bereiche:

- ▶ Basis
- ▶ Rechnungswesen
- ▶ Logistik
- ▶ Business Intelligence

Interesse?

Besuchen Sie uns unter *www.consolut.com* oder schreiben Sie an info@consolut.com.